村镇住宅设计案例精选

骆中钊　李　雄　编著

金盾出版社

内 容 提 要

本书从村镇住宅的特点和分类入手，全面系统地分析了村镇住宅的建筑设计特点、类型，具体介绍了设计原则和过程，并精选了40个村镇住宅设计方案：其中多层住宅设计案例8个、低层住宅设计案例32个。案例分别针对南北方各具特点的村镇住宅进行了介绍。

本书可供村镇广大群众阅读参考，适合从事村镇建设的设计人员、施工人员及管理人员阅读，也可作为大专院校相关专业的师生教学参考。

图书在版编目(CIP)数据

村镇住宅设计案例精选 / 骆中钊，李雄编著．--北京：金盾出版社，2011.7
ISBN 978-7-5082-6834-7

Ⅰ.①村… Ⅱ.①骆… ②李… Ⅲ.①农村住宅—建筑设计 Ⅳ.①TU241.4

中国版本图书馆 CIP 数据核字(2011)第 028146 号

金盾出版社出版、总发行

北京太平路5号(地铁万寿路站往南)
邮政编码：100036 电话：68214039 83219215
传真：68276683 网址：www.jdcbs.cn
封面印刷：北京蓝迪彩色印务有限公司
正文印刷：北京金盾印刷厂
装订：北京东杨庄装订厂
各地新华书店经销
开本：787×1092 1/16 印张：12.25 字数：288千字
2011年7月第1版第1次印刷
印数：1～8 000册 定价：28.00元

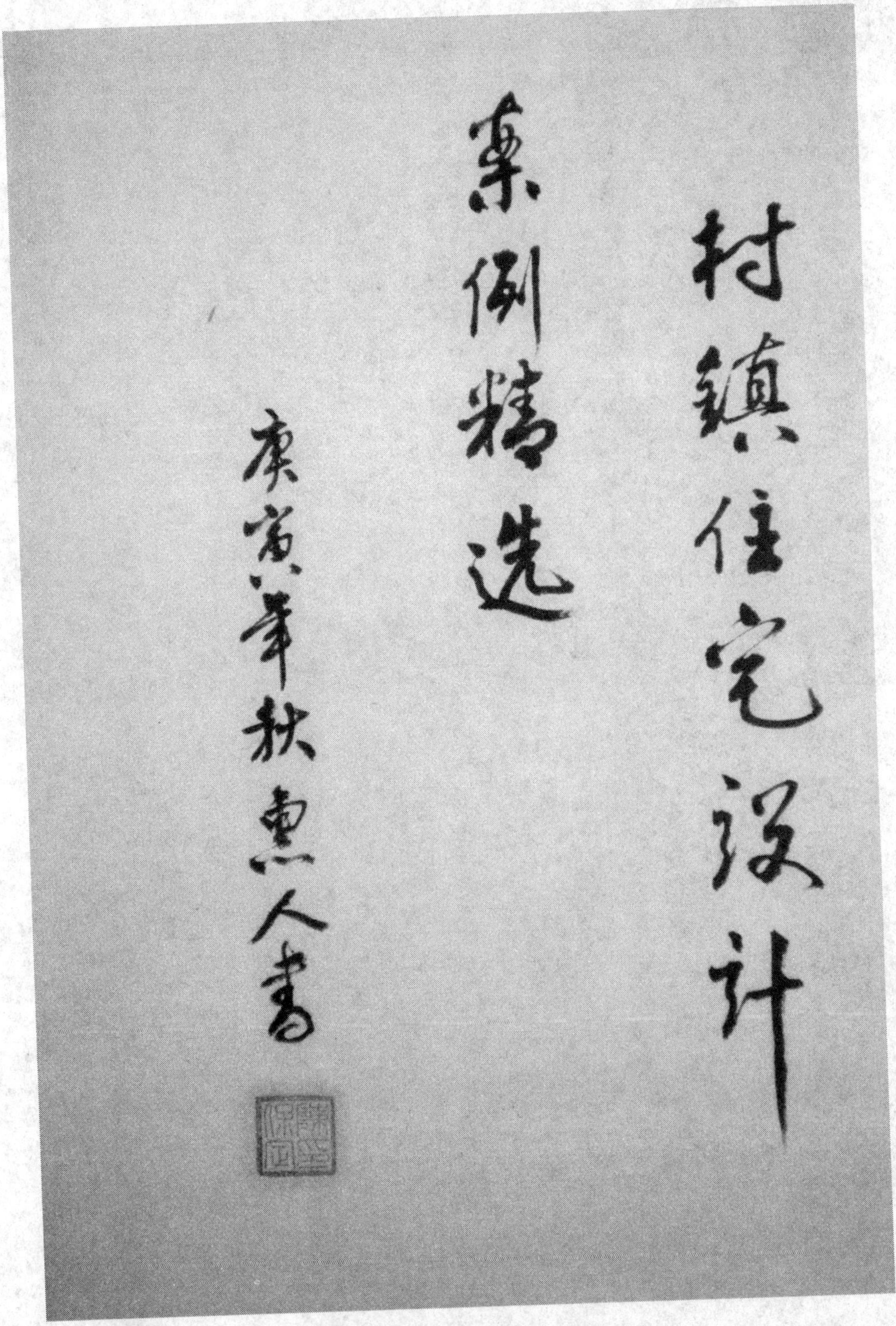

陈保定将军为本书题写的书名

前　言

村镇住宅是我国农民最为关心的问题之一。改革开放给村镇经济的发展带来了无限的生机，村镇住宅建设的数量迅速增加，质量也不断提高。村镇住宅是村镇建设的重点，量大面广，各级政府都十分重视，社会各界也十分关注。2010 年中央一号文件《中共中央、国务院关于加大统筹城乡发展力度进一步夯实农业农村发展基础的若干意见》中再次强调指出，加强农村水电路气房建设，搞好新农村建设规划指导，合理布局，完善功能，加快改变农村面貌。为了响应党的号召，满足广大群众建设住宅的需要，笔者特将二十多年深入农村基层进行村镇住宅调查研究、规划设计和参与建设实践加以总结并编写成书，以满足广大群众建设村镇住宅的需要。

书中从村镇住宅的特点入手，全面系统地分析了村镇住宅的设计原则及建筑设计手法，并精选了 40 个各具特点的村镇住宅设计案例，供读者参考。本书观点新颖、内容丰富、图文并茂、通俗易懂，具有较强的实用性、可读性。

书中编入的案例，除了作者亲自指导下完成的以外，都是从北京白芳、王学军，江苏蒋筱瑜，浙江杨斌辉、施金标、吴少华，重庆袁晓玲，山东王鑫，安徽许铮，江西罗桂英、郭庭翔，河北腾云，宁夏张燕霞，辽宁鲍继峰，陕西刘静等同志提供的大量资料中精选出来的，特致感谢。为了彰显同行们把辛勤创作的优秀作品无偿奉献给广大群众的崇高精神，宣扬这种无私为农民群众服务的美德，每个方案都标注了设计单位和设计人，以表敬意。

在本书的编写过程中，得到许多领导、专家、学者、同行的帮助和指导，张惠芳、骆伟、陈磊、冯惠玲、张勃、宋效巍、宋煜等同志参加了本书的编著，北方工业大学樊京伟、王瑞峰、常萌同学帮助整理书稿，北方工业大学硕士研究生段妍同学帮助完成书稿的最后完善工作，借此一并致以衷心的感谢。

将军书画家、原解放军总装备部军兵种装备部部长陈保定将军，特为本书题写了书名，特致以崇高的敬意。

限于水平，不足之处敬请指正。

作　者

目　录

第一章　村镇住宅的特点和分类

第一节　村镇住宅的特点

一、村镇住宅的概念

村镇住宅是村镇中以家庭为单位，集居住生活和部分生产活动于一体，既要适应当前经济发展水平、生产方式和居住形态的要求，又要适应可持续发展的需要，并具有传统民居建筑风貌和地方特色的实用型时代农宅。村镇住宅不同于仅作为居住生活的城市住宅，村镇住宅不是洋房，更不是别墅。

二、村镇住宅的五大特点

(1)使用功能的双重性。我国广大的农民群众承担着全部的农业生产以及各种副业、家庭手工业的生产，这其中不少都是利用住宅作为部分生产活动的场所。因此，村镇住宅不仅要有确保农民生活居住的功能空间，还必须考虑除了很多的功能空间都应兼具生活和生产的双重要求外，还应该配置供农机具、谷物等的储藏空间以及室外的晾晒场地和活动场所。比如，庭院是村镇住宅中一个极为重要并富有特色的室外空间，是室内空间的对外延伸。在村镇住宅建设推广沼气池中，村镇住宅的平面布置就要求厨房、厕所、猪圈和沼气池要有较为直接、便捷的联系，以方便管线布置和使用。

(2)持续发展的适应性。改革开放以来，农村经济发生了巨大的变化，农民的生活质量不断提高。生产方式、生产关系的急剧变化必然会对居住形态产生影响，这就要求村镇住宅的建设应具有适用性、灵活性和可改性，既要满足当前的需要，又要适应可持续发展的要求。如设置近期可用作农机具、谷物等的储藏间，日后可改为存放汽车的库房。又如把室内功能空间的隔墙尽可能采用非承重墙，以便于功能空间的变化使用。

(3)服务对象的多变性。我国地域广阔，民族众多。即便是在同一个地区，也多因聚族而居的特点，不同的地域、不同的村庄、不同的族群也都有着不同的风俗民情，对于生产方式、生产关系和生活习俗、邻里交往都有着不同的理解、认识和要求，其宗族、邻里关系极为密切，十分重视代际关系。这在村镇住宅的设计中都必须针对服务对象的变化，逐一认真加以解决，以适应各自不同的要求。

(4)设计工作的复杂性。村镇住宅不仅功能复杂，而且建房资金紧张，同时还受自然环境和乡土文化的影响，这就要求村镇住宅的设计必须因地制宜，节约土地；精打细算，使每平方米的建筑面积都能充分发挥应有的作用；就地取材，充分利用地方材料和废旧的建筑材料；采用较为简便和行之有效的施工工艺等。在功能齐全、布局合理和结构安全的基础上，还要求所有的功能空间都有直接的采光和通风。力求节省材料、节约能源、降低造价、创造具有乡土文化特色的村镇住宅，这就使得面积小、层数低，看似简单的村镇住宅凸显了设计工作的复杂性。

(5)乡土文化的独特性。村镇住宅,不仅受历史文化、地域文化和乡土文化的影响,同时也还因使用对象对生产、生活的要求不同而有很大的变化,即使在同一个村落,有时也会有所不同。对村镇住宅的各主要功能空间及其布局也有着很多特殊的要求。比如厅堂(堂屋),不仅需有较大的面积,还应位居南向的主要入口处,以满足农村家庭举办各种婚丧喜庆活动之所需。这是城市住宅中的客厅和起居厅所不能替代的,必须深入研究,努力弘扬,以创造富有地方风貌的现代村镇住宅,避免千村一面,百里同貌。

第二节 村镇住宅各功能空间的特点

一、厅堂和起居厅的特点

厅堂和起居厅是家庭对外和家庭成员的活动中心。低层住宅中的厅堂(或称堂屋)不论以哪一个角度的标准来衡量,总是一个家庭的首要功能空间。它不仅有着城市住宅中起居厅、客厅的功能,更重要的还在于村镇低层住宅中的厅堂是家庭举行婚丧喜庆的重要场所,它负责联系内外,沟通宾主的任务,往往是集门厅、祖厅、会客、娱乐(有时还兼餐厅、起居厅)的室内公共活动综合空间。

在村镇低层住宅中,一般把起居厅布置在二层,是家庭成员团聚、视听娱乐等活动的场所,常叫家庭厅。而对于多层公寓式住宅来说,它几乎起到厅堂和起居厅的所有功能。

设计厅堂和起居室时,应根据不同使用对象和使用要求,布置适当的家具,并保证必要的人体活动空间,以此来确定合宜的尺度和形状,合理布置门窗,以满足朝向、通风、采光及有良好的视野景观等要求。

在《住宅设计规范》(GB 50096—1999)(以下简称《规范》)中要求保证厅堂和起居厅必须能直接采光和自然通风,有良好的视野景观,并保证起居厅的面积应在 12m² 以上,且有一长度不小于 3m 的直段实墙面,以保证能布置一组沙发并有一个相对稳定的角落(图 1-1)。

图 1-1 起居室的布置

对于村镇住宅中的厅堂和起居厅来说,更应该强调必须有良好的朝向和视野。充足的光照,其采光口和地面的比例应不小于 1/7。厅堂和起居厅宜作成长方形,以便于家具的灵活布置。

二、卧室的特点

卧室是住宅内部最重要的功能空间。卧室的最小面积一般根据居住人口、家具尺寸及必要的活动空间来确定。卧室常兼有学习的功能，以床、衣柜、写字台为必要的家具，因此其面积不应过小。《住宅设计规范》中规定双人卧室的面积不应小于 $10m^2$，单人卧室的面积不应小于 $6m^2$，卧室兼起居室时不应小于 $12m^2$。卧室的布置如图 1-2 所示。

图 1-2 卧室的布置

在新农村住宅中通常设置多间卧室，以满足家庭各成员的需要。在卧室设计中应选取较好朝向，规范要求在每套住宅中至少应保证有一间卧室能获得冬至日(或大寒日)满窗日照，并满足通风、采光的基本要求。

主卧室应布置在住宅朝向好、视野佳的位置。主卧室不仅需满足睡眠和休息的基本要求，同时也必须符合休闲、工作、梳妆更衣和卫生保健等综合需要，因此主卧室必须有足够的面积，它的净宽度不宜小于 3m，面积应大于 $12m^2$。为了保证上述需要，往往把主卧室和它前面的封闭阳台联系在一起，以作为休闲聚谈、读书看报的区域。主卧室应有独立、设施完善及通风采光良好的卫生间。并且档次比公共卫生间要高，为健身需要也常采用冲浪按摩浴缸。主卧室的卫生间开门和装饰应特别注意避免直对床，尤其应避免对双人床的干扰。主卧室还应有较多布置衣橱或衣柜的位置。

老年人的卧室应布置在较为安静、阳光充足、通风良好、便于家人照顾，且对室内公共活动空间和室外私有空间有着较为方便联系的位置。

卧室内应尽量避免摆放有射线危害的家用电器，如电视机、微波炉、计算机等。特别是供孕妇居住的卧室更应引起特别的重视。

三、餐厅的特点

餐厅是新农村住宅中的就餐空间和厨房的补充空间。餐厅在现代人的生活中扮演着一个非常重要的角色，不仅供全家人日常进餐，更是对外宴请亲朋好友，增进感情与休闲享受的场所，尤其在比较特殊的日子，如逢年过节、生日和宴客等，更显现出它的重要性，因此，餐厅应有良好的直接通风和采光，且有良好的视野。常用的餐厅大概可分为与厨房合并的餐厅、与厅堂(或起居厅)合并的餐厅和独立餐厅三种。依据动线的流畅性，餐厅的位置以邻近厨房，并靠近厅堂(或起居厅)最为恰当，将用餐区域安排在厨房与厅堂之间最为有利，它可以缩短膳食供应和就座进餐的交通路线。对于村镇住宅来说，设立独立式餐厅更显得十分必要，它除了便于对厨房的面积和功能起补充作用而不至于直接置于厅堂（或起居厅）之中外，对于低层住宅来说，还有利于组织厨房的对外联系。与厨房合并的餐厅最好不要使两个不同功能的空间直接邻接，能以密闭式的隔橱或出菜口等形式来分隔，使厨房设备与活动不至于直接暴露在餐厅之中。与厅堂（或起居厅）合并的餐厅则可以采取较为灵活的处理，无论是密闭式的橱柜、半开放式的橱柜或屏风，以及象征性的矮橱或半腰花台，乃至于开放式的处理等，皆各有其特色，应由住户根据个人喜好来抉择。

餐厅是一家人就餐的场所，家具设备一般有餐桌、餐柜及冰箱等，其面积大小主要取决于家庭人口的多少，一般不宜小于 $8m^2$。在住宅水平日益提高的情况下，餐厅空间应尽可能独立出来，以使各空间功能合理、整洁有序，如图1-3所示。

图 1-3　餐厅的布置

一般小型餐厅的平面为 3m×3.6m，可容纳一张餐桌、四把餐椅；中型餐厅的平面尺寸为 3.6m×4.5m，足以设 1 张餐桌，6～8 把餐椅。较大型餐厅的平面尺寸则应在 3.6m×4.5m 以上。

四、厨房、卫生间的特点

1. 厨房的特点

村镇住宅的厨房一般均应布置在住宅北面（或东、西侧）紧靠餐厅的位置。对于低层住宅来说还应该布置在一层，并有直接（或通过餐厅）通往室外的出入口，以方便生活组织和密切邻里关系，同时还应考虑与后院以及牲畜圈舍、沼气池的关系。在设计中应改变旧的观念。注意排烟通风和良好的采光，并应有足够的面积，以便合理有序地布置厨具设备和设施，形成一个洁净、卫生、设备齐全的炊务空间。

厨房面积的大小一般是根据厨房设备操作空间及燃料情况确定的。《规范》规定：采用管道煤气、液化石油气为燃料的厨房面积不应小于 $3.5m^2$；以加工煤为燃料的厨房面积不应小于 $4.0m^2$；以原煤为燃料的厨房面积不应小于 $4.5m^2$；以薪柴为燃料的厨房面积不应小于 $6.0m^2$。

厨房按炊事操作流程布置，一般应设有白陶或瓷制洗涤水池、贴整体面板的操作案台和调理台、固定式碗橱或木质吊柜。适当考虑安排冰箱位置。有条件时，宜在建房同时配备包含炉灶、排烟罩、洗池、橱柜等多种功能的组合成套厨具。

厨房可分为封闭式、开放式和半封闭式三种形式。

(1)封闭式厨房。现在大多数厨房仍保持着传统封闭式厨房的设计思想——厨房与餐厅完全隔开。封闭式厨房应有合理的布局，厨具的摆放形式要符合厨房的基本流程，使操作者在最短的时间内完成各项厨务。厨务的流程概括地说就是储存、洗涤和烹调三个方面，而相应的厨房内的布局也应分为三个区域，这就是通常所说的“工作三角地带”。这三个区域应合理布置以便顺序操作，也才能让操作者在这三点之间来去自如，能迅速而轻易地在这三点间移动，而不用冒碰掉热气腾腾的沙锅或打翻刚洗完的盘子的危险。

封闭式厨房平面布局的主要形式如下：

①一字形：这种布局将储存、洗涤、烹调沿一侧墙面一字排开，操作方便，是最常用的一种形式。单面布置设备的厨房净宽不应小于 1.50m，以保证操作者在下蹲时，打开柜门或抽屉所需的空间，或另一个人从操作者身后通过的极限距离（图 1-4a）。

②走廊形：这种布局将储存、洗涤、烹调区沿两墙面展开，相对布置。它的两端通常是门和窗。相对展开的厨具间距不应小于 0.9m，否则就难以施展操作。换句话说，贴墙而做的厨具一般不宜太厚（图 1-4b）。

③曲尺形（也称“L”形）：这种布局适用于较小方形的厨房。厨房的平面布局，灶台、吊柜、水池等设施布置紧凑；人在其中的活动相对集中，移动距离小，操作也很灵活方便，需要注意的是“L”式的长边不宜过长，否则将影响操作效率（图 1-4c）。

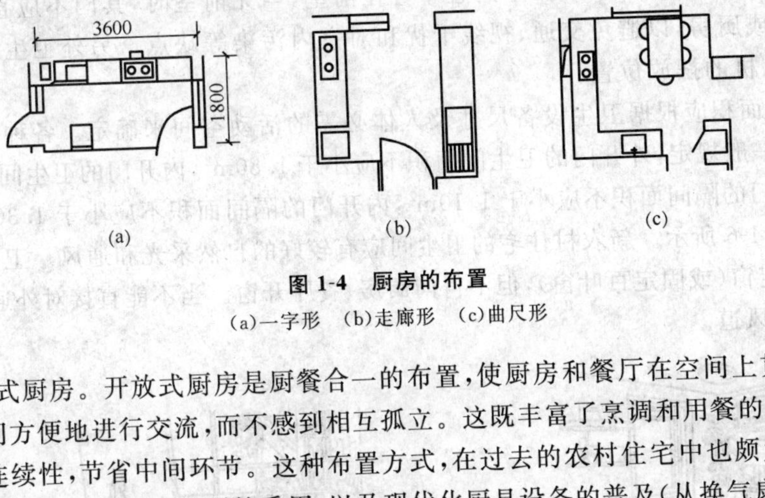

图 1-4　厨房的布置

(a)一字形　(b)走廊形　(c)曲尺形

(2)开放式厨房。开放式厨房是厨餐合一的布置，使厨房和餐厅在空间上贯通，使主厨者与用餐者之间方便地进行交流，而不感到相互孤立。这既丰富了烹调和用餐的生活情趣，又保持了两者的连续性，节省中间环节。这种布置方式，在过去的农村住宅中也颇为常见，随着社会的发展，技术的进步，清洁能源的采用，以及现代化厨具设备的普及（从换气扇到大功率抽油烟机等），由烹调所产生的各种污染已基本得到控制。同时由于厨房面积在增大，厨房与餐厅之间的固定墙逐步被取消，封闭的厨房模式有被开放式厨房布局取代的动向。在有条件实行厨餐合一的厨房内，厨具（包括餐桌的配置）可采用半岛形或岛形方法。烹调在中间独立的台面上，台面的一侧放置餐桌，洗涤及备餐则在贴墙的台面上进行。

(3)半封闭式厨房。半封闭式厨房基本上同封闭式厨房，只是将厨房与餐厅之间的分隔墙改为玻璃拉门隔断，这样更便于餐厅与厨房之间的联系，必要时还可以把玻璃推拉门打开，使餐厅和厨房融为一体。半封闭式厨房的布局，一般也就只能采用封闭式厨房中的一字形或曲尺形。

厨房的电器布置。随着家用电器的日益增多和普及，如何科学合理的定位，改变目前厨房家电随意摆放而使用不便的情况。设计时应充分考虑厨房所需电器的数量、规格和尺寸。本着使用方便、安全的原则，精心布置、合理设计电器插座的位置，且应为今后的发展和适当改造留有余地。

管线的布置应简短集中，并尽量暗装。

2. 卫生间的特点

随着经济条件的改善和生活水平的提高，在经济发达的地区，村镇住宅卫生间的设计已得到极大的重视。但是由于村镇住宅的建设受经济的制约也十分明显，它不仅应考虑当前的可能性，也还应该为今后的发展留有充分的余地。为此，在新建的村镇低层住宅楼房中至少应分层设置卫生间。主卧室应尽可能设专用卫生间，或公共卫生间的位置应尽量靠近主卧室。村镇住宅的卫生间应设法做到有直接对外的采光通风窗，条件有限时也应采取有效的通风措施。卫生间的布置应努力做到洗、厕分开。为了适应村镇住宅建设的特点，卫生间的隔断应尽可能采用非承重的轻质隔墙，尤其是主卧室的专用卫生间，其隔墙一定要采用非承重隔墙，这样在暂时不设专用卫生间时可合并为一个大卧室，当条件成熟时，就可以十分方便地增设专用卫生间。当村镇住宅设置沼气池时，卫生间的位置还应该尽量靠近沼气池。

在设计中，各层的卫生间应上下对应布置。卫生间的管线应设主管道井和水平管线带暗装，并应尽可能和厨房的管线集中配置。多层公寓式住宅的卫生间不应直接布置在下层住户的卧室、起居厅和厨房的上部，但在低层住宅、跃层住宅或复式住宅中可布置在本套内的卧室、起居厅、厨房的上层。卫生间宜布置在前室，当无前室时，其门不应直接开向厅堂、起居厅、餐厅或厨房，以避免交通、视线干扰和对室内污染等缺点。另外卫生间内应考虑洗浴空间和洗衣机的摆放位置。

卫生间的面积应根据卫生设备尺寸及人体必需的活动空间来确定。各种卫生间布置如图 1-5所示。一般规定，外开门的卫生间面积不应小于 1.80m^2，内开门的卫生间面积不应小于 2.00m^2；外开门的隔间面积不应小于 1.10m^2，内开门的隔间面积不应小于 1.30m^2，卫生间的最小尺寸如图 1-6 所示。新农村住宅的卫生间应有较好的自然采光和通风。卫生间可向楼梯间、走廊开固定窗（或固定百叶窗），但不得向厨房、餐厅开窗。当不能直接对外通风时，应在内部设置排气通风道。

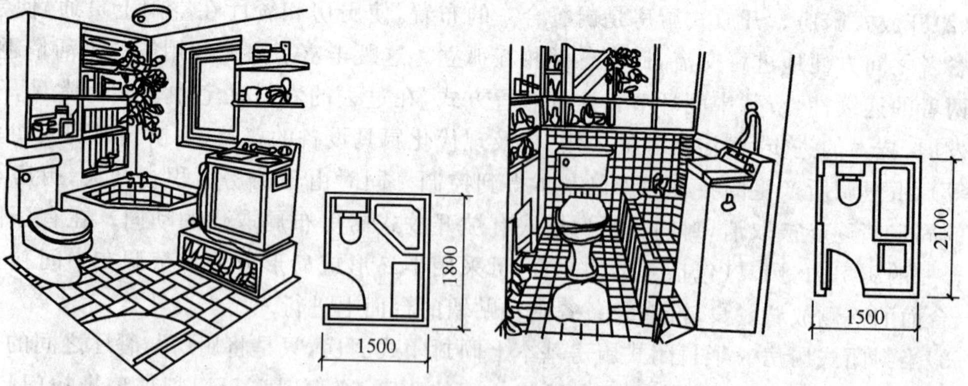

图 1-5 卫生间的布置

五、门厅、过道的特点

门厅和过道是住宅室内不可缺少的交通空间。在多层住宅和北方的低层住宅中，门厅是住宅户内不可缺少的室内外过渡空间和交通空间，也是联系住宅各主要功能空间的枢纽（南方的低层住宅往往改为门廊）。

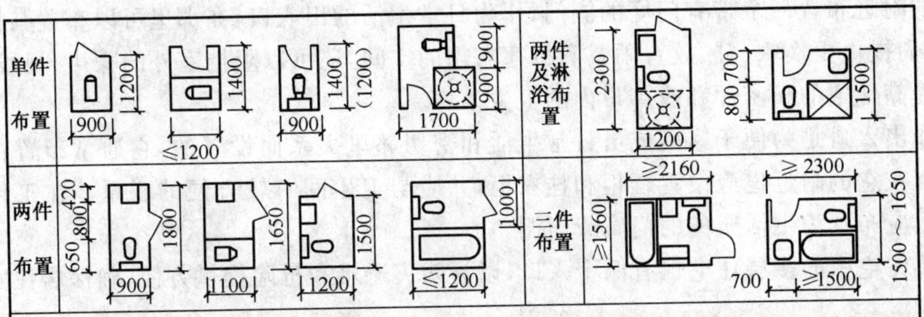

注：《住宅建筑设计规范》规定，每户应设有大便器和预留洗浴设施位置的卫生间。因此，只设大便器的厕所是指与洗浴的卫生间分设的标准较高的住宅使用的一种。括号内数字为外开门时净尺寸。

图 1-6　卫生间最小尺寸

门厅在面积较小的住宅设计中常与餐厅或起居厅结合在一起。随着居民居住水平的提高，这种布置方式已越来越少。图 1-7 是某住宅门厅平面示意图。在较大的套型中，门厅可无直接采光，但其面积不应太大，否则会造成无直接采光的空间过大，降低居住生活质量和标准。

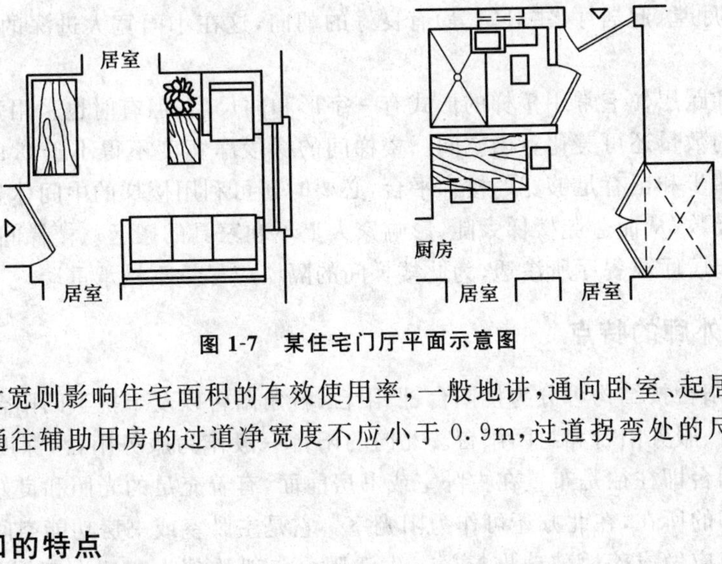

图 1-7　某住宅门厅平面示意图

过道宽度过宽则影响住宅面积的有效使用率，一般地讲，通向卧室、起居室的过道宽度不宜小 1.0m；通往辅助用房的过道净宽度不应小于 0.9m，过道拐弯处的尺寸应便于家具的搬运。

六、出入口的特点

一般来说村镇低层住宅最好有两个出入口。一个是家居及宾客使用的主要出入口；另一个是工作出入口。主要出入口是以连接住宅中各功能空间为主要目的的，它一般应位于厅堂前面的中间位置，以便于各功能空间的联系，缩短进出的距离，并可避免形成长条的阴暗走廊。主要出入口前应有门廊（也可是雨棚）或门厅。门廊（或门厅）是住宅从主要出入口到厅堂的一个缓冲地带，为住宅提供一个室内外的过渡空间，这里不仅是家居生活的序曲，也是宾客造访的开始。在村镇住宅中厅堂兼有门厅的功能，因此，门廊（也可是雨棚）的设置也就显得特别重要。它不仅是室内外的过渡空间，而且还对主要出入口的正大门起着挡风遮雨的作用。大门口的地面上应设有可刮除鞋底尘土及污物的铁格鞋垫，以保持室内清洁。

村镇低层住宅的正大门，应为宽度在 1.5m 左右的双扇门，并布置在厅堂南面的正中位置，它一般只有在婚丧喜庆等大型活动时开启。而为了适应现代生活的需要，可在主要出入口正大门的附近布置一个带有门厅的侧门，作为日常生活的出入口，在那里可以布置鞋柜和挂衣柜，为人们提供更换衣、鞋、放置雨具和御寒衣帽的空间，还可以阻挡室外的噪声、视线和灰尘，有助于提高住宅的私密性和改善户内的卫生条件。

工作出入口是为便于家庭成员日常生活和密切邻里关系而设置的，它通常布置在紧临厨房附近。在它的附近也应设置鞋柜和挂衣柜，并应与卫生间有较方便的联系。在工作出入口的外面也应布置为生活服务的门廊或雨棚。

村镇住宅中的多层住宅也有两个入口，以为防灾避难和抢险提供方便，确保居住安全。

七、楼梯的特点

楼梯是村镇低层和跃层住宅楼层上下的垂直交通设施，楼梯的布置常因用户的习惯和爱好不同而有很大的变化，村镇低层和跃层住宅的楼梯间应相对独立，避免家人上下楼穿越厅堂和起居厅，以保障厅堂和起居厅使用的安宁。但也有特意把楼梯暴露在厅堂、起居厅或餐厅之中的，它既可以扩大厅堂、起居厅或餐厅的视觉空间，又可形成一个景点，使之更富家居生活气息，别有一番情趣。

楼梯的位置除考虑楼层上下及出入的交通方便，也必须注意避免占用好的朝向，以保障主要功能空间（如厅堂、起居厅、主卧室等）有良好的朝向，这在小面宽大进深的村镇住宅设计中更应引起重视。

村镇低层和跃层住宅常用楼梯的形式有一字形和曲尺形，但有时也采用弧形的一跑楼梯，既可增加踏步的数量还可美化室内空间。楼梯间的梯段净宽度不得小于 0.90m，并应有足够的长度以布置踏步和留有足够宽的楼梯平台，必要时还可利用楼梯的中间休息平台做成扇步，以增加楼梯的级数，从而避免楼梯太陡，影响家人上下和家具的搬运。楼梯间在室内空间处理时，常为厅堂、起居厅或餐厅所渗透，为此楼梯间的隔墙应尽量不做承重墙。

八、阳台、外廊的特点

（1）阳台。阳台按结构可分为挑阳台、凹阳台、转角阳台以及半挑半凹阳台等；按用途阳台又可分生活阳台、服务阳台和封闭阳台。北向的阳台一般作为服务阳台，深度可控制在 1.2m 左右。而封闭阳台即往往是布置在主卧室或书房前面，有着充足的光照和良好的视野，以作为休闲、聚谈、读书的所在，在北方还可作为阳光室。它是主卧室或书房功能空间的延伸，因此通往封闭阳台的门应做成落地玻璃推拉门。生活阳台一般均邻近布置在起居厅或活动室的南面，是起居厅或活动室使用功能向室外的延伸和补充，应尽量采用落地玻璃推拉门隔断，以满足不同使用的需要。生活阳台的进深应根据使用要求和当地的气候条件来确定。一般进深不宜小于 1.5m，在南方气候比较炎热的地区为 1.80～2.40m，以提高其使用功能。为保证良好的采光、通风和扩大视野，在确保阳台露台栏杆高 1.10m 时，应设法降低实体栏板的高度，上加金属的栏杆和扶手。垂直栏杆净空不应大于 0.11m，且不应有附加的横向栏杆。以防儿童攀爬产生危险。另外，阳台应设置晾晒衣服的设施如晾衣架，顶层阳台应设雨罩。住宅阳台平、剖面图如图 1-8 所示。

（2）外廊。外廊通常都是门廊，用作厅堂主要出入口正大门前的门廊深度一般不小于 1.5m，而用作工作出入口的门廊为 1.20m 左右。

（3）在多层住宅中，为了提高宜居性和适应人们家居的行为轨迹，位居南向厅堂前的阳台，现已为人们用作多层住宅的入户花园庭院，可与多层住宅南向楼梯间共同组成一个强化邻里关系的公共空间。

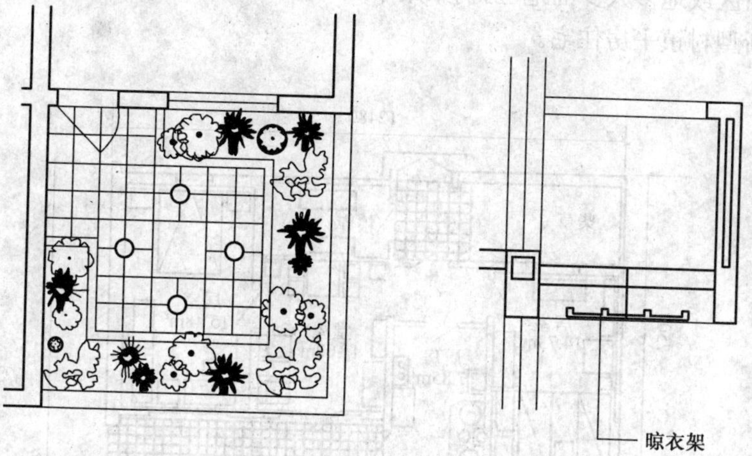

图 1-8　住宅阳台平、剖面图

九、储藏室及停车库的特点

在住宅中设置储藏空间，主要是为了解决住户的日常生活用品和季节性物品的储藏问题，这对于保持室内整洁，创造舒适、方便、卫生的居住条件，提高居住水平有着重要意义。《规范》规定，每套住宅应有适当的储藏空间。住宅中常用吊柜、壁柜、阁楼或储藏间等作为储藏空间，其大小应根据气候条件、生活水平、生活习惯等综合确定。如全年温差大的地区，其季节性用品一般较多，储藏空间就应大一些，反之，则可小些。为了最大限度地利用住宅空间，常通过设置吊柜、壁柜等方法解决物品的储藏问题。从方便使用的角度考虑，其尺寸不宜太小，一般吊柜净高不应小于 0.40m，壁柜深度净尺寸不宜小于 0.45m。紧靠外墙、卫生间、厕所的壁柜内应采取防潮、防结露直至保温等措施。

扩大储藏面积对于村镇住宅来说是极其必要的。它除了保证卧室、厨房必备的储藏空间外，还必须根据各功能空间的不同使用要求和村镇住宅的使用特点，增加相应储藏空间。为适应经济发展的特点，村镇住宅必须设置停车库。对于低层住宅的独立停车库，近期可以用作农具、谷物等的储藏或作为农村家庭手工业的地方等，也可以存放农用车，并为日后小汽车进入家庭做好准备，这既具有现实意义，又可适应可持续发展的需要，所以在村镇低层住宅中设置车库不是一个可有可无的问题。

对于村镇的多层住宅，也应在底层布置一定的分户独立储藏间，或兼可用作停车的空间。

第三节　村镇住宅的分类

一、按住宅的层数分

1. 单层的平房住宅

传统的村镇住宅多为平房住宅（图 1-9），随着经济的发展，技术的进步，改善居住环境已成为广大农民群众的迫切要求，但由于经济条件的制约，村镇住宅建设仍应以注重改善传统村镇住宅的人居环境为主。在经济条件允许的情况下，为了节约土地，不应提倡平房住宅。只是在一些边远的山区或地多人少的地区，仍采用单层的平房住宅。图 1-10 是为建设社会主义新农村而设计的新型村镇平房住宅。

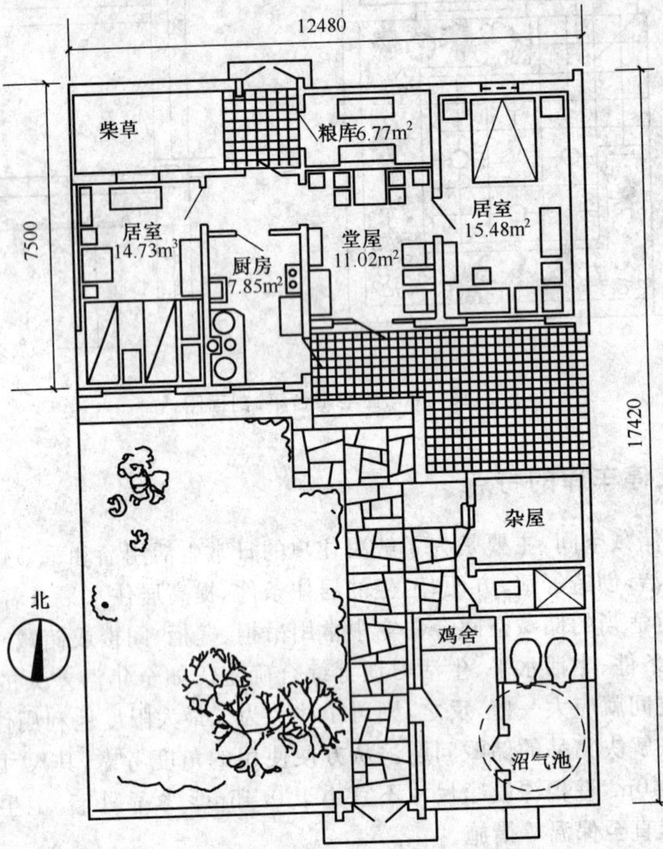

图 1-9　传统村镇平房住宅

2. 低层住宅

三层以下的住宅称为低层住宅，是村镇住宅的主要类型，可分为二层住宅(图 1-11)或三层住宅(图 1-12)。

3. 多层住宅

六层以下的称为多层住宅，在村镇建设中常用的为四五层的住宅(图 1-13)。

二、按住宅的结构形式分

1. 木结构与木质结构

木结构和木质结构是以木材和木质材料为主要承重结构和围护结构的建筑。木结构是中国传统民居(尤其是农村住宅)广为采用的主要结构形式(图 1-14a)。木质结构(图 1-14b)，尤其是变废为宝的生物秸秆木质材料结构，在新农村住宅中发展前景看好。

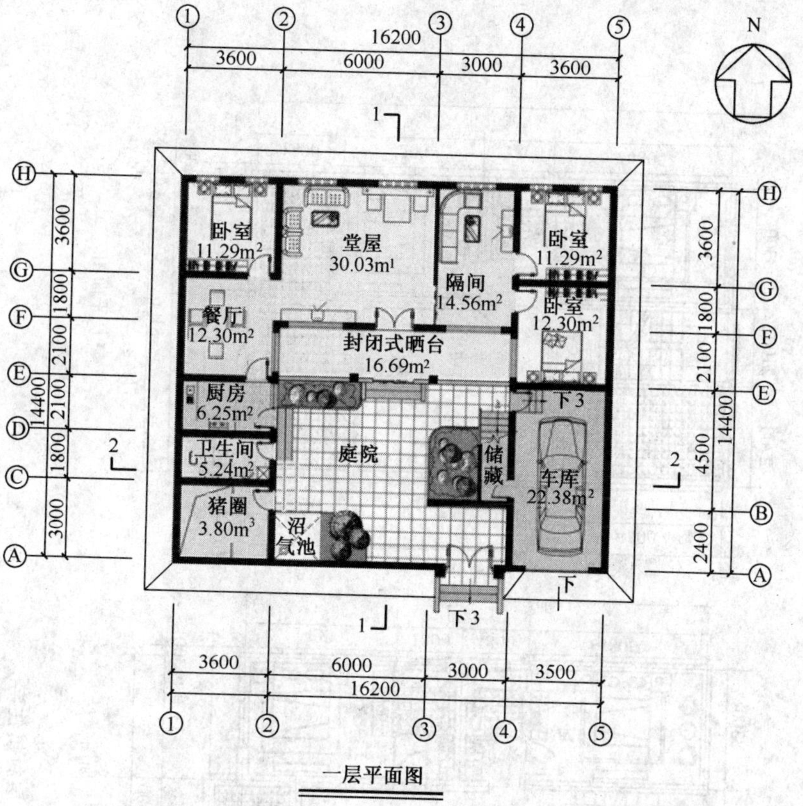

图 1-10　新型村镇平房住宅

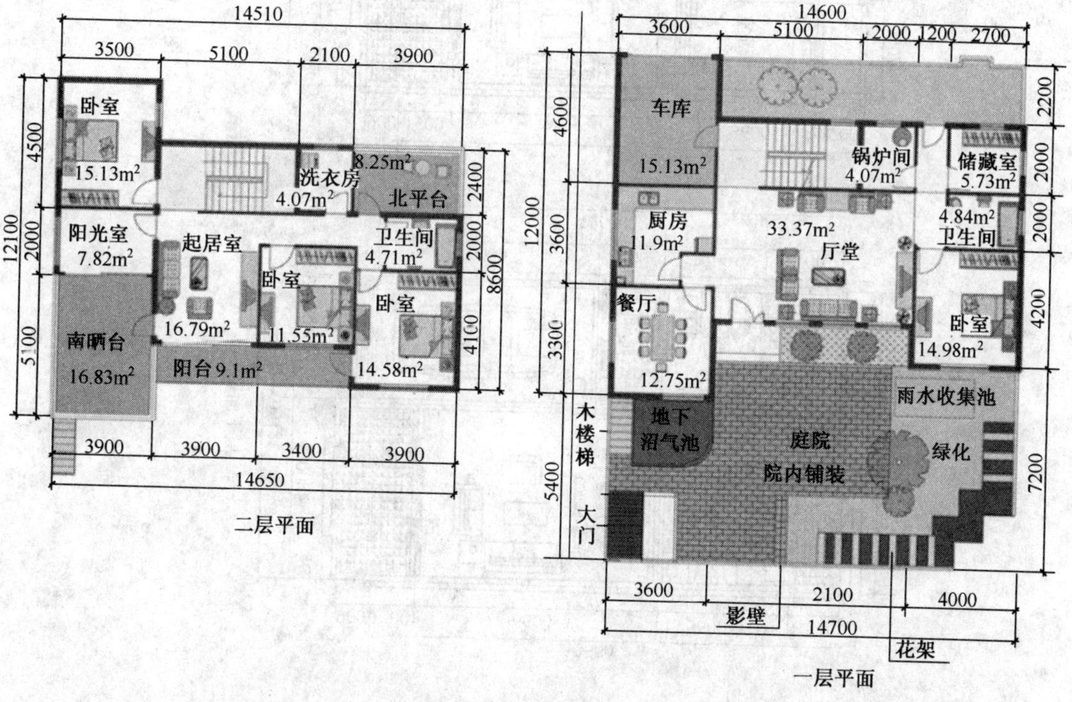

图 1-11　二层村镇住宅

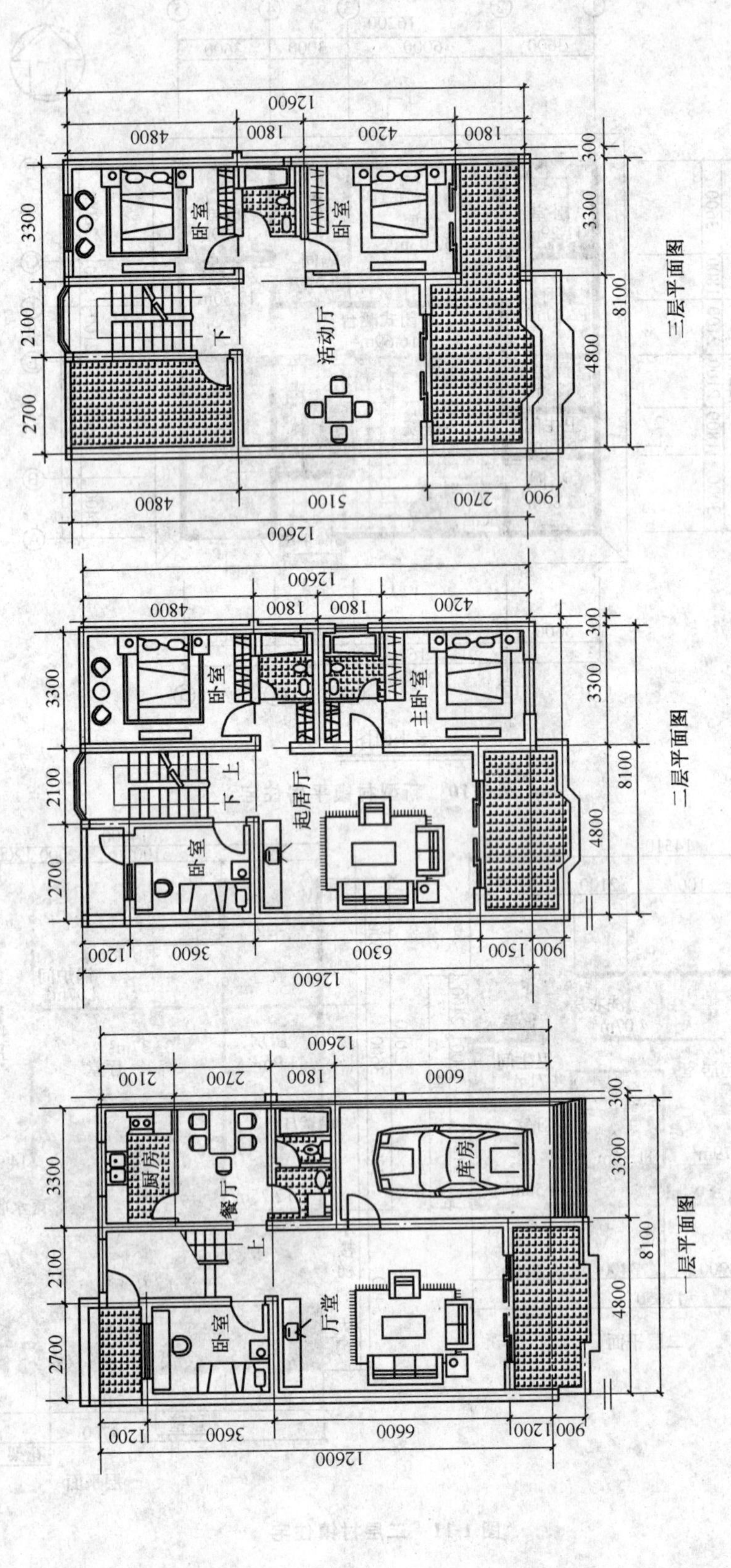
三层平面图
卧室
卧室
活动厅
下
12600
4800
1800
4200
1800
5100
2700
900
3300
2100
2700
300
8100
4800
二层平面图
卧室
主卧室
起居厅
卧室
上
下
4800
1800
1800
4200
1200
3600
6300
1500
900
一层平面图
厨房
餐厅
库房
卧室
厅堂
上
2100
2700
1800
6000
6600
1200

图 1-12　三层村镇住宅

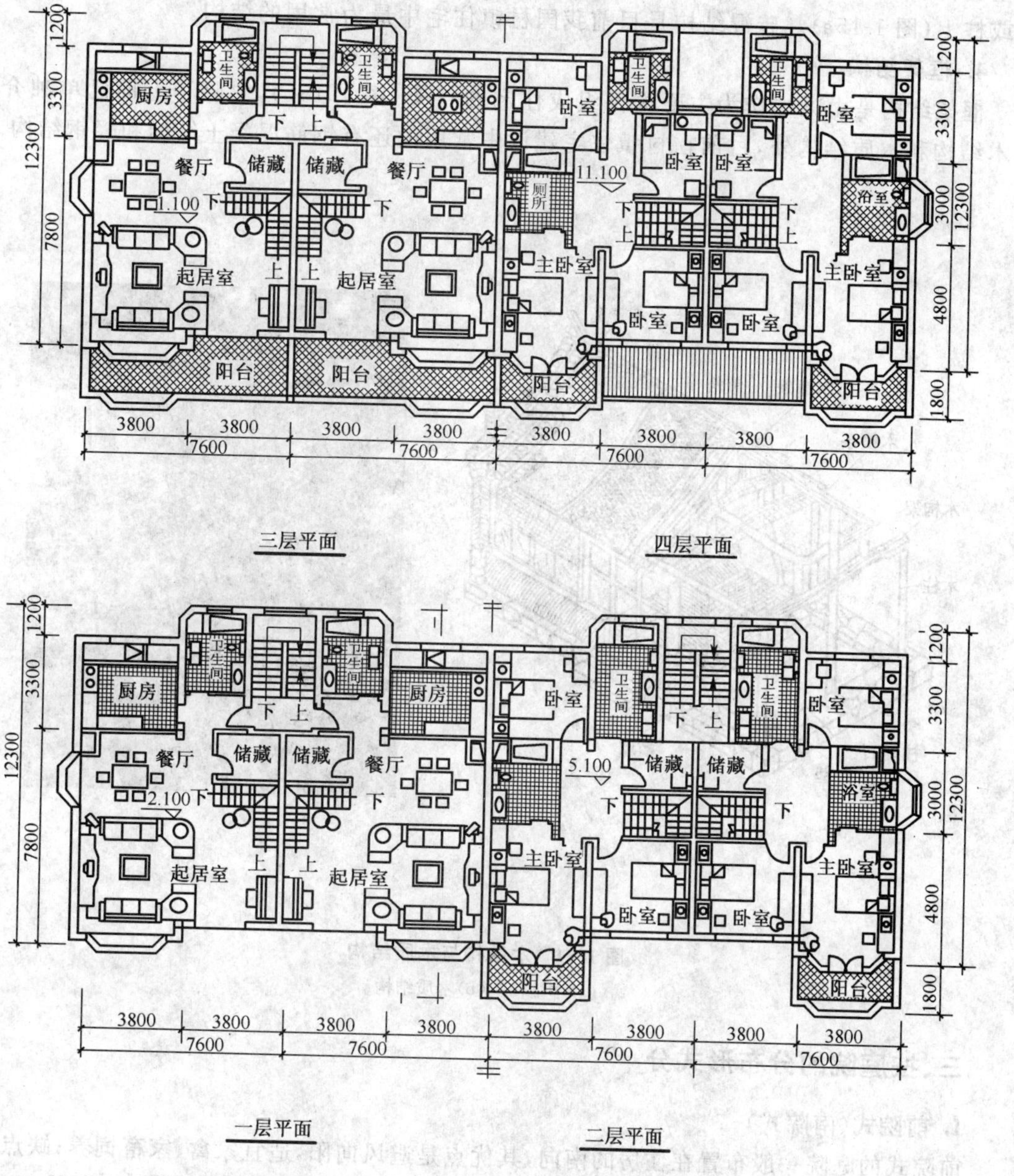

图 1-13　四层村镇住宅

2. 砖木结构

砖木结构是以木构架为承重结构，以砖为围护结构或者是以砖柱、砖墙承重的木屋架结构。这在传统的民居中应用也十分广泛。

3. 砖混结构

砖混结构主要由砖、石和钢筋混凝土组成，其结构由砖（石）墙或柱为垂直承重构件承受垂直荷载，而用钢筋混凝土做楼板、梁、过梁、屋面等横向（水平）承重构件搁置在砖（石）墙或柱上（图 1-15a）。砖混结构是目前我国村镇住宅中最为常用的结构。

4. 框架结构

框架结构是由梁柱作为主要构件组成住宅的骨架（图 1-15b），它除了上面已单独介绍的木结构和木质结构外，目前在村镇住宅建设中常用的还有钢筋混凝土结构和轻钢结构。

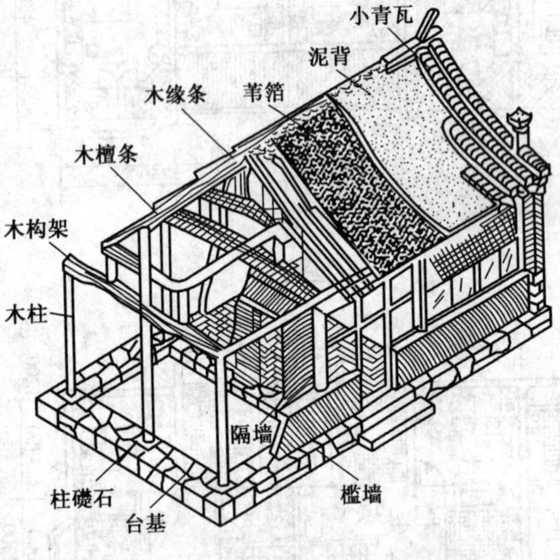

(a)

(b)

图 1-14 木结构与木质结构

(a)木结构 (b)木质结构

三、按庭院的分布形式分

1. 前院式（南院式）

前院式的庭院一般布置在住房的南向，其优点是避风向阳，适宜家禽、家畜饲养；缺点是生活院与杂物院混在一起，环境卫生条件较差。一般北方地区采用较多，如图 1-16 所示。

2. 后院式（北院式）

后院式的庭院布置在住房的北向，其优点是住房朝向好，院落比较隐蔽和阴凉，适宜炎热地区进行家庭副业生产，前后交通方便；缺点是住房易受室外干扰。一般南方地区采用较多，如图 1-17 所示。

3. 前后院式

前后院式的庭院被住房分隔为前后两部分：南向院子多为生活院子，北向院子为杂物存放和饲养场所。前后院式的优点是功能分区明确，使用方便、清洁、卫生、安静。一般适合在宅基地宽度较窄，进深较长的住宅平面布置中使用，如图 1-18 所示。

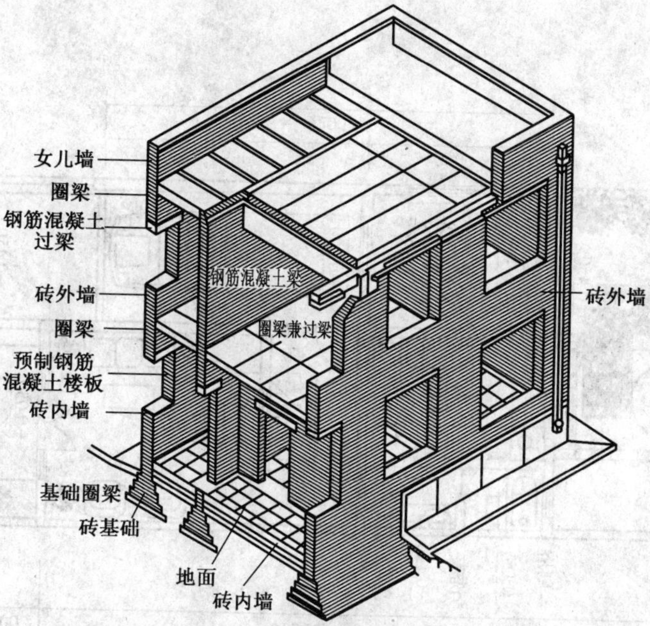

(a)

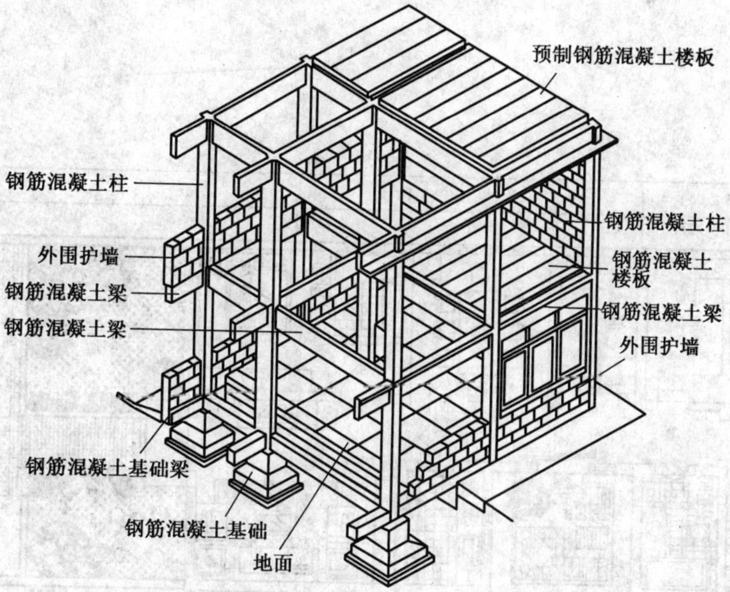

(b)

图 1-15 砖混结构与框架结构

(a)砖混结构 (b)框架结构

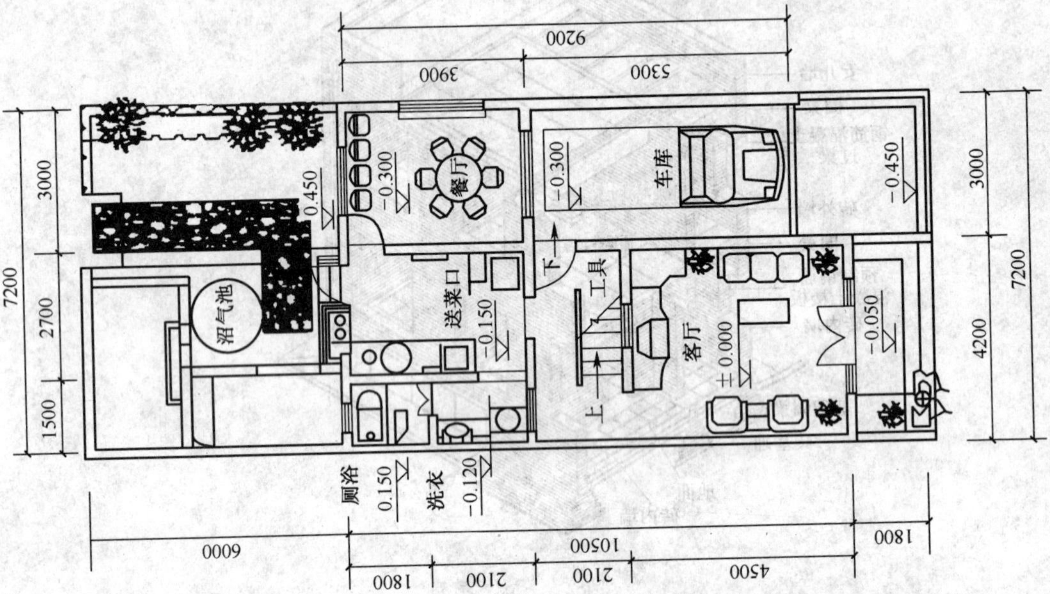

图 1-17 后院式住宅

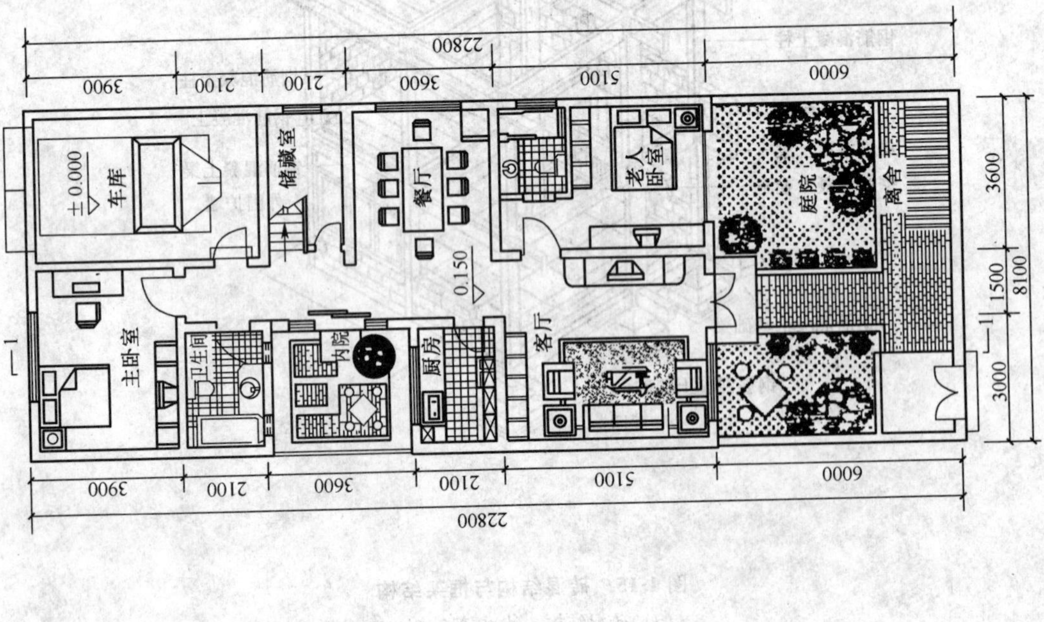

图 1-16 前院式住宅

4. 侧院式

侧院式的庭院被分割成生活院和杂物院两部分，一般分别设在住房前面和一侧，构成既分割又连通的空间。侧院式的优点是功能分区明确，院落净脏分明，如图 1-19 所示。

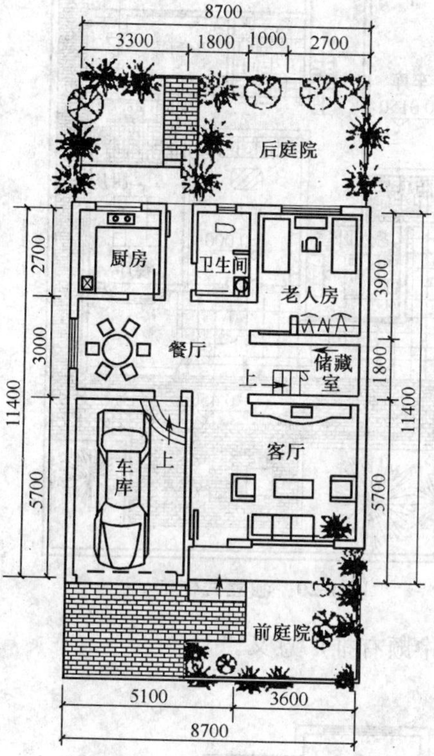

图 1-18　前后院式住宅

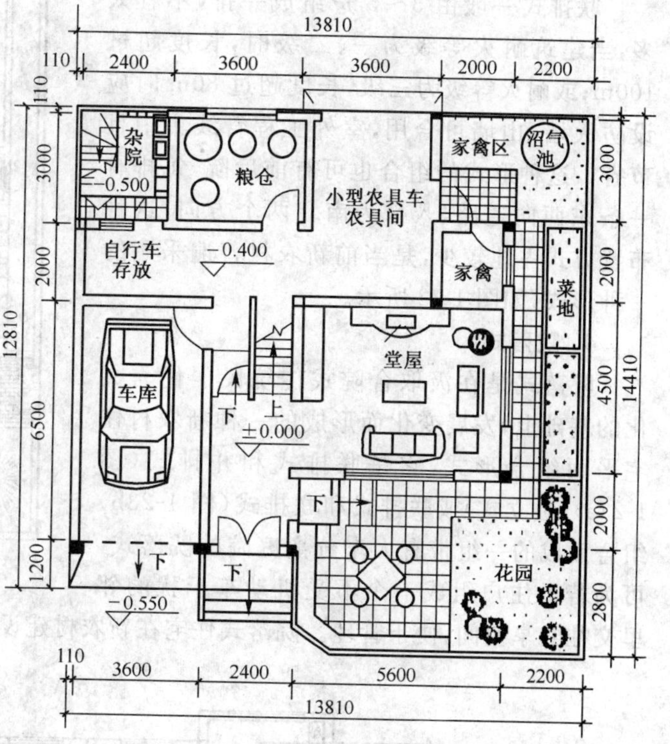

图 1-19　侧院式住宅

5. 天井式

天井式（或称内院式、内庭式、中庭式）将庭院布置在住宅的中间，它可以为住宅的多个功能空间（即房间）引进光线，调节小气候，是老人便利的室外活动场地，可以在冬季享受避风的阳光，也是家庭室外半开放的聚会空间。以天井内庭为中心布置各功能空间，除了可以保证各个空间都能有良好的采光和通风外，天井内庭还是住宅内的绿岛，可适当布置“水绿结合”，以达到水绿相互促进，共同调节室内“小气候”的目的，成为住宅内部会呼吸的“肺”。这种汲取传统民居建筑文化的设计手法，越来越得到重视，布置形式和尺寸大小也可根据不同条件和使用要求而变化万千。

四、按住宅平面的组合形式分

1. 独立式

独立式住宅独门独院，建筑四面临空，居住条件安静、舒适、宽敞，但需较大的宅基地，且基础设施配置不便，一般很少采用，如图 1-20 所示。

2. 并联式

并联式由两户并联成一栋房屋，这种布置形式适用南北向胡同，每户可有前后两院，每户均为侧入口，中间山墙可两户合用，如图 1-21 所示。并联式住宅基础设施配置方便，对节约建设用地有很大好处。

3. 联排式

联排式一般由 3～5 户组成一排，不宜太多，当建筑耐火等级为一、二级时，长度超过 100m；或耐火等级为三级，长度超过 80m 时应设防火墙，山墙可合用，室外工程管线集中且节省。这种形式的组合也可有前后院，每排有一条东西向道路，入口为南北两个方向，这种布置方式占地较少，是当前新农村普遍采用的一种形式，如图 1-22 所示。

4. 院落式

院落式是在汲取合院式传统民居优秀文化的基础上，发展变化而形成的一种新农村住宅平面组合形式，它是联排式和并排式（图 1-23a）（独立式）或联排式和联排式（图 1-23b）组合而成的一组带有人车分离庭院的院落式，可为若干住户组成一个不受机动车干扰的邻里交往共享空间，便于管理。院落式住宅在新农村建设中颇有推广意义。

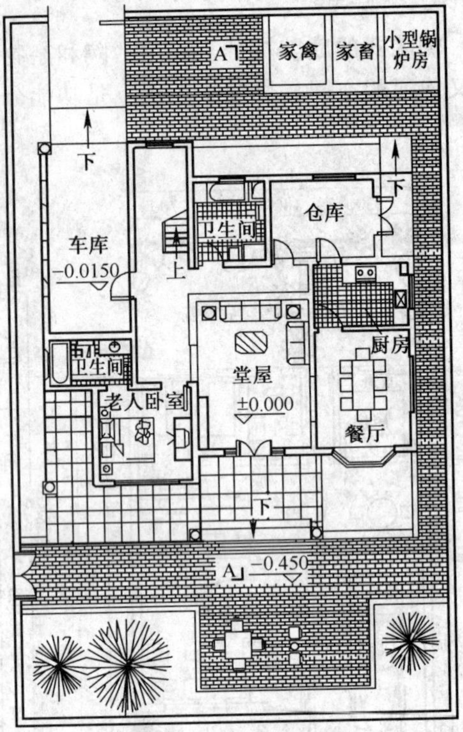

图 1-20 独立式住宅

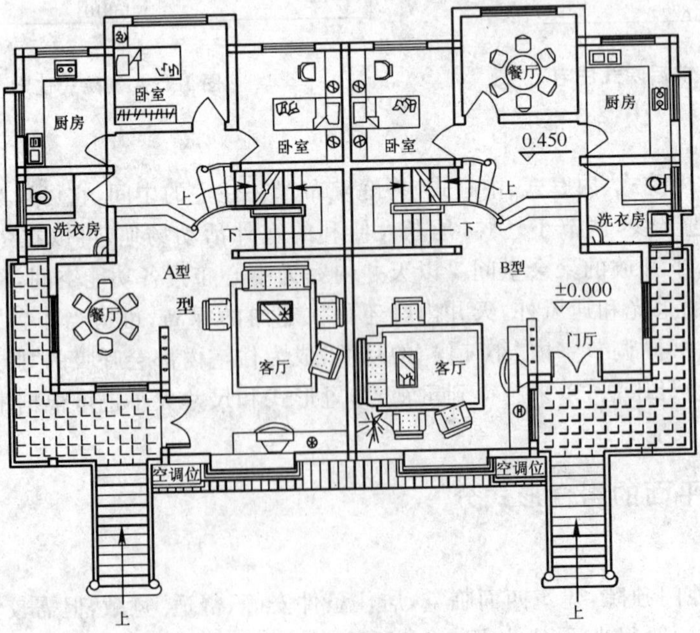

图 1-21 并联式住宅

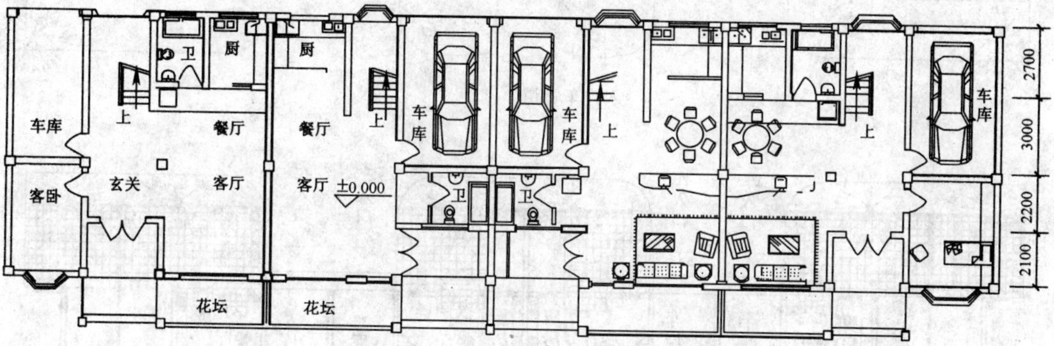

图 1-22　联排式住宅

五、按住宅的空间类型分

1. 垂直分户

垂直分户的住宅一般都是二、三层的低层住宅，每户不仅占有上下二(或三)层的空间，即"有天有地"，而且都是独门独院(图 1-24)。垂直分户的村镇住宅具有节约用地和有利于以农副业活动为主的农户对庭院农机具储存和谷物晾晒等特点，是村镇住宅的主要形式。

2. 水平分户

(1)水平分户的平房住宅。水平分户的平房住宅是每户占据一层的"有天有地"的空间，而且是带有庭院的独门独户的住宅(图 1-25)，具有方便生活，便于进行生产活动和接地性良好的特点；但由于占地面积较大，应尽量减少采用。

(2)水平分户的多层住宅。水平分户的多层住宅一般都是六层以下的公寓式住宅，由公共楼梯间进入(图 1-26)。新农村多层住宅常用的是一梯两户，每户占有同一层中的部分水平空间。这种住宅除一层外，二层以上都存在着接地性较差的缺点，因此，在设计时应合理确定阳台的进深和阔度，并处理好其与起居厅的关系，使阳台成为入户的阳台庭院，为住户提供贴近自然的活动空间。

3. 跃层分户

跃层分户(图 1-27)是村镇住宅中的一种新的形式，具有节约用地的优点。一般是用于四层的多层住宅，其中一户占有一、二层的空间，另一户则占有三、四层的空间。这种住宅在设计中为了解决三、四层住户接地性较差的缺点，往往一方面使三、四住户的入户楼梯直接从地面开始，另一方面设法扩大阳台的面积，使其形成露台，以保证三、四层的住户具有较多的户外活动空间。

六、按住宅的使用特点分

1. 生活、生产型住宅

村镇生活、生产型住宅兼顾到村镇农民居住生活和部分生产活动的需要，是我国村镇住宅的主要形式，如图 1-28 所示。

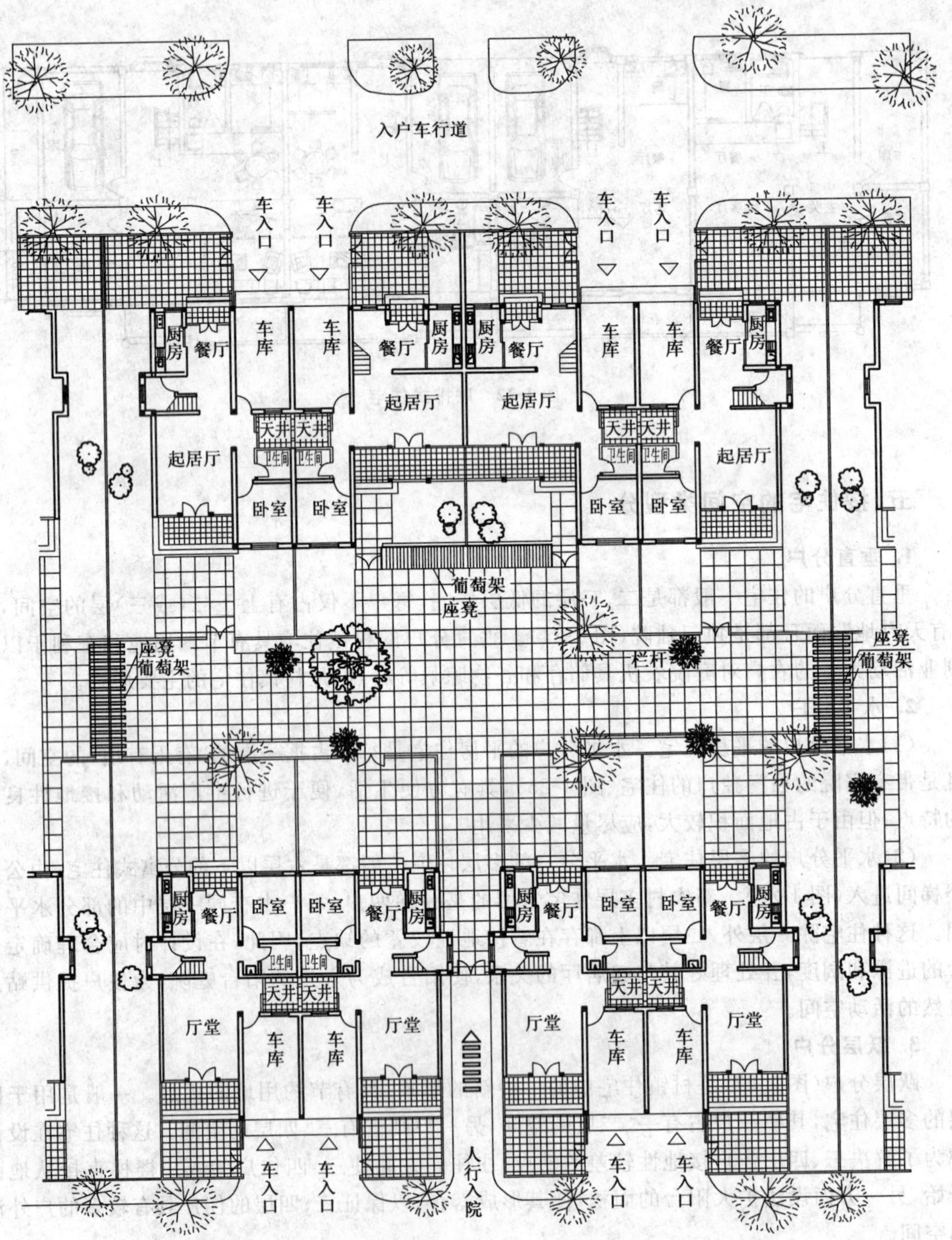
入户车行道
车入口
车入口
车入口
车入口
厨房
餐厅
车库
车库
餐厅
厨房
厨房
餐厅
车库
车库
餐厅
厨房
起居厅
起居厅
天井
天井
天井
天井
起居厅
卫生间
卫生间
卫生间
卫生间
起居厅
卧室
卧室
卧室
卧室
葡萄架
座凳
座凳
葡萄架
栏杆
座凳
葡萄架
厨房
餐厅
卧室
卧室
餐厅
厨房
厨房
餐厅
卧室
卧室
餐厅
厨房
卫生间
卫生间
天井
天井
天井
天井
厅堂
车库
车库
厅堂
厅堂
车库
车库
厅堂
车入口
车入口
人行入院
车入口
车入口
入户车行道

图 1-23　院落式住宅

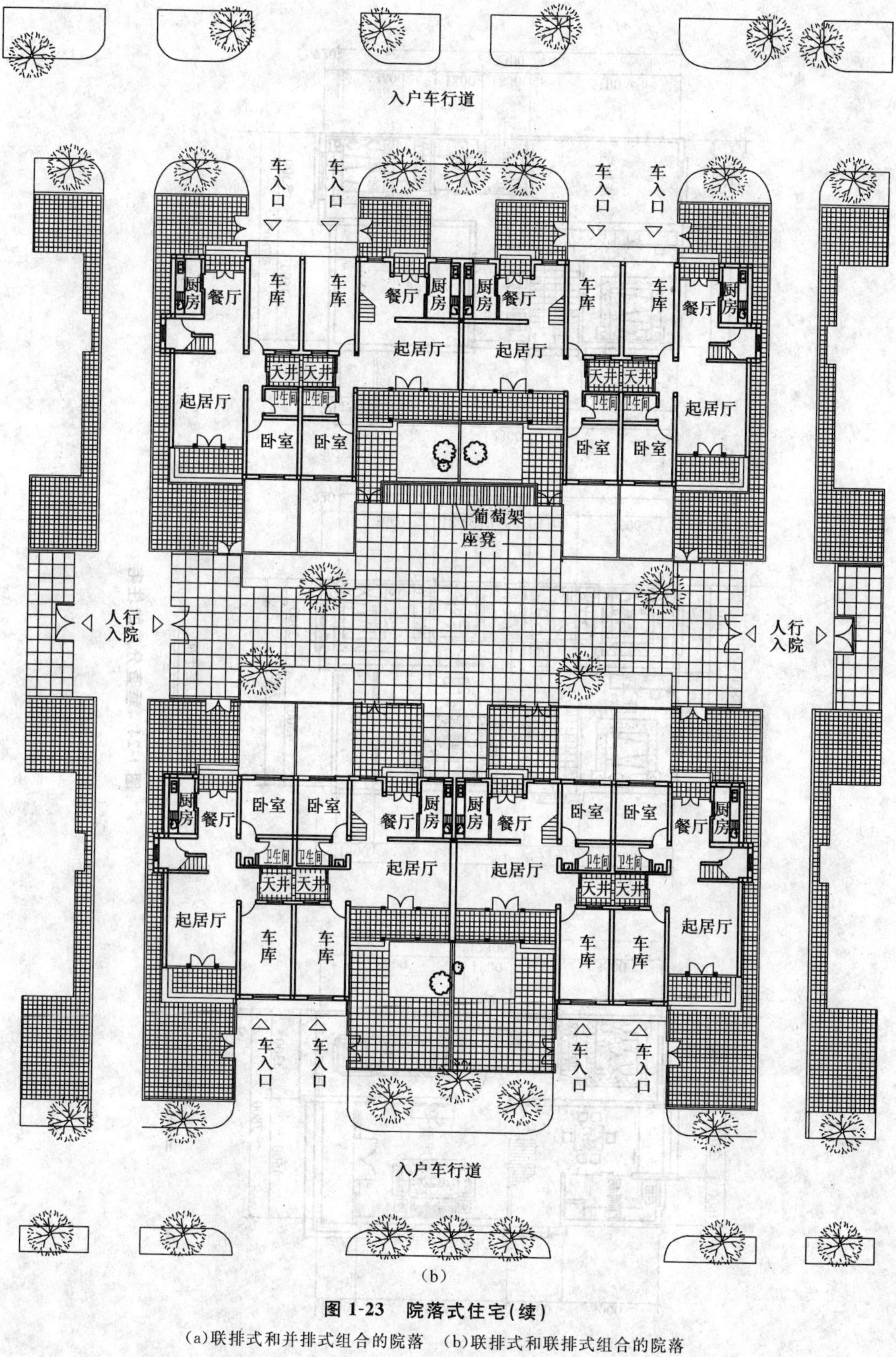

(b)

图 1-23　院落式住宅(续)

(a)联排式和并排式组合的院落　(b)联排式和联排式组合的院落

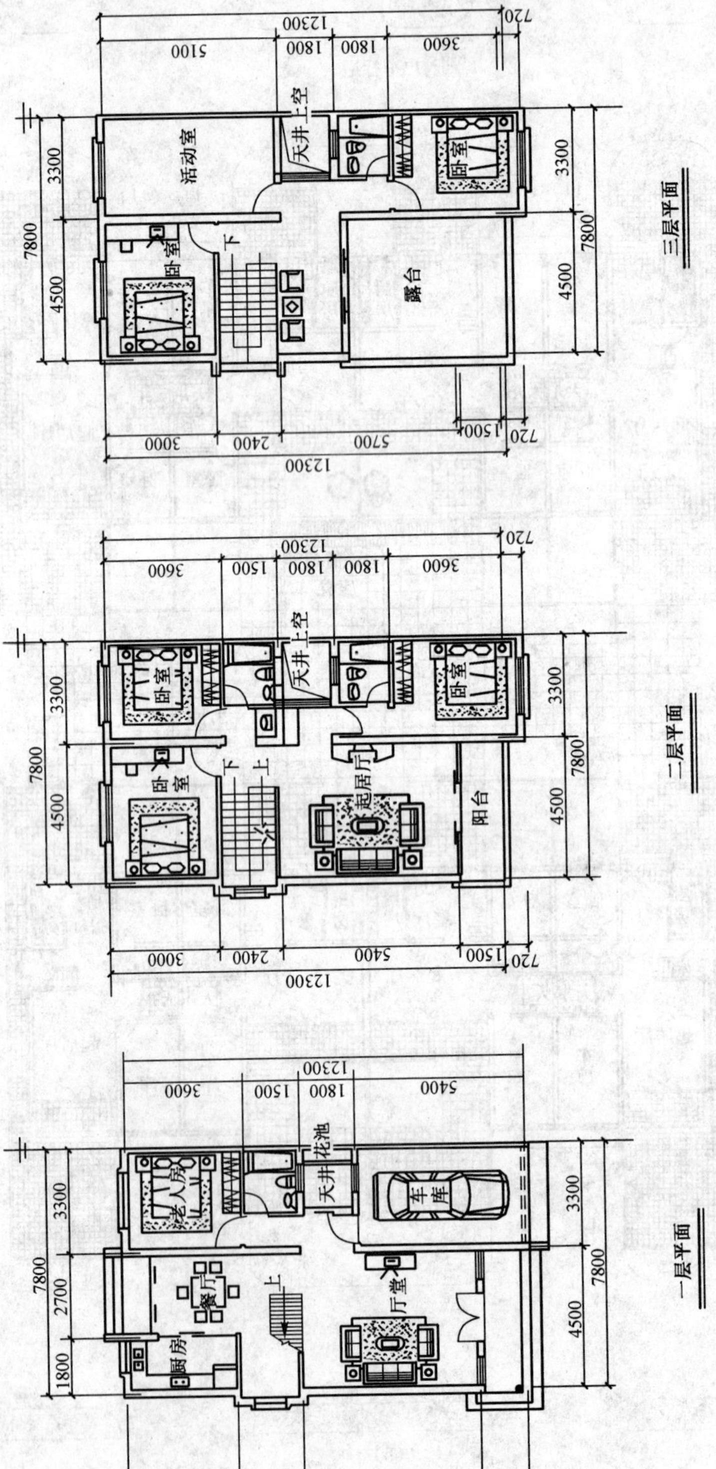

图 1-24　垂直分户的住宅

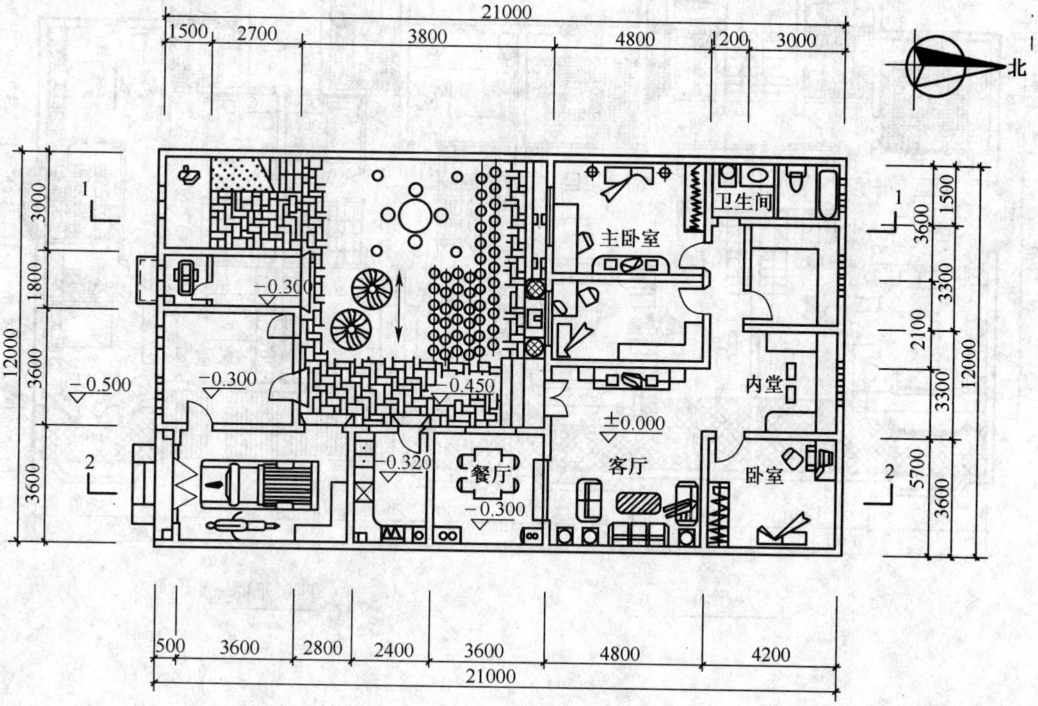

图 1-25　水平分户的平房住宅

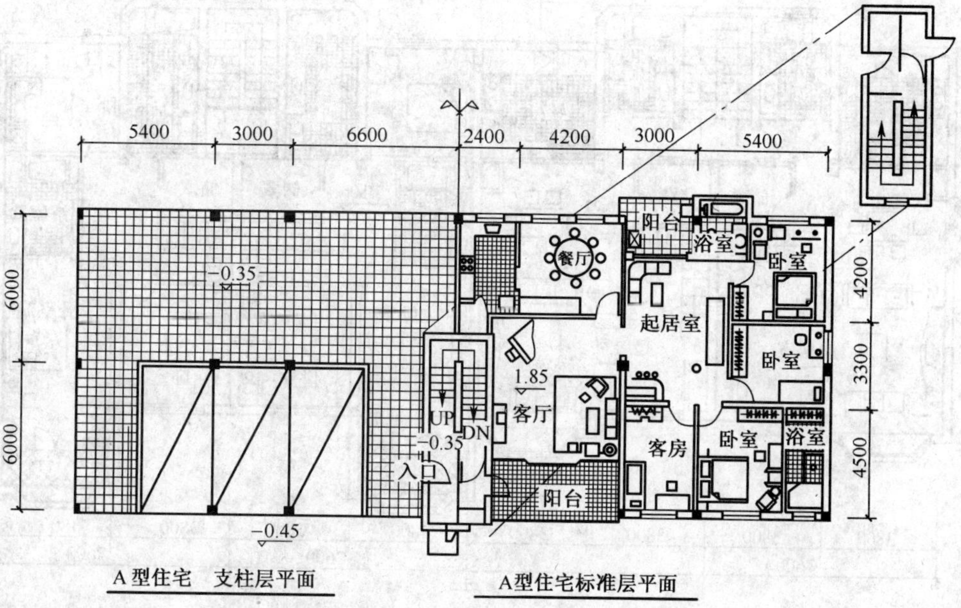

图 1-26　水平分户的多层住宅

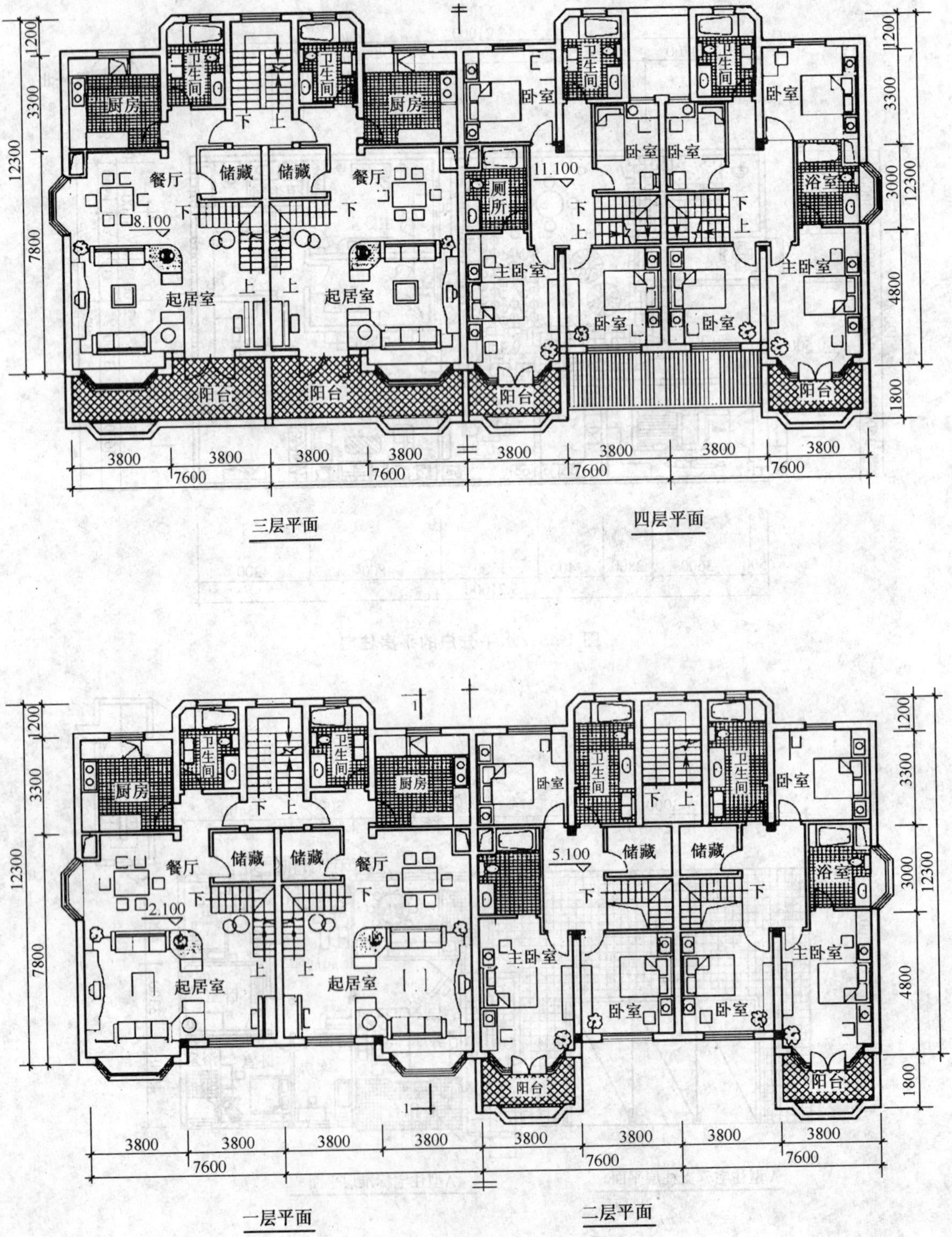

图 1-27 跃层分户的多层住宅

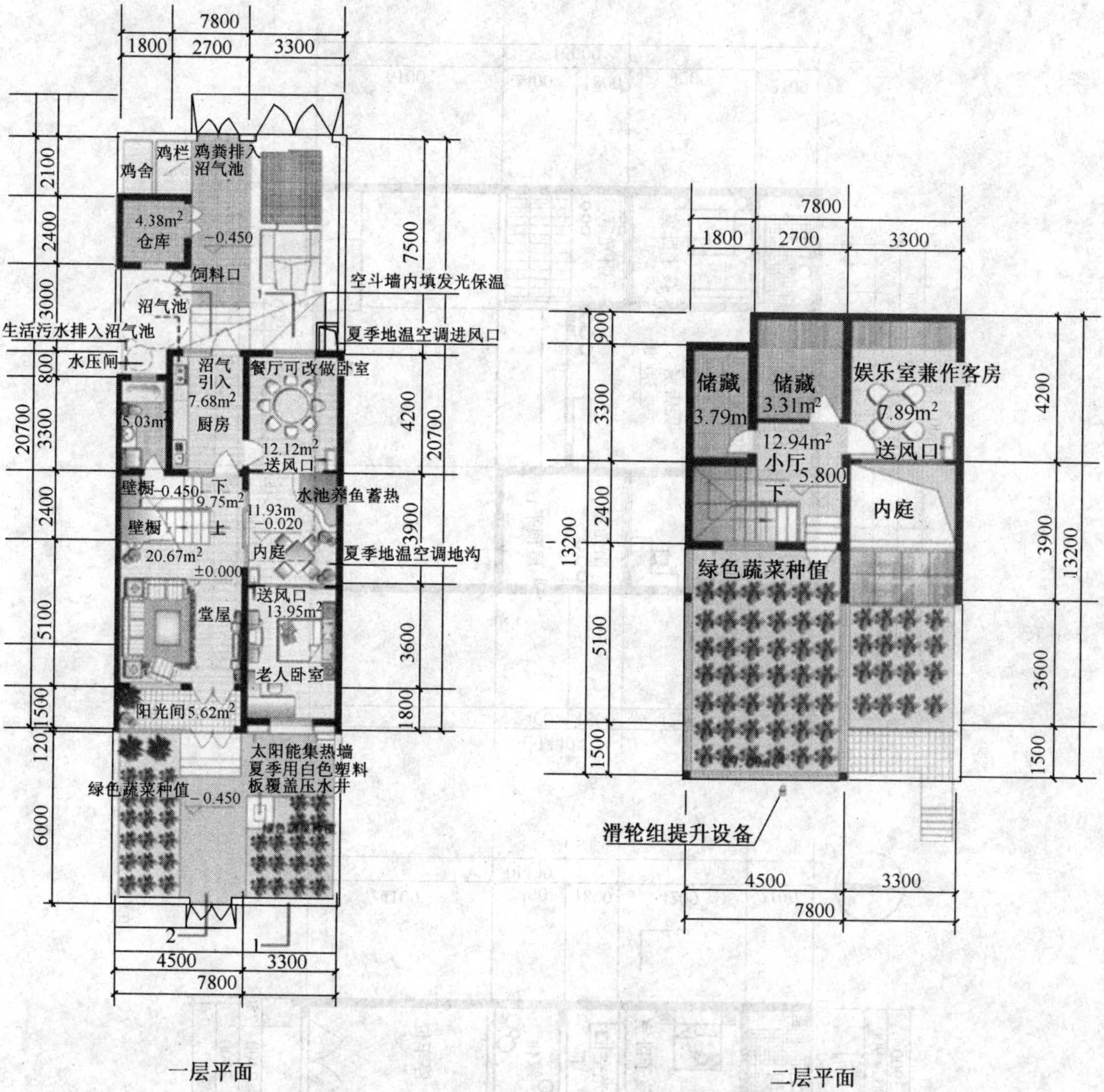

图 1-28 生活、生产型村镇住宅

2. 居住型住宅

居住型住宅(图 1-29)适合农业集约化程度较高、农民已基本上脱离了农业生产活动的地区,其住宅基本上仅需要满足居住生活的要求,但与城市住宅仍然存在着不少的差距,不能简单地用城市住宅替代。

3. 代际型住宅

共享天伦的传统美德使我国广大农村普遍存在着几代同堂的现象。考虑到几代人之间的代沟问题,代际型住宅也随之应运而生。代际型住宅的处理方法很多,如在垂直分户的村镇住宅中老人住楼下,儿孙住楼上(图 1-30)。而在水平分户一梯两户的农村住宅中,老人和儿孙各住一边(图 1-31)。代际型住宅的设计必须特别重视老人和儿孙所居住的空间既有适当合理的分开,又有相互关照的密切联系。

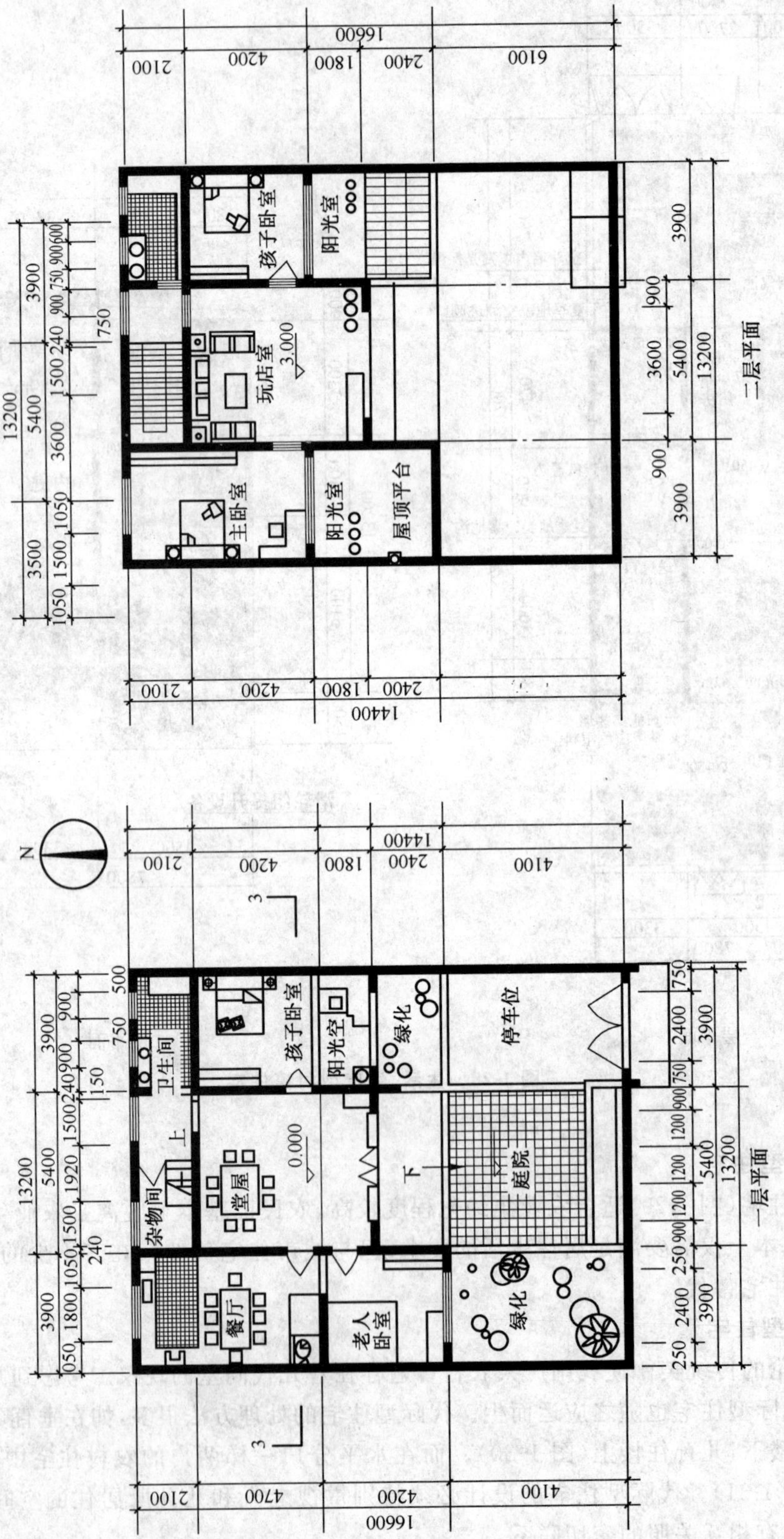

图 1-29　居住型村镇住宅

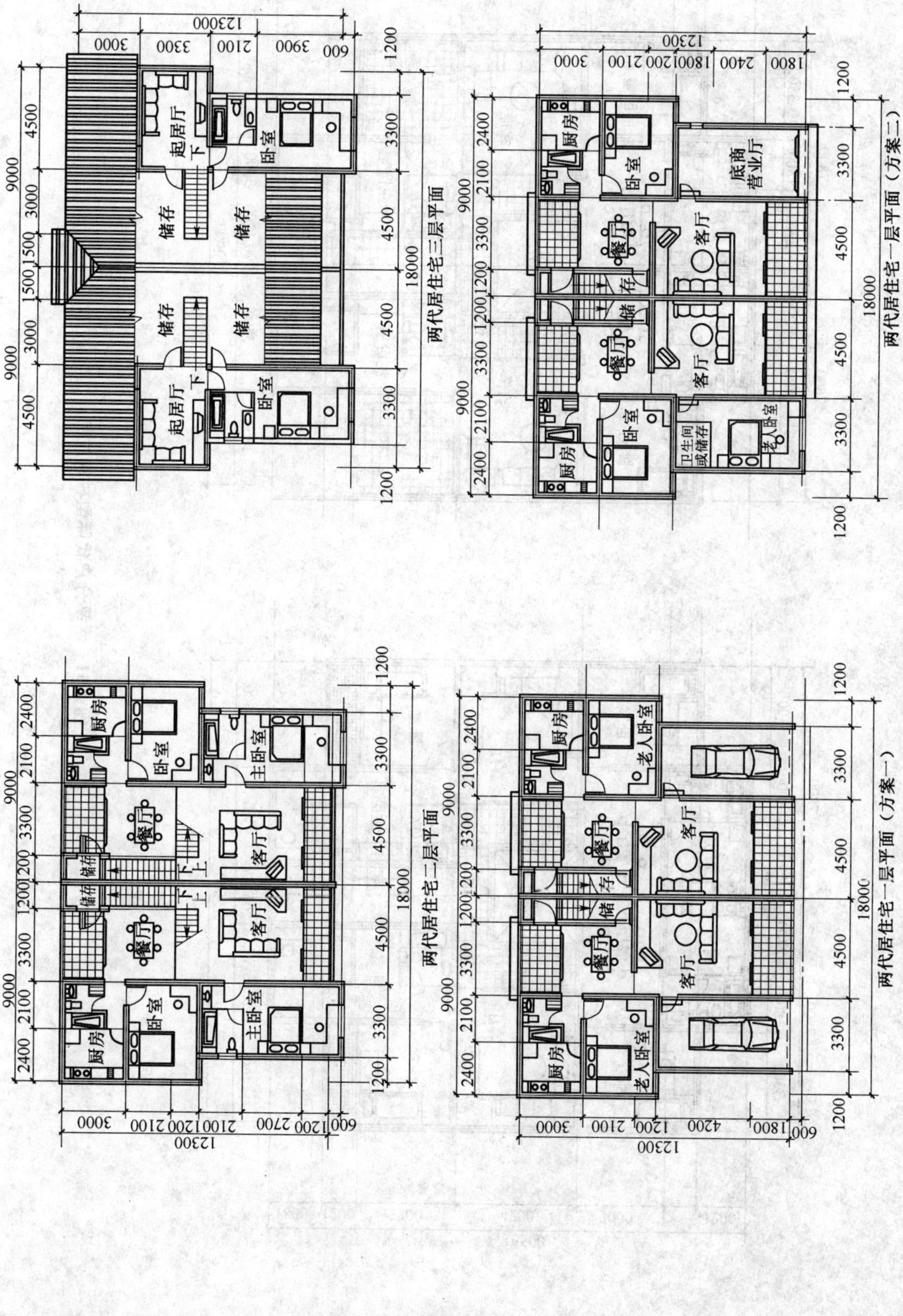

图 1-30　垂直分户代际型村镇住宅

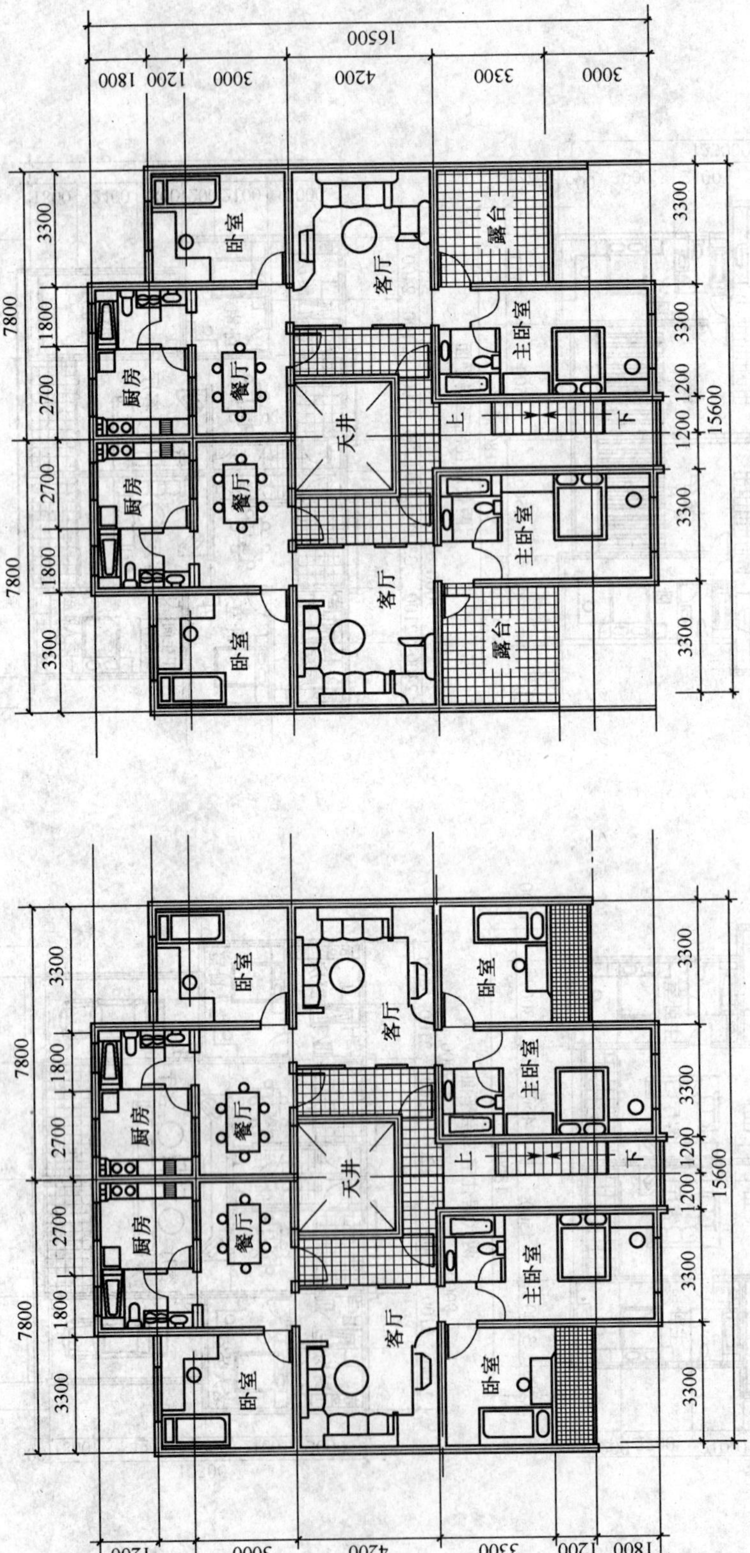

图 1-31 水平分户代际型村镇住宅

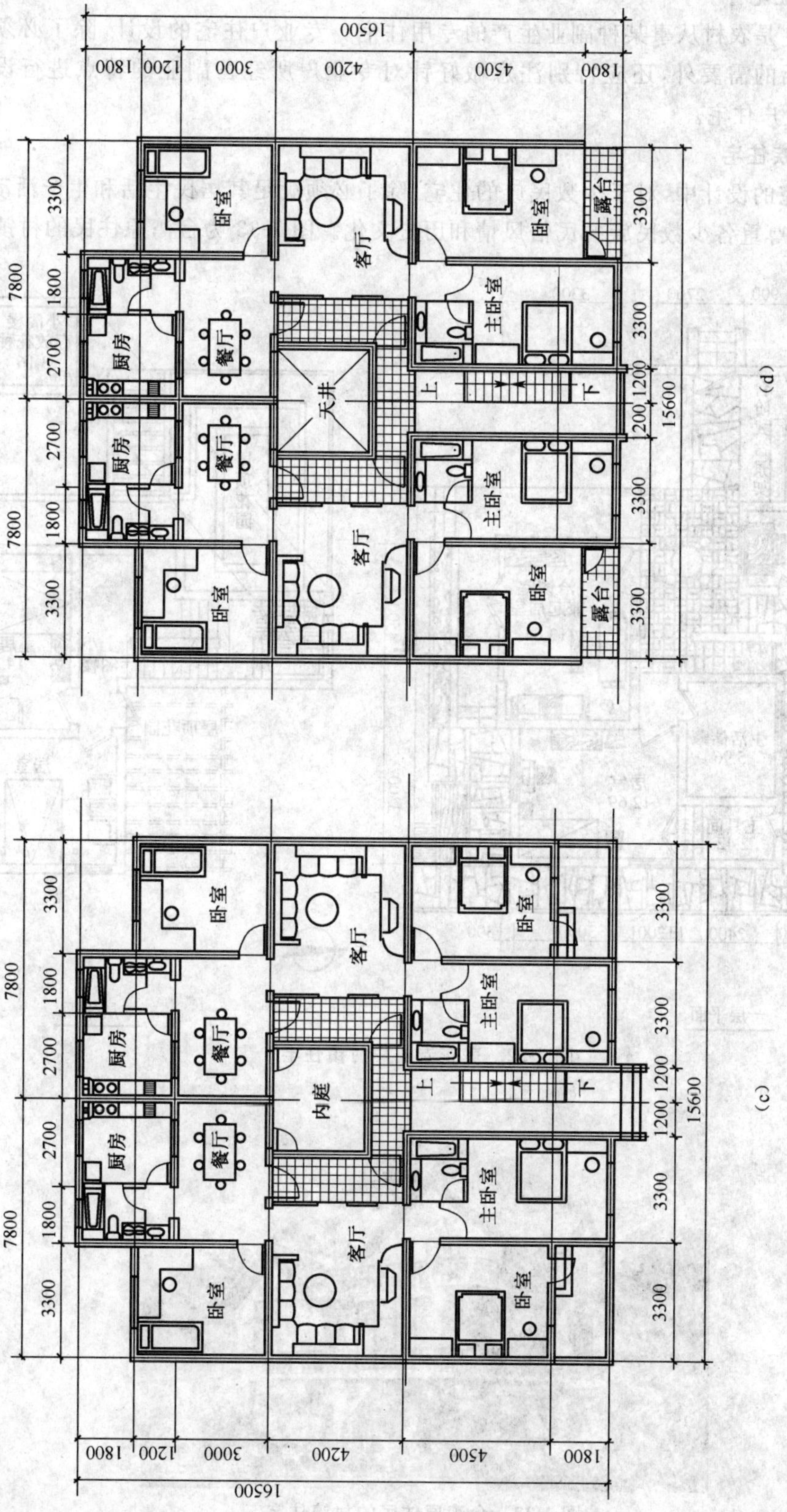

图 1-31　水平分户代际型村镇住宅(续)

(a)代际型多层内天井住宅三层平面　(b)代际型多层内天井住宅四层平面
(c)代际型多层内天井住宅一层平面　(d)代际型多层内天井住宅二层平面

4. 专业户住宅

专业户住宅是农村从事某种副业生产的专用住宅。专业户住宅的设计，除了必须注意满足住户居住生活的需要外，还应特别注意做好针对专业户所经营副业的特点进行设计。图1-32为养花专业户住宅。

5. 少数民族住宅

在村镇住宅的设计中，对于少数民族的住宅，除了必须满足其居民生活和生产活动的需要外，还应该特别尊重各少数民族的民俗风情和历史文化。图1-33为台湾原住民的村镇住宅。

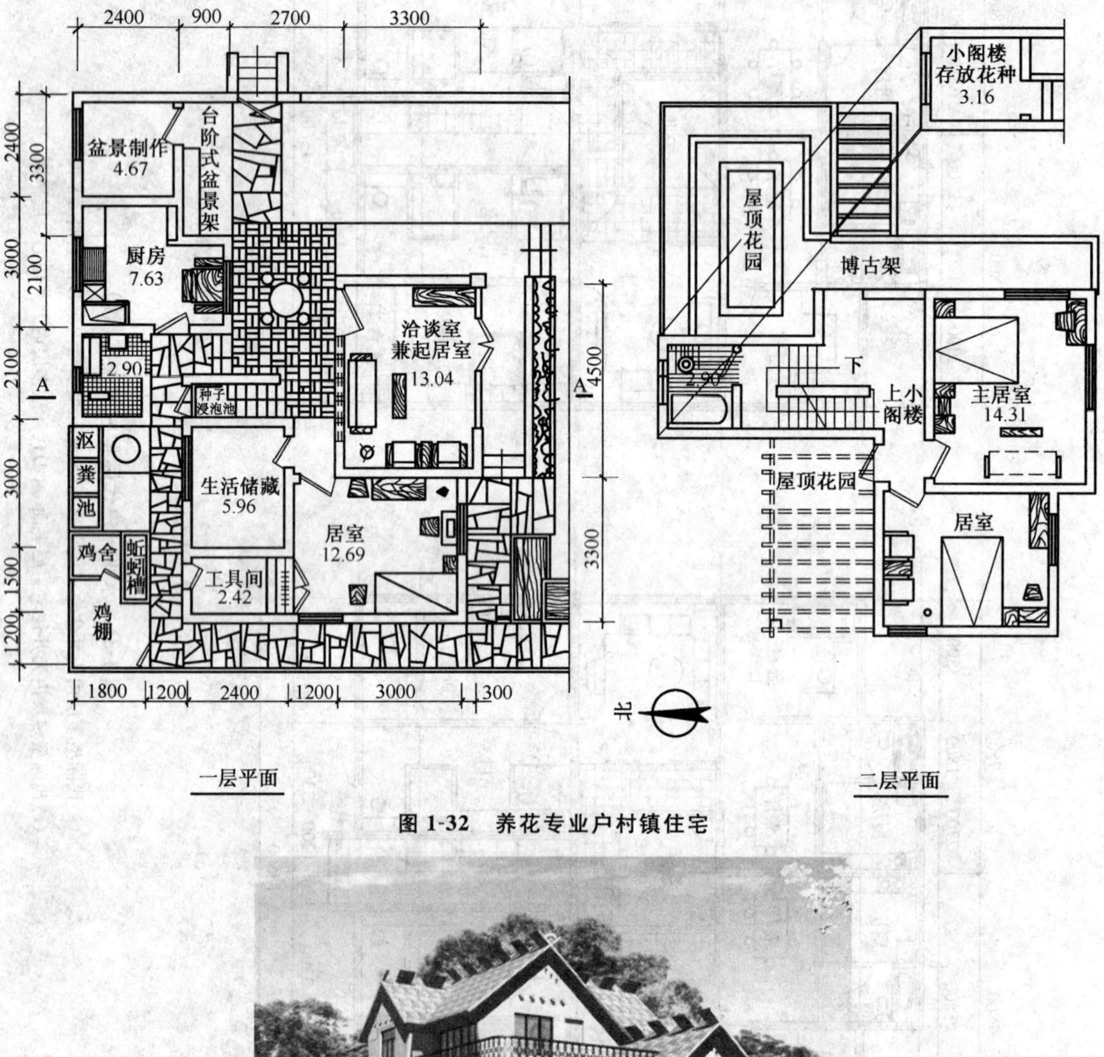

图 1-32 养花专业户村镇住宅

图 1-33 台湾原住民的村镇住宅

第二章　村镇住宅的建筑设计

第一节　村镇住宅的设计原则及指导思想

一、村镇住宅的设计原则

1. 安全、适用、经济和美观

建筑设计的基本原则是安全、适用、经济和美观，这同样适用于村镇的住宅设计。

(1)安全。安全指住宅必须具有足够的强度、刚度、抗震性和稳定性，满足防火规范和防灾需要，以保证居民的人身财产安全，达到坚固耐久的要求。

(2)适用。适用是方便居住生活，有利于农业生产和经营，适应不同地区、不同民族的生活习惯需要。包括各种功能空间(即房间)的面积大小、院落各组成部分的相互关系，以及采光、通风、御寒、隔热和卫生等设施是否满足生活、生产的需要。

(3)经济。经济指住宅建设应该在因地制宜、就地取材的基础上，要合理地布置平面，充分利用室内、室外空间，节约建筑材料，节约用地，节约能源消耗，降低住宅造价。

(4)美观。美观指在安全、适用、经济的原则下，力求简洁、明快大方，创造与环境相协调，具有地方特色的新型农村住宅。适当注意住宅内外的装饰，给人美的艺术感受。

2. 因地制宜，自然协调

由于使用功能上的要求，与大自然相协调的需要，建设以二、三层为主的低层住宅应是新农村住宅发展的主流。

对于人少地多的山地和偏僻地区可建设一些与生产紧密结合的平房农宅。而对于向第二、三产业转型的村镇，应鼓励建设多层住宅。

3. 村镇住宅设计的基本原则

(1)应以满足村镇不同层次的居民家居生活和生产的需求为依据。一切从住户舒适的生活和生产需要出发，充分保证新农村家居文明的实现。

(2)应能适应当地的居住水平和生产发展的需要，并具有一定的超前意识和可持续发展的需要。

(3)努力提高村镇住宅的功能质量，合理组织齐全的功能空间并提高其专用程度。实现动静分离、公私分离、洁污分离、食居分离、居寝分离。充分体现出村镇住宅的适居性、舒适性和安全性。

(4)在充分考虑当地自然条件、民情风俗和居住发展需要的情况下，努力改进结构体系，突破落后的建造技术，以实现村镇住宅设计的灵活性、多样性、适应性和可改性。

(5)各功能空间的设计应为采用按照国家制定的统一模数和各项标准化措施所开发、推广运用的各种家用设备产品创造条件。

(6)村镇住宅的平面布局和立面造型应能反映村镇住宅的特点，并具有时代风貌和富有乡土气息。

二、村镇住宅设计的指导思想

1. 努力排除影响居住环境质量的功能空间

千百年来，小农经济的生产模式导致我国农村居民的居住形态极其复杂。农村经济体制的改革促使经济飞速发展，农村剩余劳动力的转移，使得广大农民更多地接触到现代科学技术较为集中的城市，因而在观念上有了很大的变化。尤其是农业生产集约化和适度规模经营的推广，使得一些经济比较发达地区的农村住宅已摆脱过去那种独门独院的农业户、庭院经济户、手工业户等亦农亦住、亦工亦住以及把异味熏天的猪圈、鸡窝同住宅组织在一起，严重影响居住环境质量的居住形态。那种猪满圈、鸡满院的杂乱现象已被动的庭院绿化所替代，形成优雅温馨的家居环境。因此，要提高农村住宅的功能质量，使其满足村镇居住水平和生活的需要，只有摆脱小农经济的发展模式，才能获得经济的高速发展，也才能促使思想意识的转变，进而在居住生活中排除那些影响居住环境质量的功能空间。

鉴于各地区各村镇的发展情况极不平衡，当还需要饲养禽畜时，应努力实现一池带三改（即以沼气池带动农村住宅的改厕、改圈和改厨）。在有条件的地方，应统一把禽畜的饲养集中在新农村住宅的下风向。并与住宅小区有防护隔离的地段，设置集中饲养场分户饲养。

2. 充分体现以现代村镇居民生活为核心的设计思想

提倡住户参与精神，一切从住户舒适的生活和生产的需要出发，改变与现代居住文明生活不相适应的旧观念。因此，村镇住宅的设计必须建立在对当地村镇经济发展、居住水平、生产要求、民情风俗等的实态调查和发展趋势进行研究的基础上，才能充分保证家居文明的实现。为此，广大设计人员只有经过熟悉群众、理解群众、尊重群众，在尊重民情风俗的基础上，和群众交朋友，才能做好实态调查。也才能做出符合当地群众喜爱的设计。在设计中又必须留出较大的灵活性，以便群众参与。也才能在设计中充分体现以现代村镇居民生活和生产为核心的设计思想。

3. 弘扬传统建筑文化

我国地域辽阔、民族众多，各地在经济水平、社会条件、自然资源、交通状况和民情风俗上都各不相同。为通风防湿和防御野兽蛇虫为害的傣族竹楼、外墙实多虚少的藏胞碉房、利于抵御寒风和拆装方便的蒙古包以及北京的四合院、安徽的徽州民居、福建东南沿海一带的皇宫式古民居、闽西的土楼等都颇具神韵，各有特色。不仅如此，即便是在同一地区、同一村庄，能工巧匠们也能在统一中创造出很多各具特色的造型。同是起防火作用的封火墙，安徽、浙江、江西、福建……都各不相同，变化万千。建筑师们在创作中往往把它作为一种表现地方风貌和表现自我的手法，大加渲染。

在村镇住宅的设计中，对于我国灿烂的传统建筑文化，不能仅仅局限于造型上的探讨，还必须考虑到现代的经济条件，运用现代科学技术，从满足现代生活和生产发展的需要出发，从平面布局、空间利用和组织、结构构造、材料运用以及造型艺术等诸多方面努力汲取精华，在继承中创新，在创新中保持特色。因地制宜，突出当地优势和特色。使得每一个地区、每一个村镇，乃至每一幢建筑，都能在总体协调的基础上独具风采。

4. 努力改进结构体系、善于运用灵活的轻质隔墙

经济的发展推动着社会进步，也必然促进居住条件和生活环境的改善。村镇住宅必须适

应可持续发展的需要，才能适应村镇生产方式和生产关系所发生变化的需要。同时，由于住户的生活习惯各不相同，也应该为住户参与创造条件。它的设计就要求有灵活性、多样性、适应性和可改性。为此，必须努力改进和突破农村传统落后的建造技术，推广应用和开发研究适用于不同地区的坚固耐用、灵活多变、施工简便的新型村镇住宅结构。目前，有条件的地方可以推广钢筋混凝土框架结构，而仍然采用以砖混结构为主的，也不要把所有的分隔墙都做成承重砖墙，而应该根据建筑布局的特点，尽量布置一些轻质的内隔墙，以便适应变化的要求。外墙应确保保温、隔热的热工计算要求，并为创造良好的室内声、光、热、空气环境质量提供可靠的保证。

5. 对村镇住宅的室内装修善加引导

村镇居民收入增加了，对于家庭装修也特别重视。家庭装修应自然、简洁、温馨、高雅，为住户提供安全舒适、有利于身体健康和节约空间的居住环境。但由于对村镇居民的装修意识缺乏引导。盲目追求欣赏效果、与人攀比、照搬饭店的设计和材料。造成了华而不实、档次过高、缺少个性，导致投入资金偏大，侵占室内空间较多，甚至对原有建筑结构的破坏较为严重及使用有毒有害的建筑材料等不良后果。住宅毕竟不仅仅是用来看的，对村镇住宅的室内装修应善加引导，本着经济实用、朴素大方、美观协调、就地取材的原则，充分利用有限资金、面积和空间进行装修，真正地为提高村镇住宅的功能质量、营造温馨的家居环境起到补充和完善的作用。为了加强引导，中央电视台农业频道在有关企业的支持下，开展了改厨、改厕的活动，深受广大群众的欢迎。

第二节　村镇住宅的平面设计

一、村镇住宅平面设计的原则

(1)应满足住户的居住生活和生产的要求，并为今后发展变化创造条件。

(2)结合气候特点、民情风俗、住户生活习惯和生产要求，合理布置各功能空间。

(3)平面形状力求简洁、整齐。

(4)尽可能减少交通辅助面积，室内空间应“化零为整”、变无用为有用。

(5)重视节能。

二、村镇住宅的户型设计及功能空间设计

1. 户型设计

村镇住宅的户型设计是村镇住宅设计的基础，其目的是为不同住户提供适宜的居住生活和生产空间。户型是指住户的家庭人口构成(如人口的多少、家庭结构等)、家庭的生活和生产模式等。目前在村镇住宅户型设计中普遍存在的问题是：功能不全且与住户的特定要求不相适应，面积大而不当，使用不得法以及生搬硬套城市住宅或外地住宅模式等。因此，必须认真分析深入研究影响村镇住宅户型设计的因素，才能做好村镇住宅设计。

户型设计是由家庭人口构成以及家庭的生活模式和生产方式决定的，家庭主要成员的生活、生产方式除了社会文化模式所赋予的共性外，还具有明显的个性特征。在户型设计中，除考虑每个家庭必备的基本生活空间外，各种不同的户类型(不同职业)，还应有不同的特定附加

功能空间，根据分析，其规律可见表2-1。同时，为了达到既满足住户使用要求，又节约用地的目的，还应恰当地选择住宅类型，以便更好地处理建筑物的上下左右关系，随即妥善处理住宅的水平或垂直分户，并联、联排和层数等问题见表2-2。

表2-1 村镇住宅的户类型及其特定功能空间

户类型	主要特征	特定功能空间	对户型设计的要求
农业户	种植粮食、蔬菜、果木、饲养家禽家畜等	小农具储藏、粮仓、微型鸡舍、猪圈等	少量家禽饲养要严加管理，确保环境卫生
专(商)业户	竹藤类编制、刺绣、服装、百货等	小型作坊、工作室、商店、业务会客室、小库房等	工作区域与生活区域应互相联系，又能相对独立，减少干扰
综合户	以从事专(商)业为主，兼种自家的口粮田或自留地	兼有一、二类功能空间、但规模稍小、数量较少	以经济发达地区，此类户型所占比重较大
职工户	在机关、学校或企事业单位上班，以工资收入为主	以基本家居功能空间为主，较高经济收入户可增设客厅、书房、阳光室、客卧、家务室、健身房、娱乐活动室等	重视专用空间的使用与设计

表2-2 不同户类型、不同套类型系列的住栋类型选择

选择建议 住栋类型 / 户类型	垂直分户	水平分户
农业户、综合	中心村庄居住密度小、建筑层数低，用地规定许可时，可采用垂直分户	在确保楼层户在地面层有存放农具和粮食专用空间的前提下，可采用水平分户(上楼)，但层数最多不宜超过4层，必要时，楼层户可采用内楼梯跃层式以增加居住面积
专(商)业户	此种类型的附加生产功能空间较大，几乎占据整个底层，生活空间安排在二层以上，故宜垂直分户	为保证附加生产功能空间使用上的方便并控制建筑物基底面积，不可能采用水平分户
职工户	基本上与城市多层单元式住宅相同，不宜采用垂直分户	为节约用地，职工户住宅一般均建楼房，少则三四层，多达五六层，宜采用水平分户

2. 功能空间设计

(1)居住空间的平面设计。

①卧室平面尺寸和家具布置(图2-1)：卧室可分为主卧室、次卧室、客房等。主卧室最好能提供多种床位布置选择，因此其房间短边尺寸不宜小于3.0m。

次卧室包括双人卧室、单人卧室、客房等，由于其在户型中居于次要地位，面积和家具布置上要求低于主卧室。床可以是双人床、单人床、双层床等，因此其短边尺寸不宜小于2.1m。

②起居厅平面尺寸和家具布置(图2-2)：起居厅的家具主要有沙发、茶几、电视音像柜等，由于起居厅有家庭活动的需要。还应留出较多的活动空间，另外考虑视听的要求，短边尺寸应为3.0～4.0m。

③书房(图2-3)：在面积条件宽裕的套型中，可将书房或工作室分离出来，形成独立的学习、工作空间，主要家具有书桌椅、书柜、电脑桌等，书房的最小尺寸可参照次卧室，其短边尺寸不宜小于2.10m。

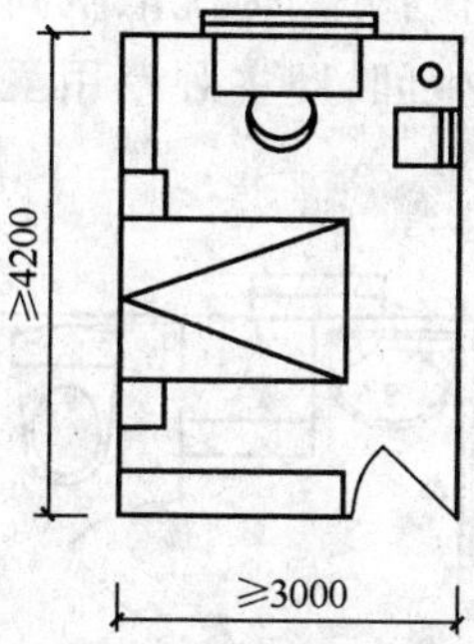

图 2-1　卧室平面布置图

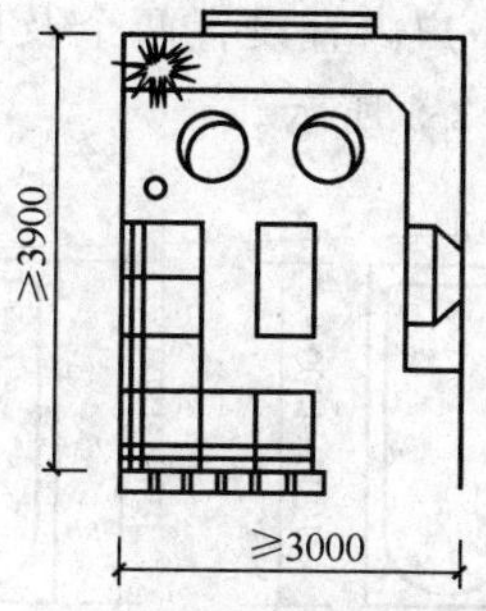

图 2-2　起居厅平面布置图

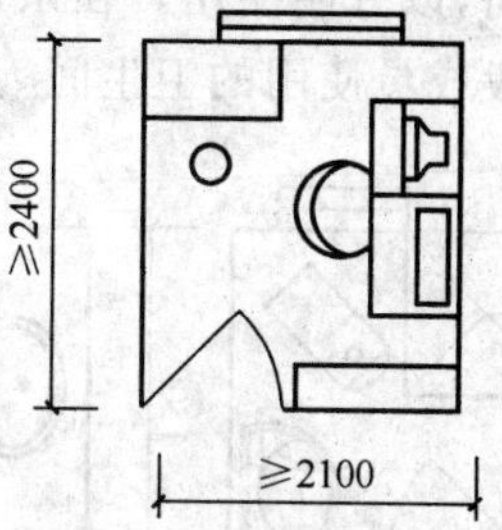

图 2-3　书房平面布置图

(2)居住部分的空间设计与处理。室内空间设计与处理包括空间的高低变化、复合空间的利用、色彩、质感的利用以及照明、家具的陈设等。在住宅设计中，由于层高较小，为了使室内空间不致感觉压抑，可在墙面的划分、色彩的选择方面进行处理。如为了减少空间的封闭感，可在空间之间设置半隔断，以使空间延伸，也可适当加大窗洞口，扩大视野，以获得较好的空间效果。

(3)厨卫空间平面设计。厨卫空间是住宅设计的核心，它对住宅功能和质量起着关键的作用。厨卫空间内设备及管线较多，且安装后改造困难，设计时必须考虑周全。

①厨房的平面尺寸和家具布置：厨房一般面积较小，但设备、设施多，因此布置时要考虑使用方便。

厨房的平面尺寸取决于设备的布置形式和住宅面积标准，布置方式一般有单排式、双排式、L 形、U 形等。厨房最小尺寸如图 2-4 所示，单排布置时，厨房净宽≥1.5m，双排布置时，厨房净宽≥1.8m，两排设备的净距≥0.9m。

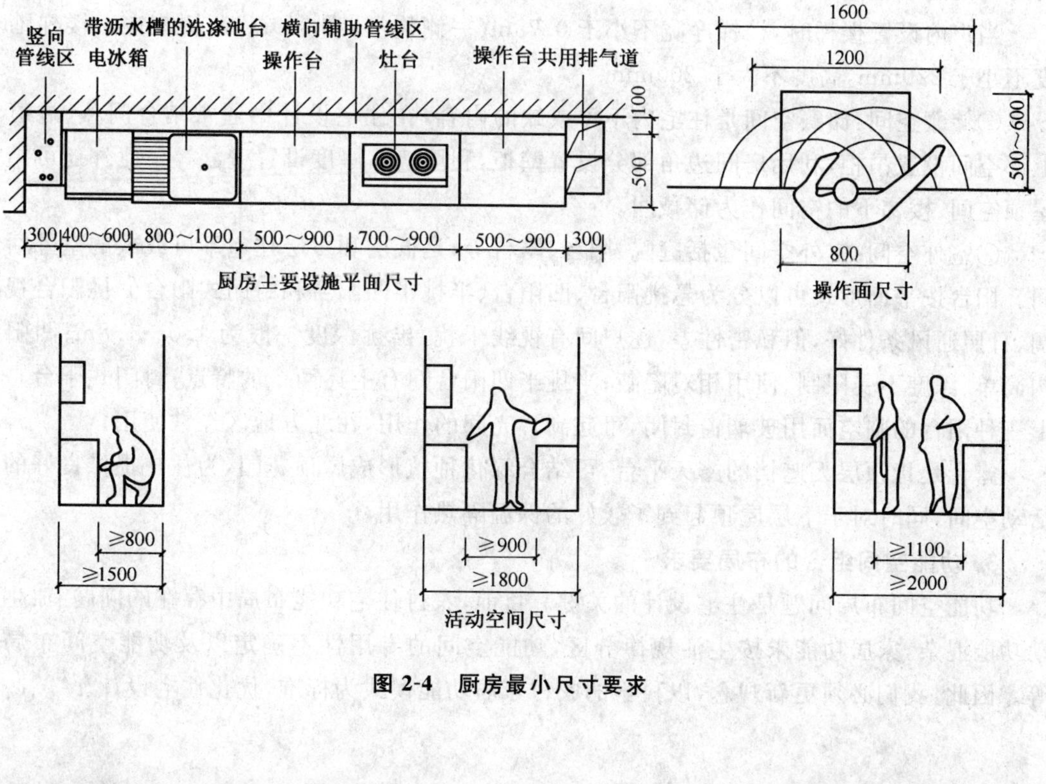

图 2-4　厨房最小尺寸要求

②卫生间的平面尺寸和家具布置：卫生间设计时应按使用功能适当分割为洗漱空间和便溺空间，以方便使用。在条件许可时，一户内宜设置两个及以上的卫生间，即主卧专用卫生间和一般成员使用的卫生间，其尺寸如图 2-5 所示。

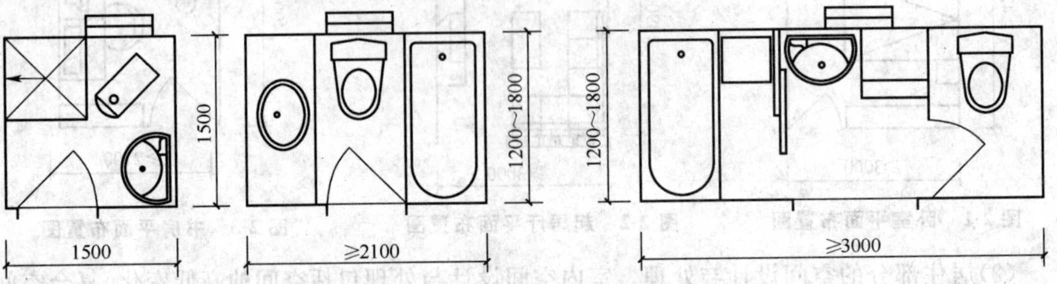

图 2-5　卫生间最小尺寸要求

③厨卫空间的细部设计：厨卫空间面积小、管线多、设备多，又是用水房间，处理不好，会严重影响使用。

其一，要做好防水处理，一般是厨卫地面低于其他房 20mm，减少房间积水的可能性，墙面通常是墙砖装修；其二，注意房间内管线的布置，安排不好容易影响设备使用和室内美观；其三，要考虑细部的功能要求，如手纸盒、肥皂盒、挂衣钩、毛巾架等。

(4)交通及辅助空间的设计。

①交通联系空间：交通联系空间包括门斗、门厅、过厅、过道及户内楼梯等，设计中，在入户门处尽量考虑设置门斗或前室，起到缓冲和过渡的作用；同时还有换鞋、更衣、临时放置物品的作用，门斗的净宽不宜小于 1.2m。过厅和过道是户内房间联系的枢纽，通往卧室、起居室等主要房间的过道不小于 1.0m，通往辅助房间时不小于 0.9m。

当户内设置楼梯时，楼梯净宽不小于 0.75m(一侧临空)和 0.9m(两侧临空)，楼梯踏步宽度不小于 220mm，高度不大于 200mm。

②储藏空间：储藏空间是住宅内不可或缺的内容，在住宅设计中通常结合门斗、过道等的上部空间设置吊柜，利用房间边角部分设置壁柜，利用墙体厚度设置壁龛等。此外还可结合坡屋顶空间、楼梯下的空间作为储藏间。

③室外空间：室外空间包括庭院、阳台、露台等，是低层和多层住宅不可或缺的室外活动空间。阳台按平面形式可以分为悬挑阳台、凹阳台、半挑半凹阳台和封闭式阳台。挑阳台视野开阔、日照通风条件好，但私密性差，逐户间有视线干扰，出挑深度一般为 1.0～1.8m；凹阳台结构简单、深度不受限制、使用相对隐蔽；半挑半凹阳台间有上述两个的特点；封闭式阳台是将以上三种阳台的临空面用玻璃窗封闭，可起到日光间的作用，在北方地区经常使用。

露台是指顶层无遮挡的露天平台，可结合绿化种植形成屋顶花园，为住户提供良好的户外活动空间，同时对于下层屋顶起到了较好的保温隔热作用。

3. 功能空间组合的布局要求

功能空间布局问题是住宅设计的关键。目前，农村住宅功能布局中存在的问题有：生产活动功能混杂，家居功能未按生活规律分区，功能空间的专用性不确定以及功能空间布局不当等。因此，我们必须更新观念，以科学的农村家居功能模式为标准，优化住宅设计。

按照村镇住户一般家居功能规律及不同户空间类型的特定功能需求，可以归纳出一个村镇住宅家居功能空间的综合解析图式（图 2-6）。这个图式表达了村镇住宅家居功能空间的有关内容、活动规律及其相互关系。

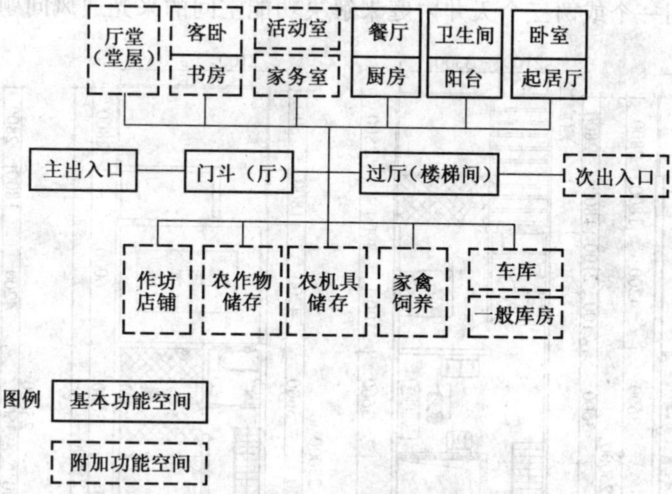

图 2-6 村镇住宅家居功能综合解析图式

4. 各功能空间的适度建筑面积

在国家住宅与居住环境工程中心出版的《健康住宅建设技术要点（2004 年版）》中提出住宅功能空间低限净面积指标，见表 2-3。

表 2-3 住宅功能空间低限净面积指标

项 目	低限净面积指标/m^2	项 目	低限净面积指标/m^2
起居厅	16.20(3.6m×4.5m)	次卧室（双人）	11.70(3.0m×3.9m)
餐 厅	7.20(3.0m×2.4m)	厨房（单排型）	5.55(1.5m×3.7m)
主卧室	13.86(3.3m×4.2m)	卫生间	4.50(1.8m×2.5m)

根据我国目前一般村镇居民的家庭构成和生活方式，并对今后一定时期进行预测，同时还参考了一些经济发达的国家和地区的资料，提出了村镇住宅基本功能空间建议性建筑面积参考表，见表 2-4。

表 2-4 村镇住宅各功能空间合宜尺度及建筑面积参考表/m^2

功能空间名称	厅 堂	起居厅	餐 厅	厨 房	卧 室			卫生间	储藏	活动室	楼梯间
					主卧室	老人卧室	一般卧室		车库		
宜 度	≥3.9	≥3.9	2.7	≥1.8	≥3.3	≥3.3	≥2.7	≥1.8	2.7 5.1	≥3.9	≥2.1
建筑面积	20～30	20～25	12	8	20	14	9～12	5～7	16～24	20	10

注：主卧室的建筑面积包括专用卫生间。

三、村镇低层住宅的户型平面设计

1. 面宽与进深

小面宽、大进深具有较为明显的节地性，村镇住宅应努力做到所有的功能空间都具有直接对外的采光、通风。当进深太大时，一些功能空间的采光通风将受到影响。因此，在设计中必须科学地处理村镇住宅面宽与进深的关系。

(1)一开间的村镇住宅。为了满足这种住宅建筑面积的要求，只能加大住宅的进深。加大住宅进深后，多采用一个或两三个天井内庭来解决功能空间的采光通风问题(图 2-7)。

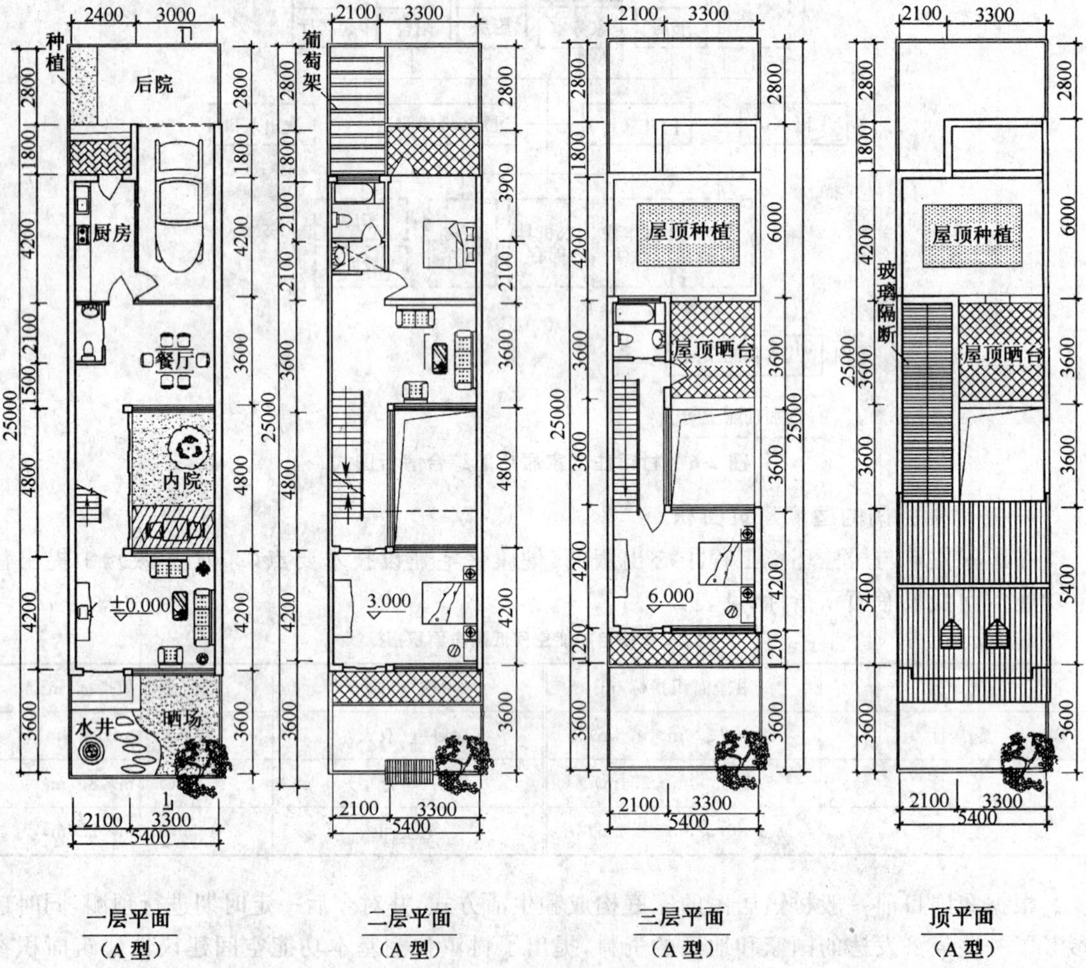

图 2-7　一开间的村镇住宅

(2)二开间的村镇住宅。这种住宅是目前广为采用的新农村住宅，平面布置紧凑，基本上可以保证所有的功能空间都能有较好的直接对外的采光和通风(图 2-8)。但如果建筑面积较大时，进深也会随之加大，一些功能空间的采光也就难免会出现问题。随着对传统民居建筑文化的研究，在新农村住宅的设计中内天井得到广泛的运用(图 2-9)。内天井不仅可以解决其相邻功能空间的采光通风问题，还可为住户提供贴近自然的住宅内部露天活动空间，加可开启的活动天窗还可调节住宅内部的气温，是一种广泛欢迎的住宅方案。

(3)三开间的村镇住宅。当村镇住宅采用三开间时，其进深不必太大，一般只在进深方向布置两个功能空间，便能满足需要。基本上可以完全做到各功能空间都有直接对外的采光通风，平面布置也较为紧凑(图 2-10)。为了提高家居环境的生活质量、增加与大自然更为和谐的情趣，不少三开间住宅也都采用内天井的处理手法(图 2-11)。

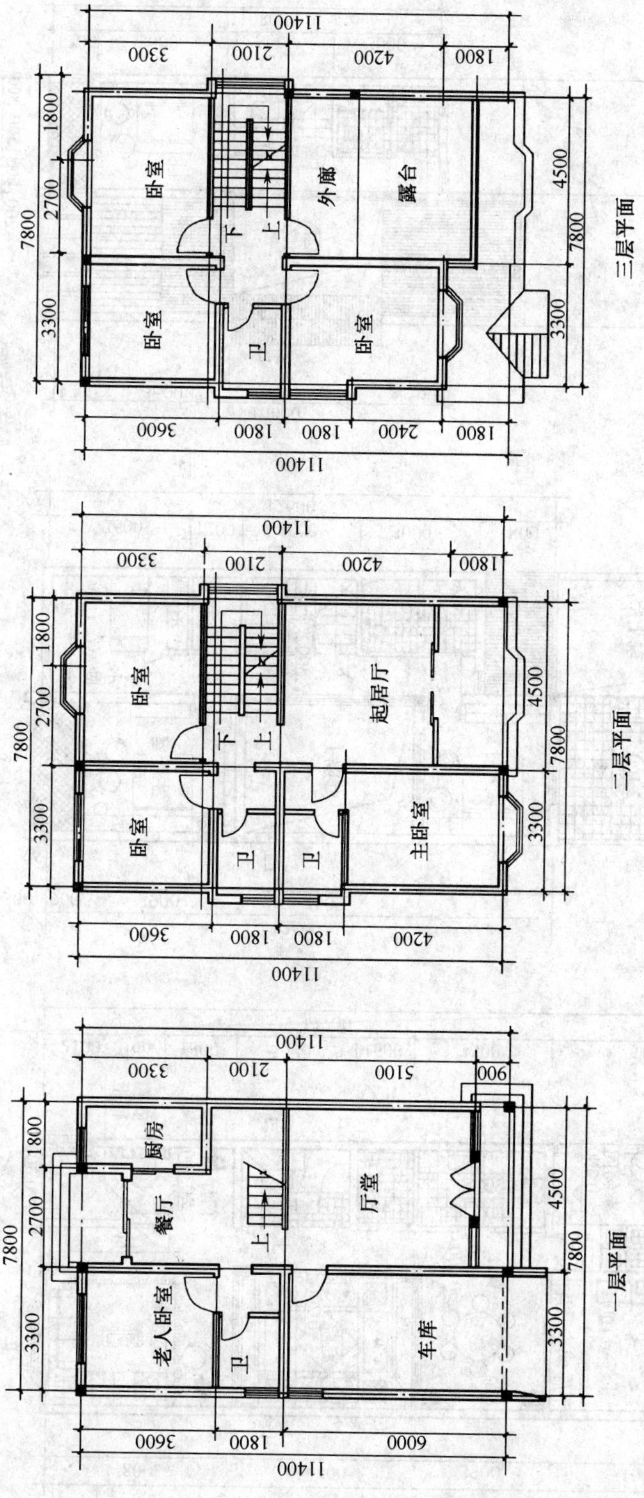

图 2-8　两开间的村镇住宅

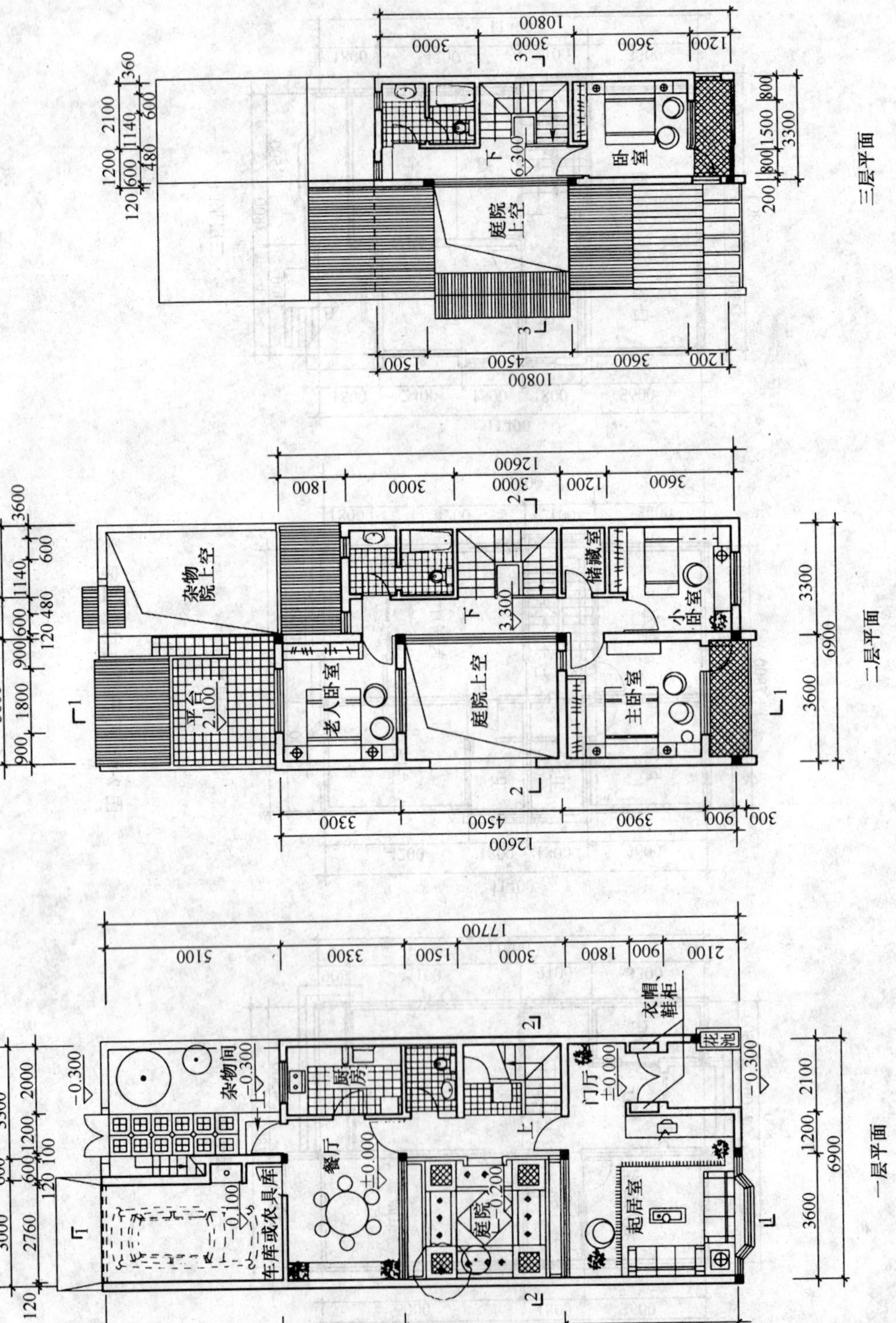

图 2-9 两开间的内天井新农村住宅

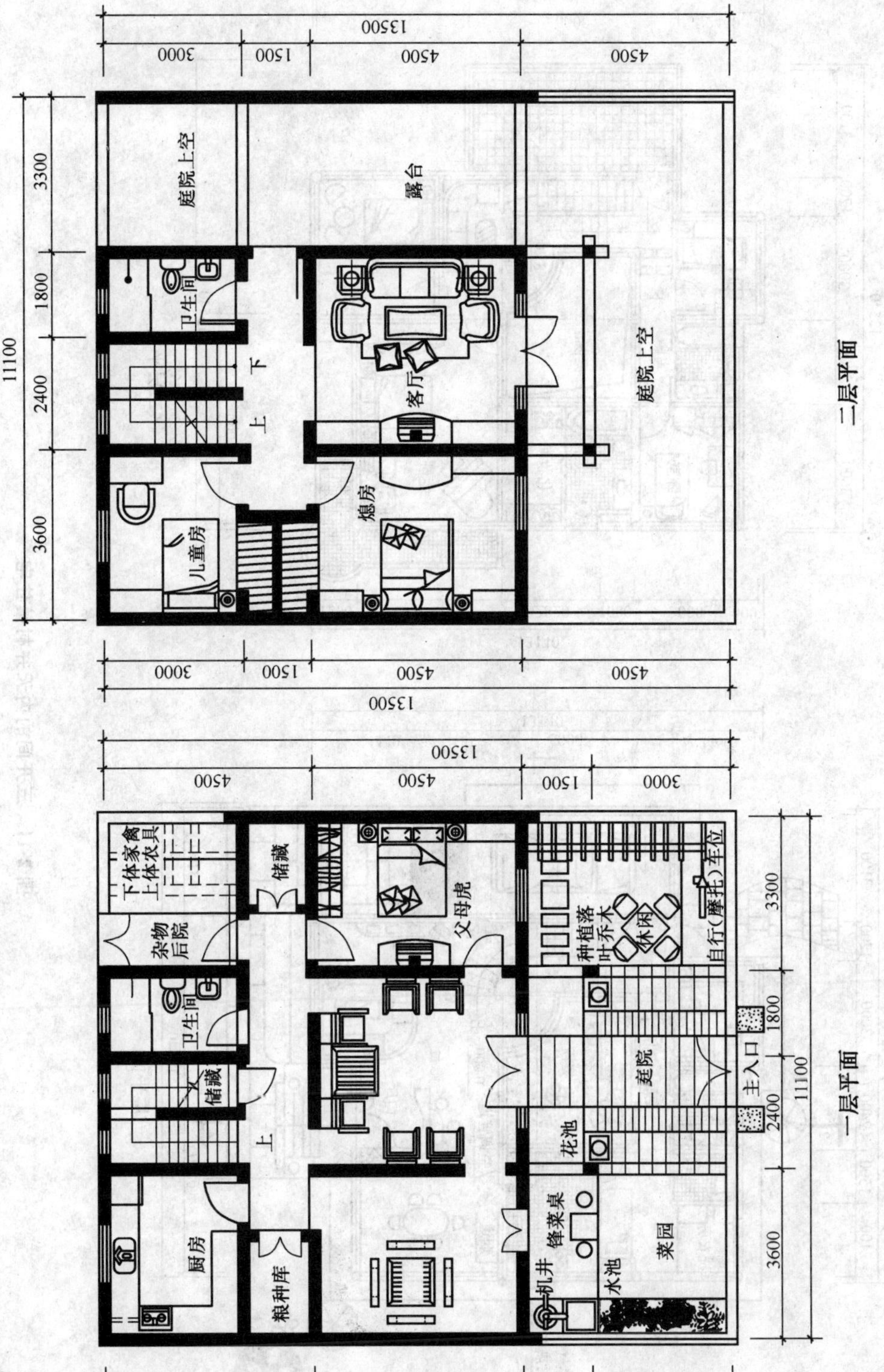

图 2-10　三开间村镇住宅

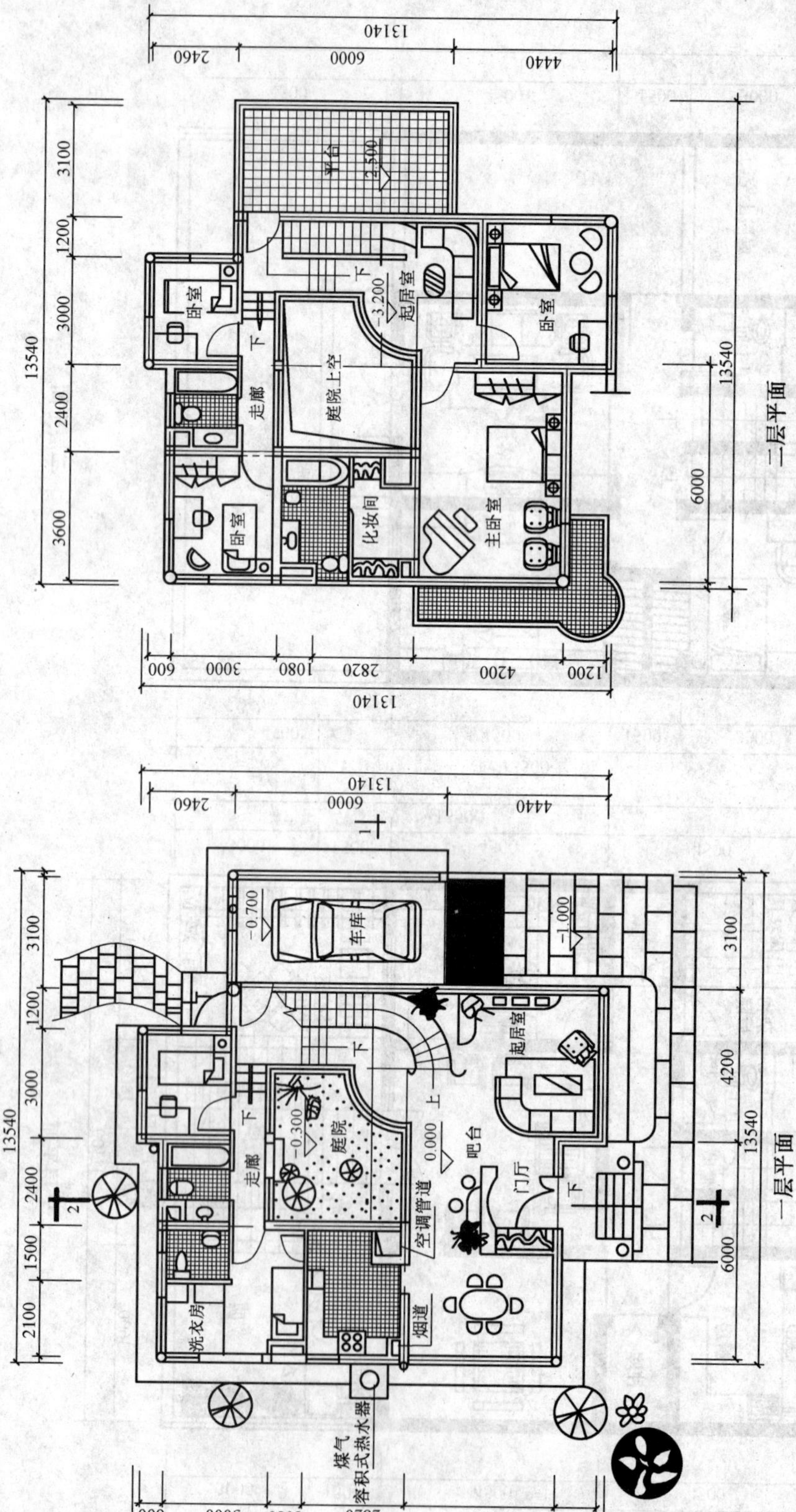

图 2-11 三开间的内天井村镇住宅

2. 楼梯的位置

(1)楼梯布置在前后两个功能空间之间(图 2-12)。这样不仅可方便住宅室内公共活动空间之间的联系,并与其他功能空间联系也较为方便,还能扩大厅的视觉空间使其充满家居的生活气息。

(2)楼梯布置在住宅东(西)一侧(图 2-13)。

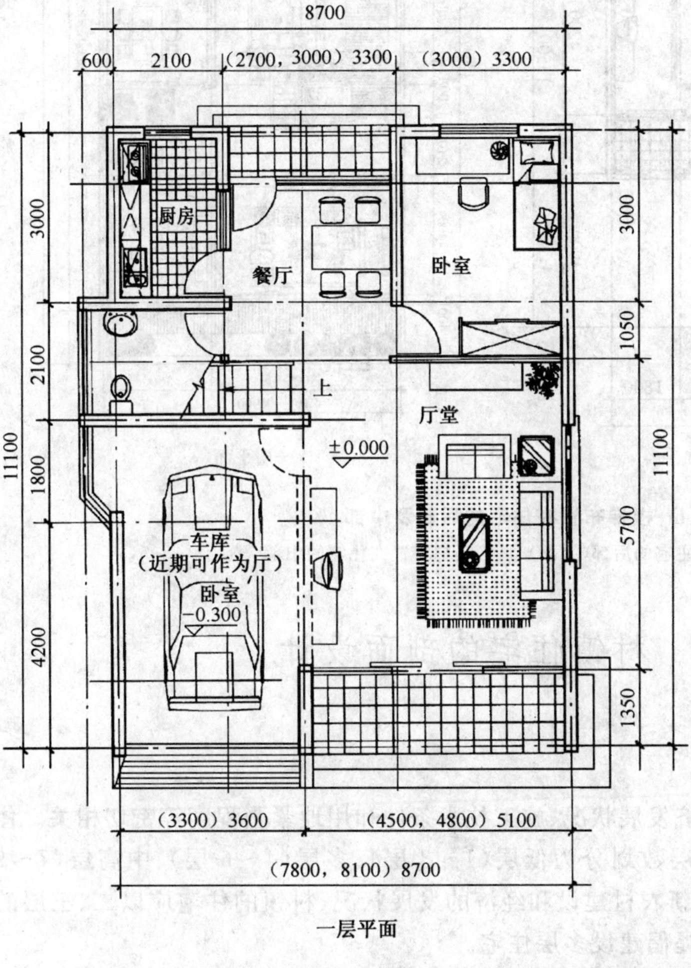

图 2-12　楼梯布置在前后两个功能空间之间

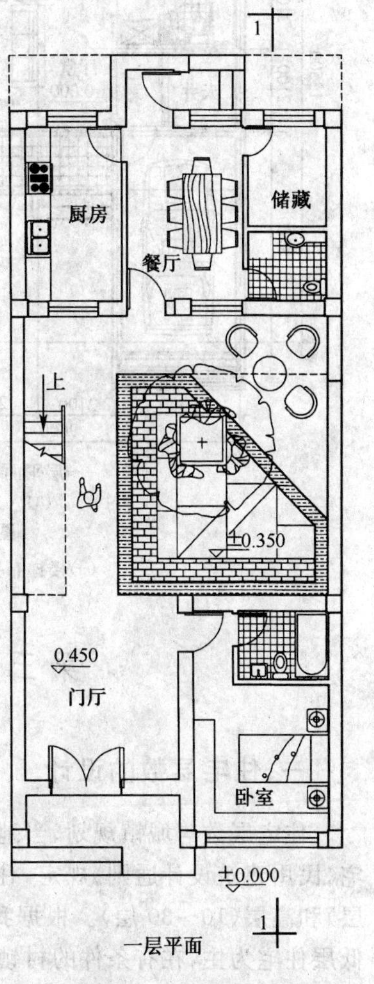

图 2-13　楼梯布置在住宅东(西)一侧

(3)楼梯布置在住宅的后部(北面)(图 2-14a)。

(4)楼梯布置在住宅的中部(图 2-14b)。

3. 厨房与餐厅

在村镇住宅中,餐厅是与厨房功能扩大的临时空间,因此二者应紧邻,厨房一般应布置在住宅的北面。并最好应与猪圈、沼气池也有较方便的联系。而餐厅既可紧邻厨房一起布置在北面,或面向天井内庭,也可与厅堂(堂屋)合并在一起。

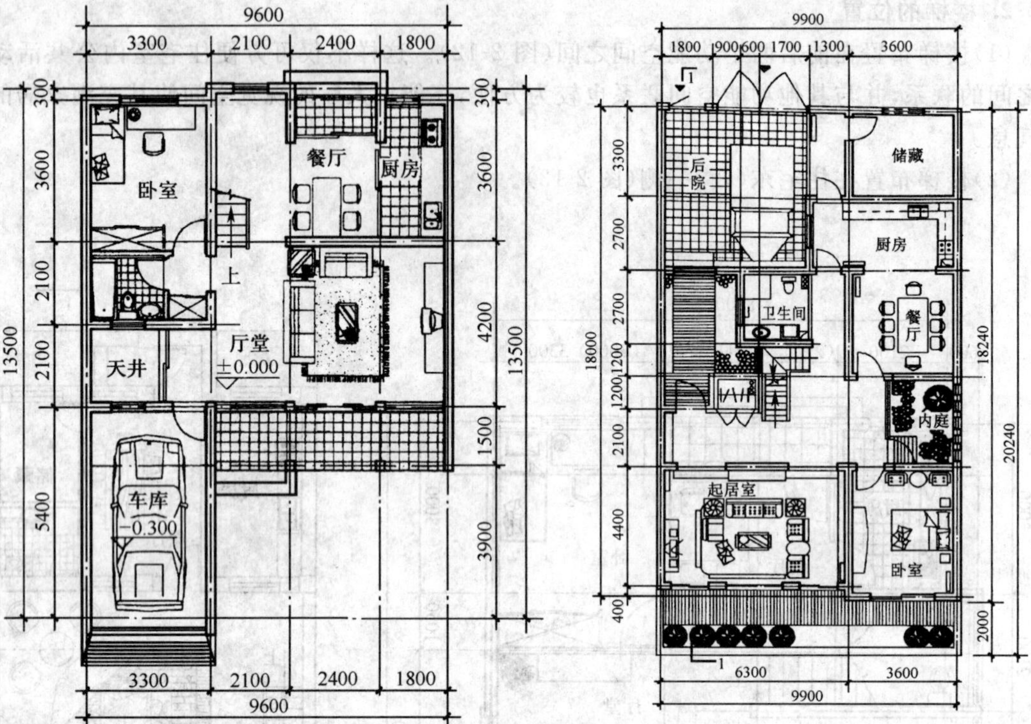

一层平面
(a)

一层平面
(b)

图 2-14 楼梯布置在住宅的后部及中部

(a)楼梯布置在住宅的后部(北面) (b)楼梯布置在住宅的中部

第三节 村镇住宅的剖面设计

一、住宅层数的设计

住宅层数与城镇规划、当地经济发展状况、施工技术条件和用地紧张程度等密切相关。住宅《民用建筑设计通则》规定，住宅层数划分为低层(1～3 层)、多层(4～6 层)、中高层(7～9 层)和高层(10～30 层)。根据我国新农村建设和经济的发展状况，村镇的住宅应以二、三层的低层住宅为主，在有条件的村镇可提倡建设多层住宅。

就住宅本身而言，低层住宅一般比多层住宅造价低，而高层的造价更高，但低层住宅占地大，如一层住宅与五层相比大 3 倍；对于多层住宅，提高层数能降低造价。从用地的角度看，住宅在 3～5 层时，每增加一层，每 $10000m^2$ 用地上即可增加 $1000m^2$ 的建筑面积。一般认为，长条形平面 6 层住宅无论从建筑造价还是节约用地来看都是比较经济的，因而在我国的村镇中应用很多。

二、住宅层高的设计

住宅的层高是指室内地面至楼面，或楼面至楼面，或楼面至檐口的高度。

合理确定住宅层高，在住宅设计中具有重要意义。适当降低层高可节省建筑材料，减少工程量，从而降低造价。在严寒地区还可通过减少住宅外表面积，降低热损失。由于住宅中房间的面积较小，室内人数不多，在《住宅设计规范》中规定室内净高不得低于 2.40m。在《健康住宅建设技术要点(2004 年版)》中提出居室净高不应低于 2.50m，根据村镇住宅的实际情况，由于建筑面积一般也较大。考虑到三维空间的关系，村镇住宅的层高应控制在 2.8～3m。北方地区有利于防寒保温，层高大多选用 2.8m。南方炎热地区则常用 3.0m 左右。坡屋顶的顶层由于有一个屋顶结构空间的关系，层高可适当降至 2.6～2.8m；附属用房(如浴厕杂屋畜舍和库房)层高可适当降至 2.0～2.8m；低层住宅由于生活习惯问题可适当提高，但不宜超过 3.3m。

此外住宅层高还会影响到与后排住宅的间距大小，尤其当日照间距系数较大时，层高的影响更为显著，由于住宅间距大于房屋的总进深，所以降低层高比单纯增加层数更为有效，如住宅从 5 层增加到 7 层，用地大致可节约 7%～9%，而层高由 3.2m 降至 2.8m 时，可节约用地 8%～10%(日照间距系数为 1.5 时)。

三、室内外高差的设计

为了保持室内外的干燥，防止室外地面水侵入，村镇住宅的室内外高差一般为 20～45cm，也即室内地面比室外高出 1～3 个踏步左右。也可根据地形条件，在设计中酌情确定。但应该注意室内外高差太大，将导致填土方量加大。增加工程量，会提高建筑造价。如果底层地面采用木地板，即除了考虑结构的高度以外尚应留出一定高度，便于作为通风防潮空间、并开设通风窗，为此室内外高差应不低于 45cm。在低洼地区，为了防止雨水倒灌，室内地面更不宜做得太低。

四、窗户高低位置的设计

村镇住宅在剖面的设计中，窗户开设的位置同室内采光通风和向外眺望等功能要求相关。根据采光的要求，居室的窗户的大小可按下面的经验公式估算：

窗户透光面积/房间面积＝1/10～1/8

当窗户在平面设计中位置确定后，可按其面积得出窗户的高度和宽度，并确定在剖面中的高低位置。居室窗台太高，会造成近窗处的照度不足，不便于布置书桌，同时会阻挡向外的视线。有些私密性要求较高的房间(如卫生间)，即为了避免室外行人窥视和其他干扰，常常把窗台提高到室外视线以上。

在确定窗户的剖面时，还必须考虑到其平面设计的位置，以及与建筑立面造型设计三者间的关系，进行统一考虑。

五、剖面形式的设计

剖面分为横向和纵向两个方向。对于住宅楼横剖面来说，考虑到节约用地或限于地段长度，常将房屋剖面设计成台阶状(即在住宅的北侧退台)以减少房屋间距，这样剖面就形成了南高北低的体型，退后的平台还可作为顶层住户的露台，使用方便，对村镇低层住宅来说，在保证前后两排住宅的间距要求时，北面的退台收效不大，应该采用南面退台做法以为住户创造南向的露台，更有利于晾晒谷物、衣被和消暑纳凉；村镇的低层住宅楼层的退台布置可使立面造型和屋顶形式更富变化，使得住宅与农村优美的自然环境更好地融为一体。对于坡地上(或由于地形原因)的住宅,可以利用地形设计成南北高度不同的剖面。对于纵剖面来说,可以结合地形设计成左右不等高的立面形式,也可以设计成错层或层数不等的形式。另外还可结合建筑面积、层数等建设跃层或复合式住宅。

六、空间利用的设计

在我国当前的经济条件下,对于新农村住宅,空间利用就显得尤为重要,这就要求在设计中应尽量创造条件争取较大的储藏空间,以解决日常生活用品、季节性物品和各种农产品的存放问题。这对改善住宅的卫生状况,创造良好的家居环境具有重要意义。

在村镇住宅的剖面设计中常见的储藏空间除专用房间外主要有壁柜、吊柜、墙龛、阁楼等。壁柜(橱)是利用墙体做成的落地柜,它的容积大,可用来储藏较大物品,一般是利用平面上的死角、凹面或一侧墙面来设置。壁柜净深不应小于0.5m。靠外墙、卫生间、厨房设置时应考虑防潮、防结露等问题,如图2-15所示。

吊柜是悬挂在空间上部的储藏柜,一般是设在走道等小空间的顶部,由于存取不太方便,常用来存放季节性物品。吊柜的设置不应破坏室内空间的完整性,吊柜内净空高度不应小于0.4m,同时应保证其下部净空(图2-16)。

图2-15 厨房的储藏空间

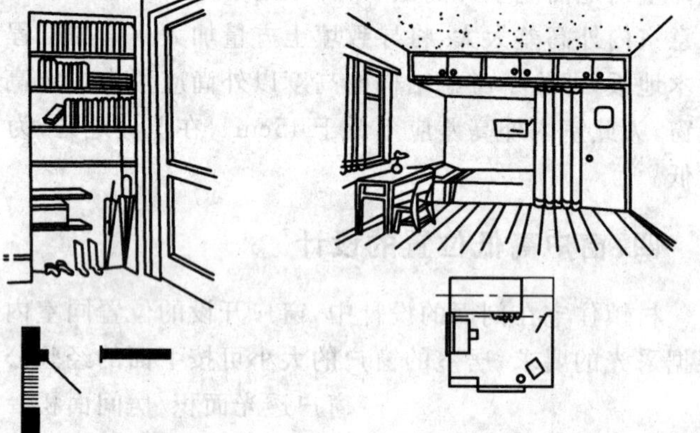

(a) (b)

图2-16 壁龛、吊柜

(a)壁龛 (b)卧室中的吊柜

(1)坡屋顶的空间利用(图2-17)。对于坡屋顶的住宅,可将坡屋顶下的空间处理成阁楼的形式,作居住和储藏之用。当作为卧室使用时,在高度上应保证阁楼的一半面积的净高在2.1m以上,最低处的净高不易小于1.5m,并应尽可能使阁楼有直接的通风和采光。联系用的楼梯可以陡一些,以减少交通面积,楼梯的坡度小于60°,对于面积较小的阁楼,还可采用爬梯的形式。

(2)利用楼梯上下的空间(图2-18)。在室内楼梯中,楼梯的下部和上部空间是利用的重点。在楼梯下部通常设置储藏室或小面积的功能空间,如卫生间;上部的空间则作为小面积的阁楼或储藏室等。

七、坡地住宅的设计

村镇地形的变化对住宅的布置影响很大,应在保证日照、通风要求的同时,努力做到因地制宜,随坡就势,处理好住宅位置与等高线的关系,减少土石方量,降低建筑造价,通常可采用以下三种方式：

（1）住宅与等高线平行布置。当地形坡度较小或南北向斜坡时常采用这种方式，其特点是节省土石方量和基础工程量，道路和各种管线布置简便，这种布置方式应用较多，如图 2-19 所示。

（2）住宅与等高线垂直布置。当地形坡度较大或东西向斜坡时常采用这种方式，其特点是土石方量小，排水方便，但是不利于与道路和管线的结合，台阶较多。采用这种方式时，通常是将住宅分段落错层拼接，单元入口设在不同的标高上，如图 2-20 所示。

（3）住宅与等高线斜交布置。这种布置方式常常是结合地形、朝向、通风等因素，综合确定，它兼有上述两种方式的优缺点。另外，在地形变化较多时，应结合具体的地形、地貌，设计住宅的平面和剖面，即要统筹兼顾，考虑地形、朝向，又要预计到经济和施工等方面的因素。

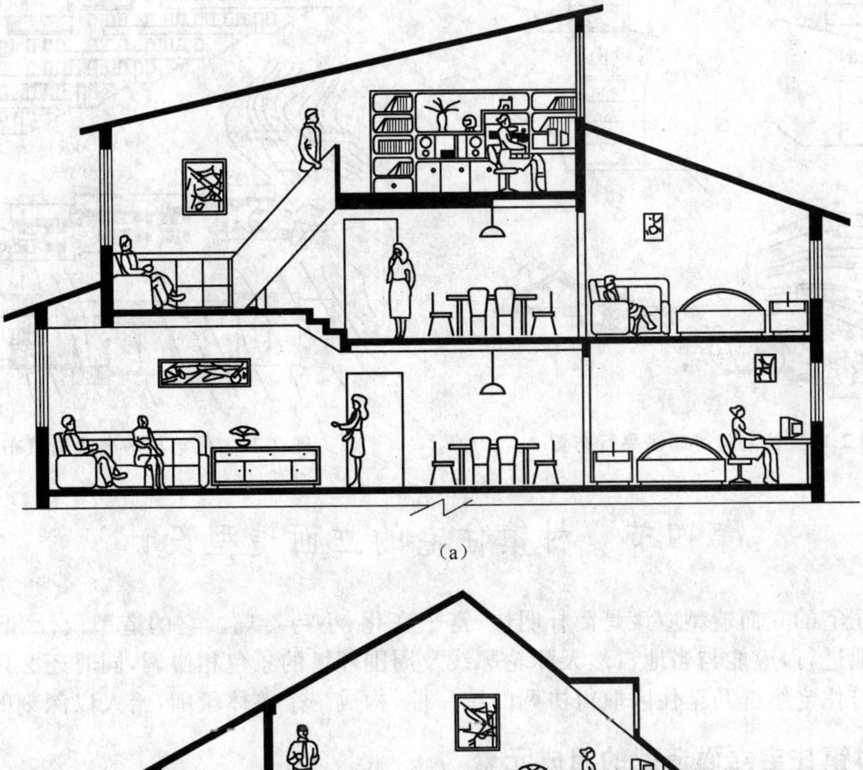

(a)

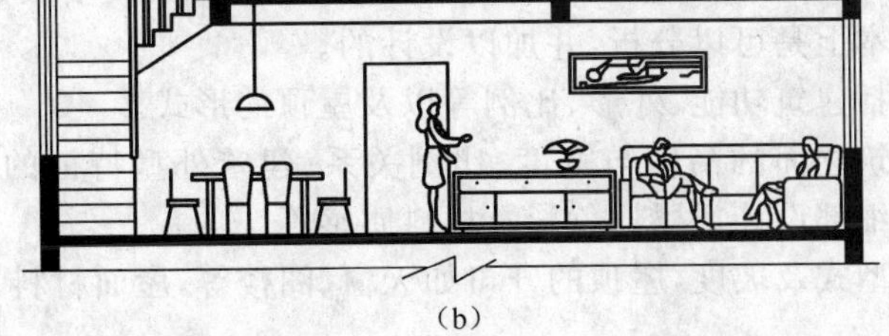

(b)

图 2-17　坡屋顶的空间利用

(a)利用坡屋顶的错落使用阁楼获得直接采光　(b)在较陡的坡屋顶上开“老虎窗”

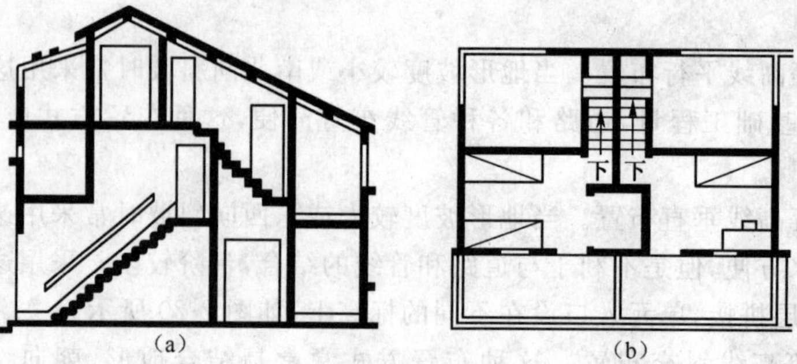

图 2-18　楼梯上下空间的利用

(a)剖面　(b)阁楼层

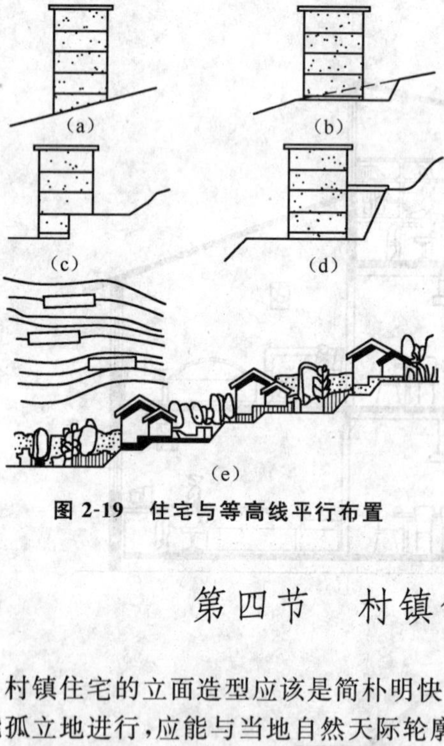

图 2-19　住宅与等高线平行布置

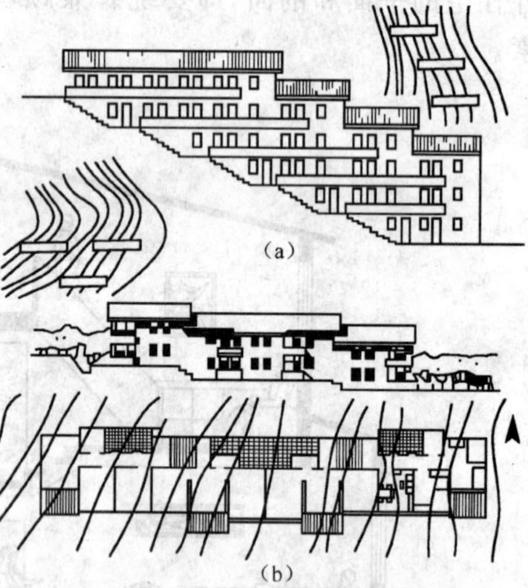

图 2-20　住宅与等高线垂直布置

第四节　村镇住宅的立面造型设计

村镇住宅的立面造型应该是简朴明快、富于变化、小巧玲珑。它的造型设计和风格取向，不能孤立地进行，应能与当地自然天际轮廓线及周围环境的景色相协调，同时还必须兼具独特性以及能与住宅组群乃至住区取得协调的统一性，构成一个整体氛围，给人以深刻的印象。

一、村镇住宅立面造型的组成元素

建筑造型给人的印象虽然具有很多的主观因素，但这些印象大多数是受许多组成元素所影响，这些外观造型基本上是可以分析，并加以设计的。

(1)建筑体形。包括建筑功能、外形、比例等以及屋顶的形式。

(2)建筑立面。建筑立面的高度与宽度、比例关系、建筑外型特征的水平及垂直分刈、轴线、开口部位、凸出物、细部设计、材料、色彩及材料质感等。

(3)屋顶。屋顶的型式及坡度，屋顶的开口如天窗、阁楼等，屋面材料、色彩及细部设计。

二、村镇住宅的屋顶造型

屋顶造型。在我国传统的民居中，主要以采用坡屋顶为主，坡屋顶排水及隔热效果较好，且能与自然景观密切配合。坡屋顶的组合在我国民居中极是变化多端，悬山、硬山、歇山；单坡、双坡、四坡；披檐、重檐；顺接、插接、围合及穿插，一切随机应变，几乎没有任何一种平面、任何一种体型组合的高低错落可以“难倒”坡屋顶。所以，村镇住宅的屋顶造型也就尽可能以坡屋顶为主。为了使村镇住宅拥有晾晒衣被、谷物和消夏纳凉以及种植盆栽等的屋顶露天平台，也可将部分屋顶做成可上人的平屋顶，但女儿墙的设计应与坡屋面相呼应或以绿化、美化的方式处理，以减少平屋顶的突兀感。

三、门窗的立面布置

立面开窗应力求做到整齐统一，上下左右对齐，窗户的品种不宜太多。当同一个立面上的窗户有高低区别时，一般应将窗洞上檐取齐，以便立面比较齐整且利于过梁和圈梁的布置。当上下房间门窗洞口尺寸有大小之别时，可以采用“化整为零”或“化零为整”的办法加以处理，也可采用分别布置在立面不同的层次上，来避免立面的混乱。

四、村镇住宅立面造型的设计手法

(1)利用阳台的凹凸变化及其阴影与墙面产生明暗对比。住宅阳台是建筑立面设计中最活跃的因素，因此，它的立面形式和排列组合方式对立面设计影响很大。阳台可以是实心栏板、空心栏杆，甚至是落地玻璃窗；从平面看可以是矩形，也可以是弧形等。阳台在立面上可以是单独设置，也可以将两个阳台组合在一起布置，还可以大小阳台交错布置或上下阳台交错布置，形成有规律的变化，产生较强的韵律感，丰富建筑立面(图 2-21a)。

(2)利用颜色、质感和线脚丰富立面。在村镇住宅外装饰中，利用不同颜色、不同质感的装饰材料，形成宽窄不一、面积大小不等的面积对比，亦可起到丰富立面的作用(图 2-21b)。

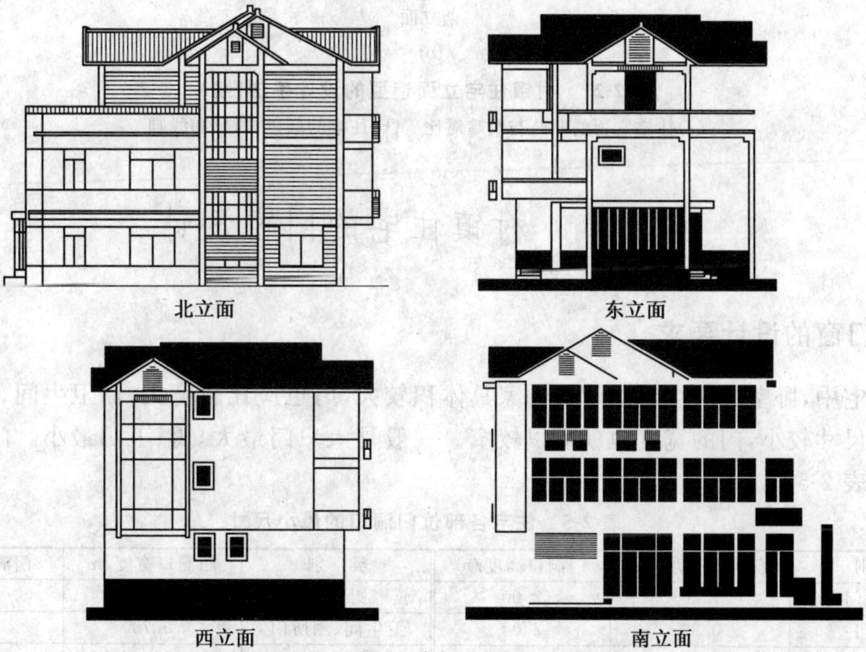

(a)

图 2-21　村镇住宅立面造型的设计手法

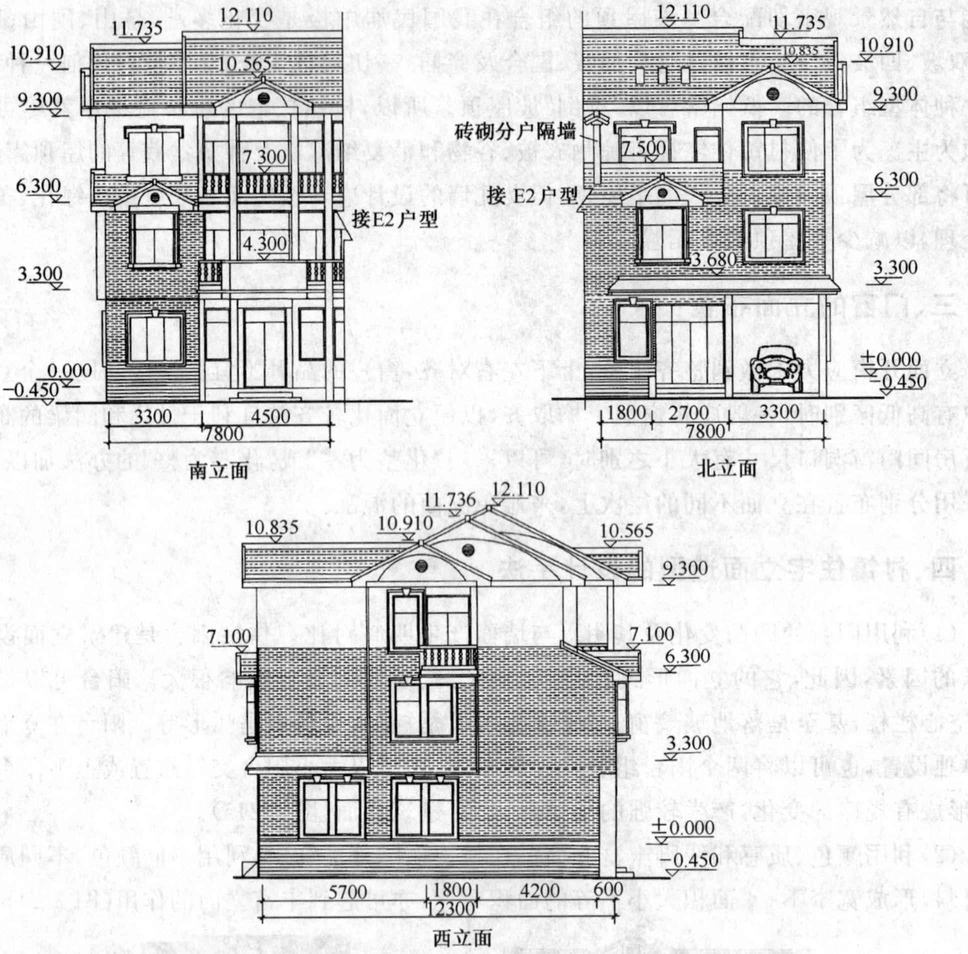

(b)

图 2-21　村镇住宅立面造型的设计手法(续)

(a)住宅立面的凹凸与明暗对比　(b)住宅的颜色、质感和线脚

第五节　村镇住宅的门窗设计

一、门窗的设计要求

在住宅中，卧室、厅堂、起居厅内的家具体积较大，门也应比较宽大；而卫生间、厨房、阳台内的家具尺寸较小，门的宽度也就可以较窄。一般是入户门最大，厨、卫门最小。门洞的最小尺寸参见表 2-5。

表 2-5　住宅各部位门洞口的最小尺寸

类　别	门洞口宽度/m	门洞口高度/m	类　别	门洞口宽度/m	门洞口高度/m
共用外门	1.20	2.00	厨房门	0.90	2.00
户　门	0.90	2.00	卫生间、厕所门	0.70	1.80
起居室门	0.90	2.00	阳台门	0.70	2.00
卧室门	0.90	2.00	—	—	—

在满足采光要求的前提下，寒冷地区为减少房间的热损失，窗洞口往往较小；而炎热地区为了取得较好的通风效果，窗洞口面积可适当加大。另外，窗作为外围护构件时，还要考虑窗的保温、隔热要求。当外窗窗台距楼面的高度低于 0.9m 且窗外没有阳台时，应有防护措施，与楼梯间、公共走廊、屋面相邻的外窗，底层外窗、阳台门以及分户门必须采取安全防护措施。

二、门窗设计对室内环境的影响

如果能确保住宅的自然通风，不但可获得清新凉爽的空气，也能节约能源。

在新农村住宅设计中，各功能空间应在方便室内布置家具的同时，留出较为宽绰的活动空间。

以南向的厅堂为主，把其他功能空间沿进深方向布置，一个一个地串在一起，便可以享受穿堂风。在南方还可以吸取传统民居的布置手法，在大进深的住宅中利用天井来组织和加强自然通风。

在向阳的门窗上设置各种遮阳措施，避免阳光直射和热空气直接吹进室内。屋顶和西山墙应做好隔热措施，把热辐射有效地挡在室外。

此外，还可以通过加强绿化，以便更好地遮挡阳光，吸收热辐射，以营造室内的清凉环境。

第六节　村镇住宅的技术经济指标

在住宅设计中计算的各项技术经济指标，是住宅从计划、规划到施工管理各阶段技术文件的重要组成部分，规范要求必须明确在设计图样当中。经济指标的统一计算有利于工程投标、方案竞赛、工程立项、报建、验收、结算以及分配、管理等各环节的工作，可以有效地避免各种矛盾的产生。

一、户内使用面积

住宅户内使用面积是指住户实际使用的套内面积，是计算住宅技术经济指标的基础。它包括住宅户门内独自使用的卧室、起居室(厅)、厨房、卫生间、餐厅、过道、前室、储藏室等各功能空间以及壁柜等使用空间的面积，但不包括户内的管道井、烟囱所占面积。

另外阳台面积需按结构底板投影净面积单独计算，不计入每套使用面积或建筑面积内。有关套内使用面积的计算应遵照以下几点进行：

(1)各功能空间使用面积的计算是按其结构墙体表面尺寸计算，有复合保温层时，按复合保温层表面尺寸计算。

(2)跃层住宅中的套内楼梯按自然层数的使用面积总和计入使用面积。

(3)利用坡屋顶空间时，顶板下表面与楼面的净高低 1.2m 的空间不计算使用面积，净高为 1.2～2.1m 的空间按 1/2 计算使用面积；净高超过 2.1m 的空间全部计入使用面积，但坡屋顶的面积须单独计算。

二、标准层标准面积

标准层标准面积应包括标准层建筑面积和标准层使用面积。标准层建筑面积按外墙结构外表面及柱外沿或相邻界墙轴线所围合的水平投影面积计算，粉刷层可以省略；但当外墙设保温层时，应按保温层外表面计算。标准层使用面积是标准层中各套内使用面积的总和。

三、标准层使用面积系数

标准层使用面积系数等于标准层使用面积除以标准层建筑面积，用百分数(%)表示。它是计算套内建筑面积的基础，也就是说计算套型建筑面积，应首先计算出标准层使用面积系数，套型建筑面积等于套内使用面积除以标准层的使用面积系数。

四、有关住宅节能的指标

为改善人们的生活和工作条件，减轻环境污染和能源消耗，促进城乡建设和国民经济的可持续发展，在住宅设计中应遵照《民用建筑节能设计标准(采暖居住部分)》(JG 26—1995)，提高能源利用率、降低能源消耗，涉及建筑设计内容主要有以下几项指标：

(1)体型系数。是指建筑物与室外大气接触的外表面积与其所包围的体积的比值，外表面积中，不包括地面和不采暖楼梯间隔墙的面积。体型系数大则表示外表面积大，建筑物的散热面多，不利于建筑节能。因此，“节能设计标准”提出，建筑体型应力求简单，尽量减少建筑物外表面积，其体型系数宜控制在0.30及0.30以下，若体型系数大于0.30，则屋顶和外墙应加强保温，并应符合相应规定。

(2)窗墙(地)面积比。它是指窗户洞口面积与房间立面(地面)单元面积(即建筑层高与开间定位轴线围成的面积)的比值。开窗面积越大，则对室内保温、隔热越不利，因此标准中也对各朝向窗墙面积比作了规定，见表2-6。

表2-6　不同朝向的窗墙面积比和窗地比

朝　向	窗墙面积比	房间名称	侧面采光	
			采光系数最低值(%)	窗地面积比值
北	0.25	卧室、起居室(厅)、厨房	1	1/7
东、西	0.30			
南	0.35	楼梯间	0.5	1/12

(3)层高。住宅的层高不应过大，《规范》规定住宅的层高以2.6～2.8m为宜，一般不应超过2.9m。住宅的层高越大，建筑总高度越大，相应的日照间距就越大，而且住宅的层高大，其室内空间体积就大，所需的能量就多，因此住宅的层高越大，对于建筑的节地、节能均不利。另外，利用坡屋顶空间作卧室时，其一半以上面积净高不应小于2.1m，其余部分最低处净高不应小于1.5m。

第三章　村镇住宅设计案例

第一节　村镇多层住宅设计案例

一、底商住宅

案例 1

设计:福州市住宅建筑设计院　王向晖,指导:骆中钊

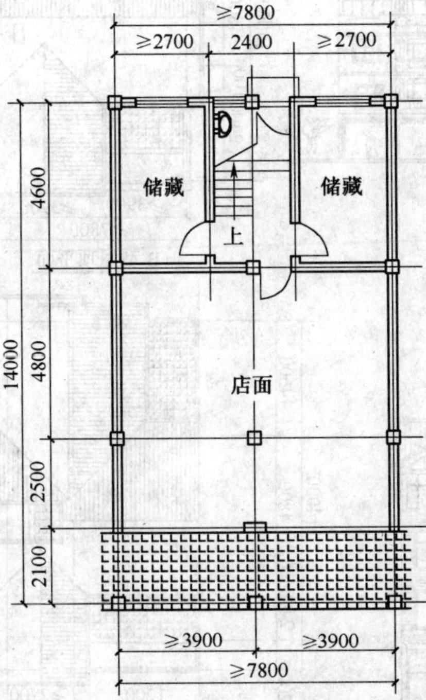

A 型一层平面

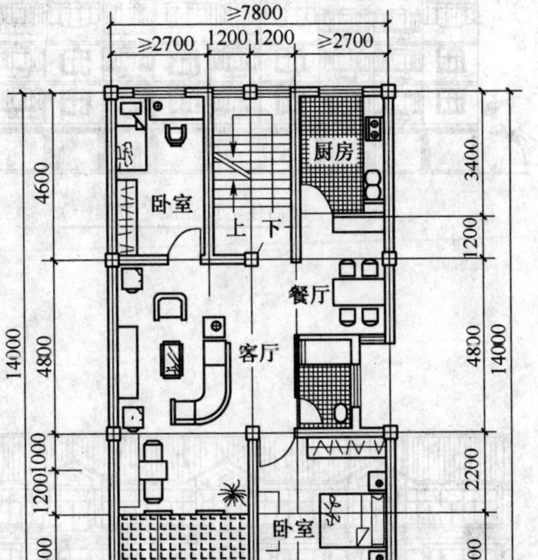

A 型二层平面

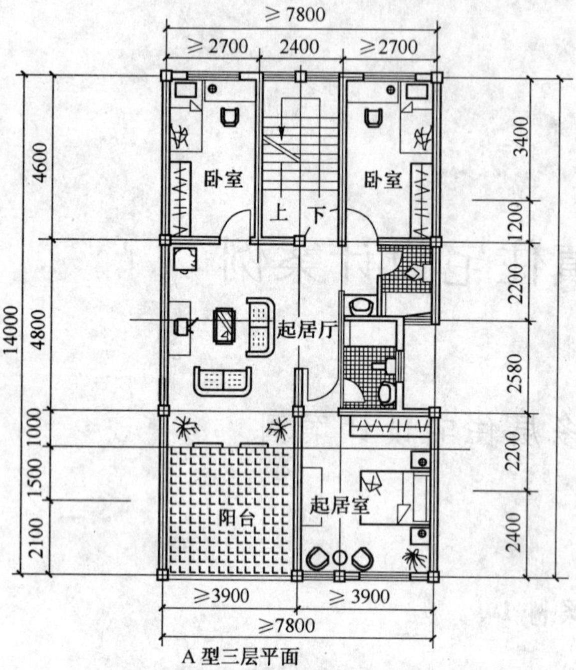

A 型三层平面

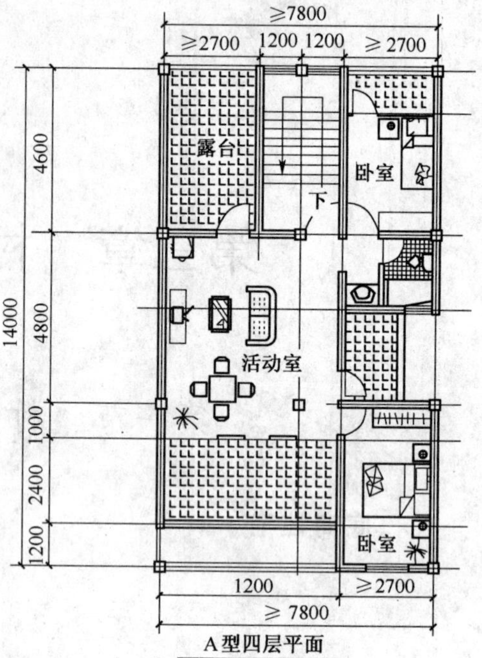

A 型四层平面

底商住宅正立面（方案一）

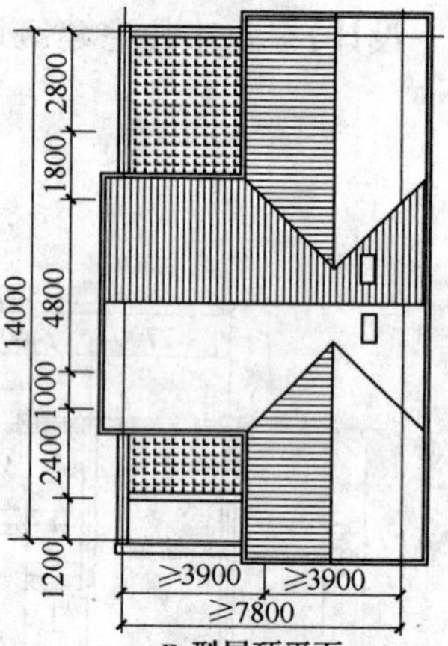

B 型屋顶平面

底商住宅正立面（方案二）

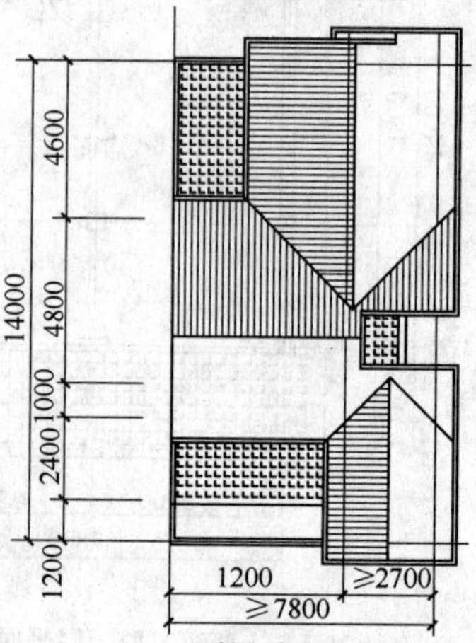

A 型屋顶平面

二、公寓住宅

案例 2

设计：江西省建筑设计研究总院

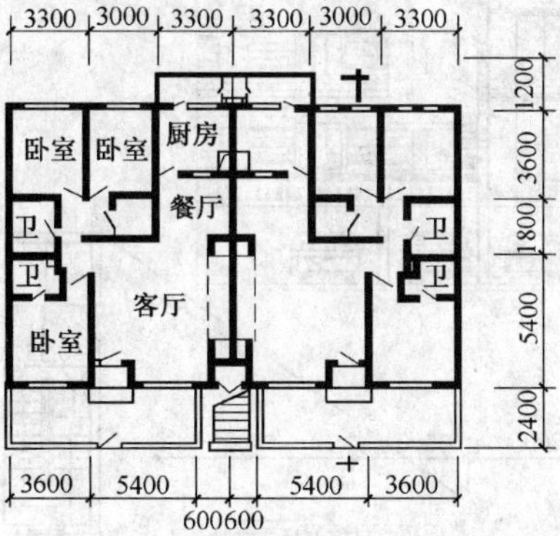

一层平面

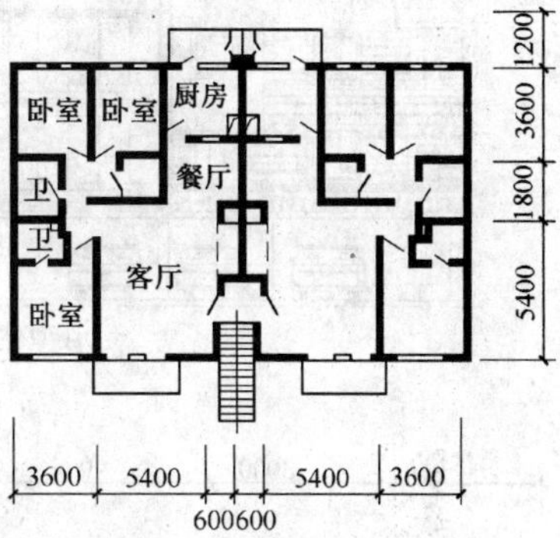

二层平面

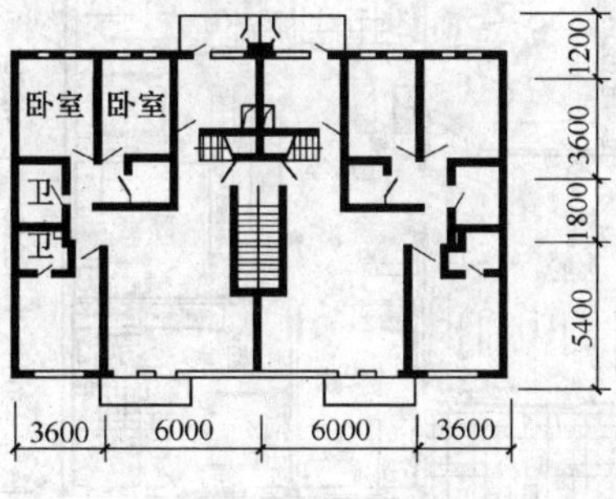

三层平面

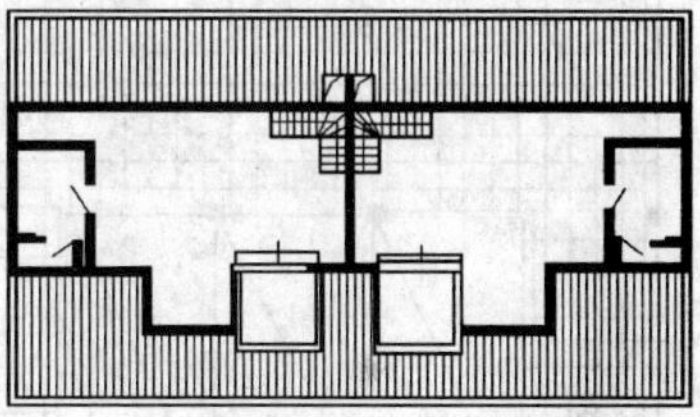

屋顶层平面

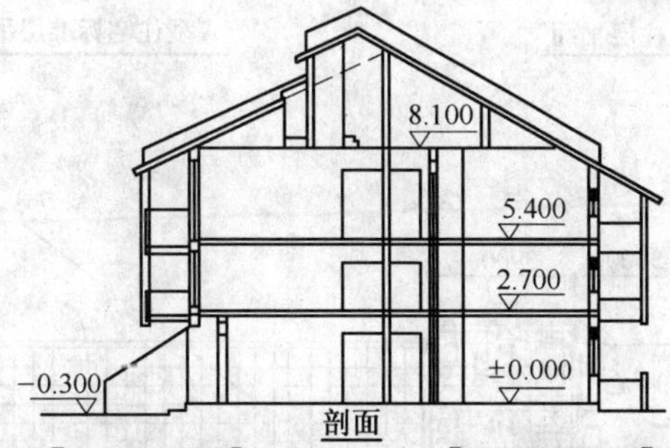

剖面

组合体南立面

案例 3

设计：华新工程顾问国际有限公司，指导：骆中钊

A型住宅南立面

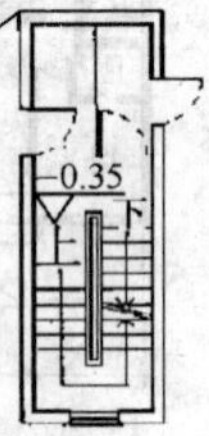

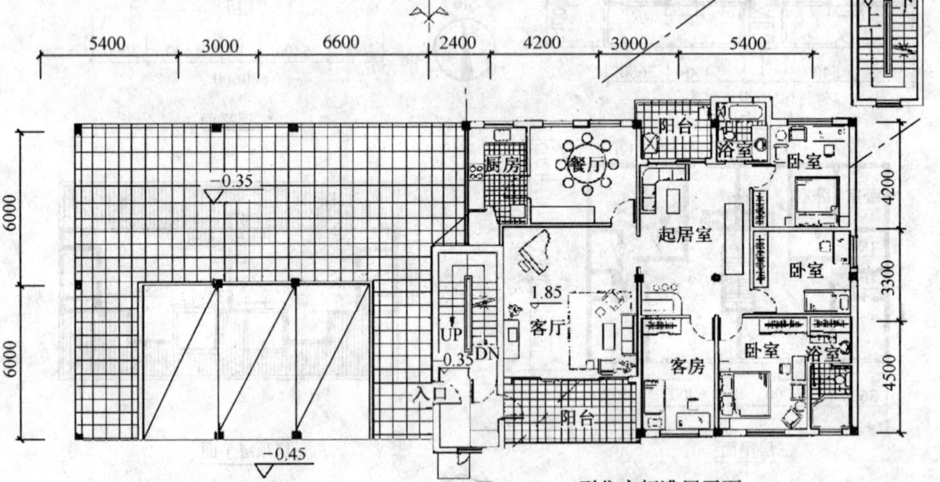

A型住宅　支柱层平面　　　A型住宅标准层平面

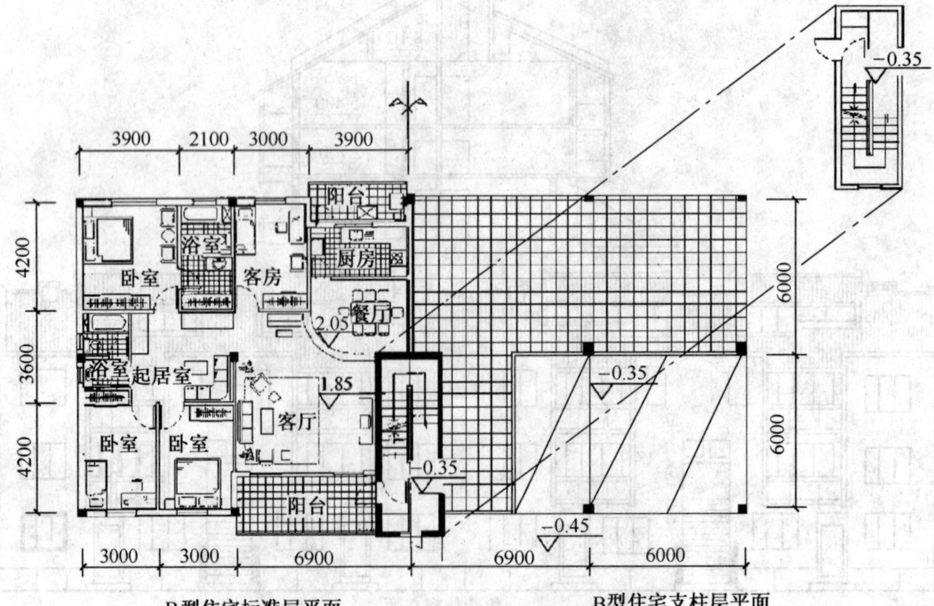

B型住宅标准层平面　　　B型住宅支柱层平面

案例 4

设计:北方工业大学　宋效巍,指导:骆中钊

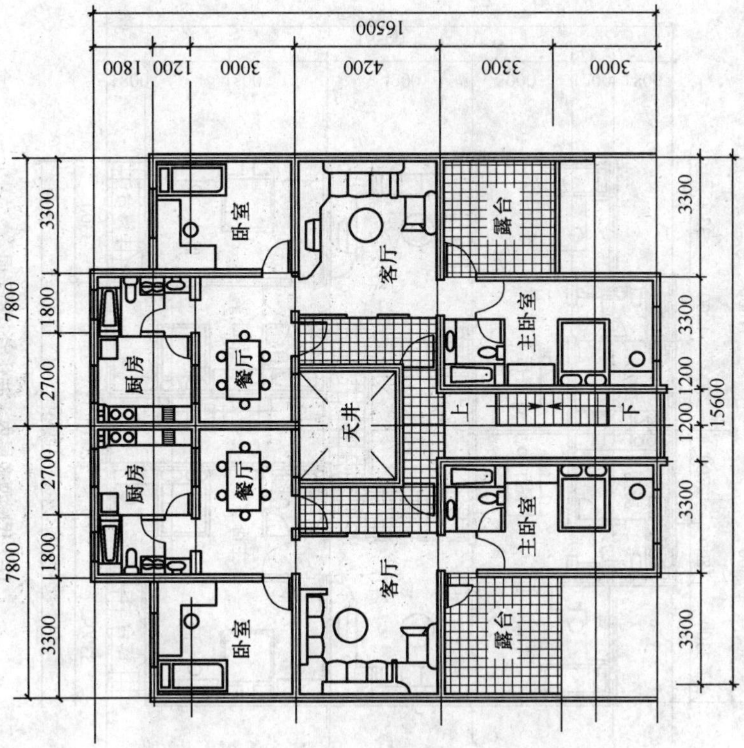

D-1 代际型多层内天井住宅四层平面

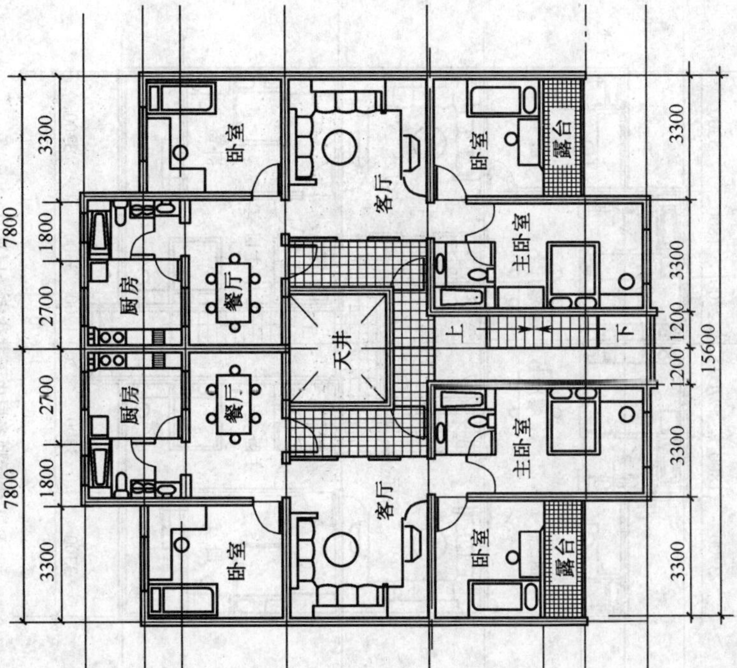

D-1 代际型多层内天井住宅三层平面

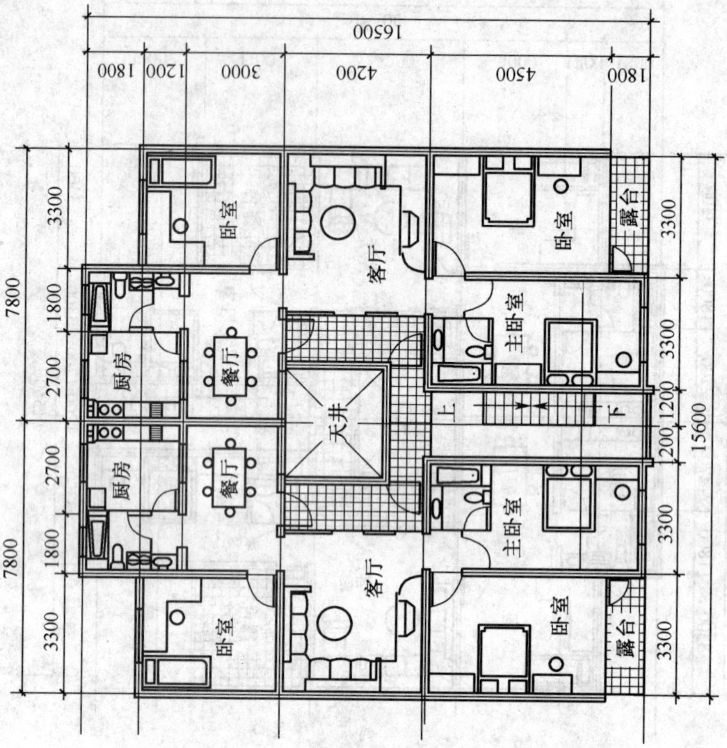

D-1 代际型多层内天井住宅二层平面

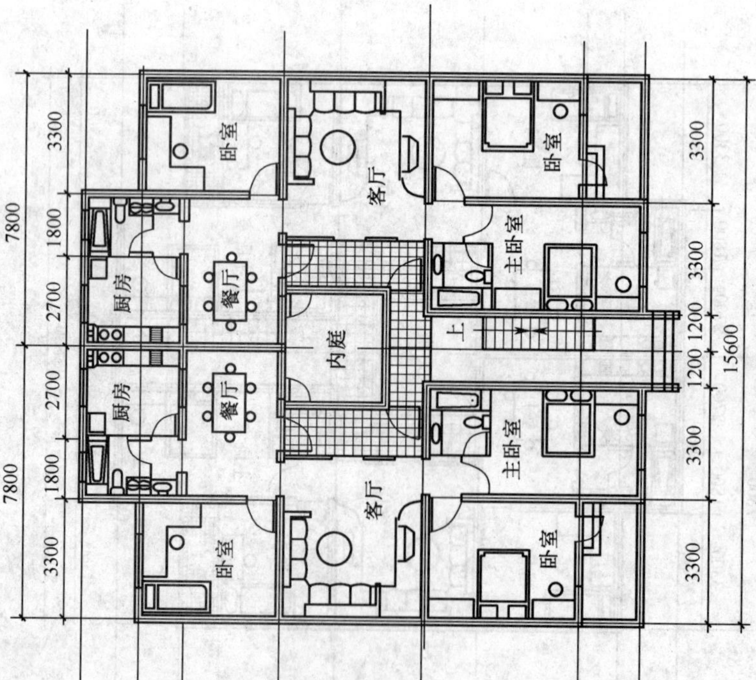

D-1 代际型多层内天井住宅一层平面

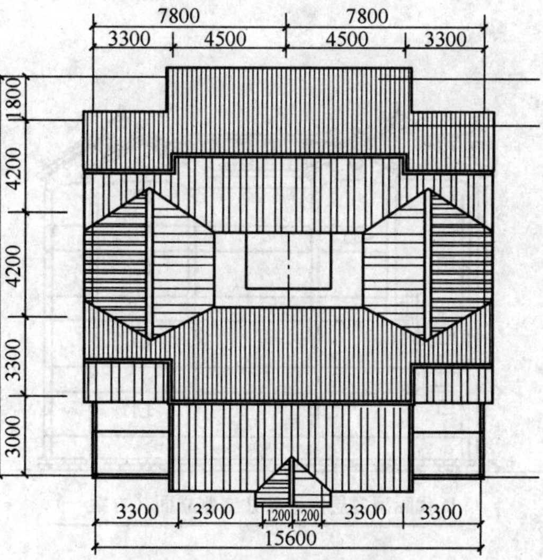

D–1 代际型多层内天井住宅屋顶平面

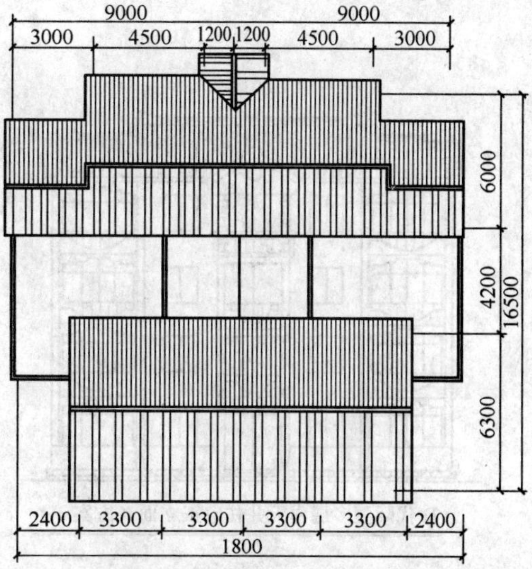

D–1 代际型多层内天井住宅屋顶平面

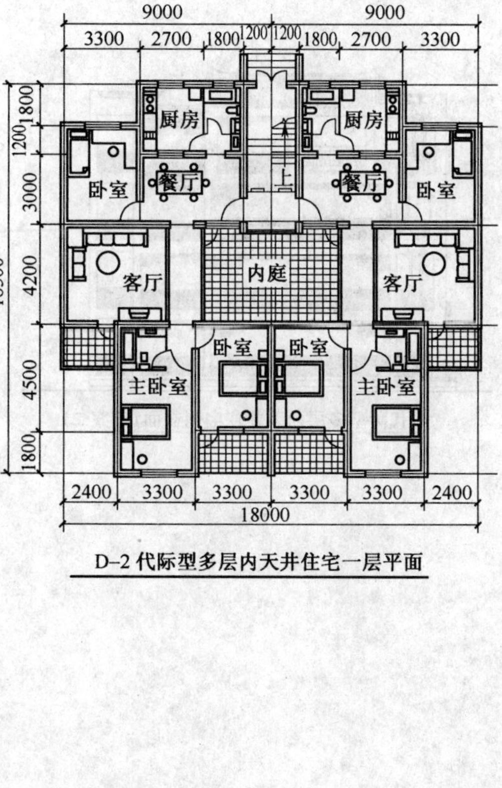

D–2 代际型多层内天井住宅一层平面

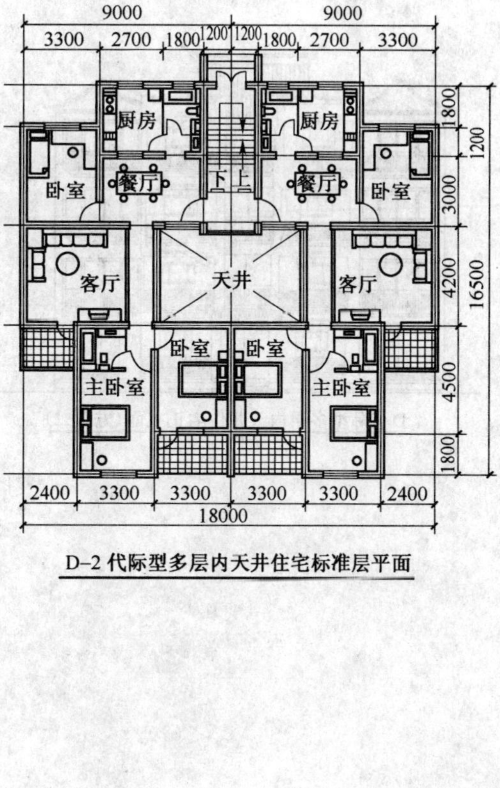

D–2 代际型多层内天井住宅标准层平面

D 代际型多层内天井住宅正立面（方案一）

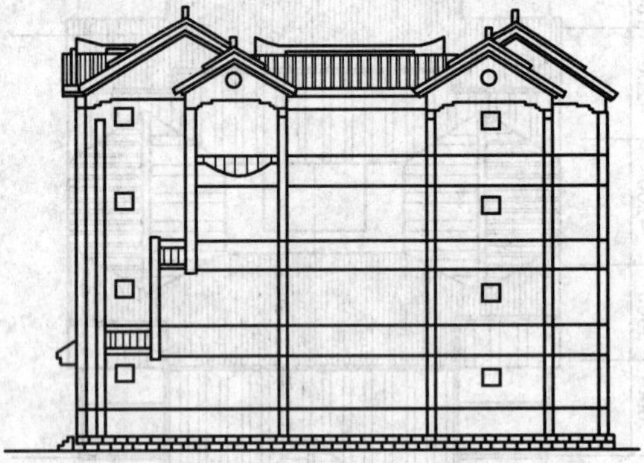

D 代际型多层内天井住宅侧立面（方案一）

D代际型多层内天井住宅正立面(方案二)

D代际型多层内天井住宅侧立面(方案二)

效果图一

效果图二

三、跃层住宅

案例 5

设计：华新工程顾问国际有限公司，指导：骆中钊

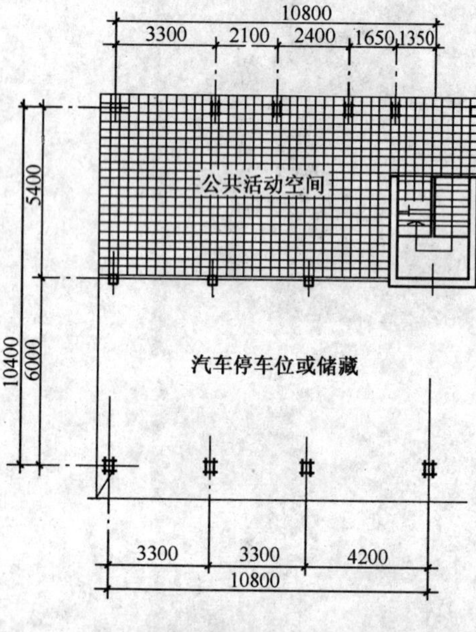

公寓式住宅甲型 底层平面图

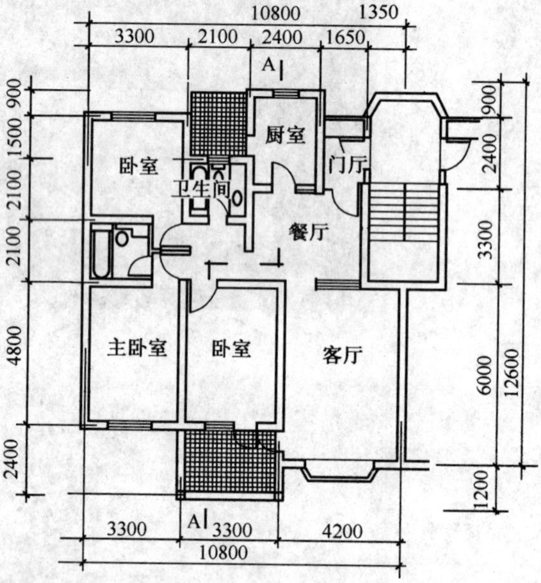

公寓式住宅甲型 标准层平面图

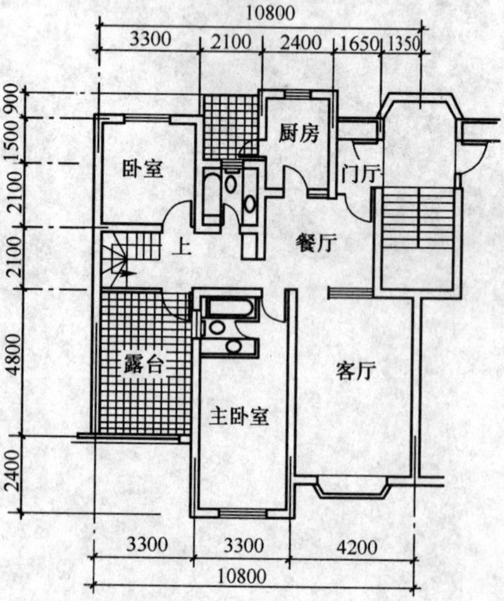

公寓式住宅甲型 跃一层平面图

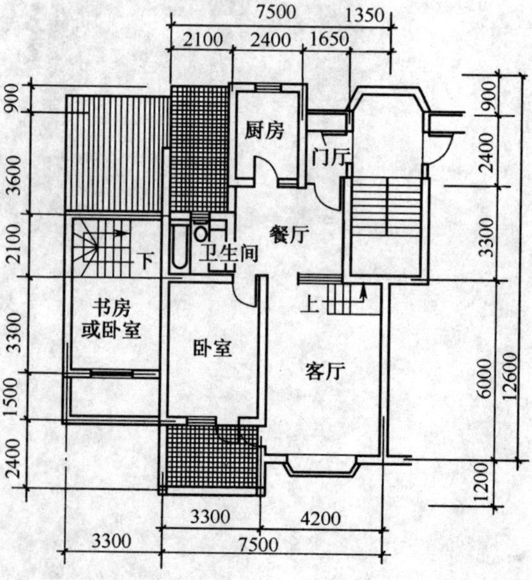

公寓式住宅甲型 跃二层平面图

公寓式住宅甲型　南立面图

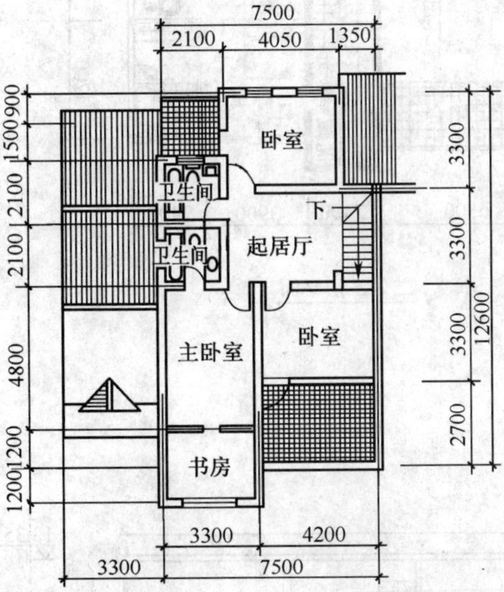

公寓式住宅甲型　顶层平面图

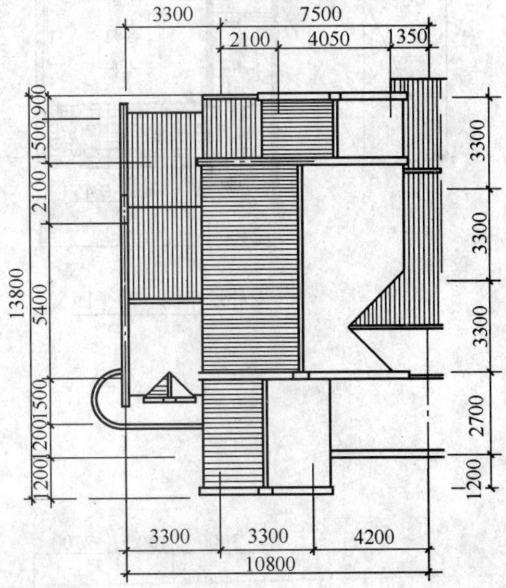

公寓式住宅甲型　屋顶平面图

效果图

案例 6

设计:华新工程顾问国际有限公司,指导:骆中钊

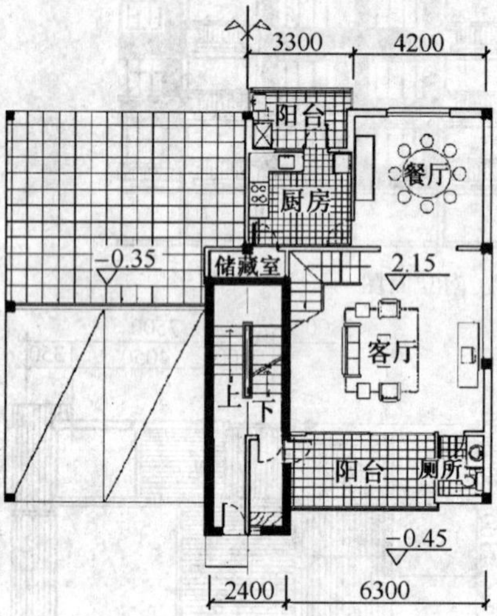

支柱层平面一层平面

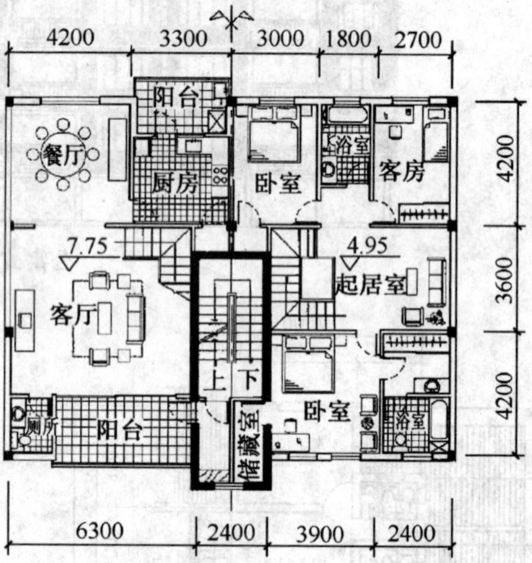

二、三层平面

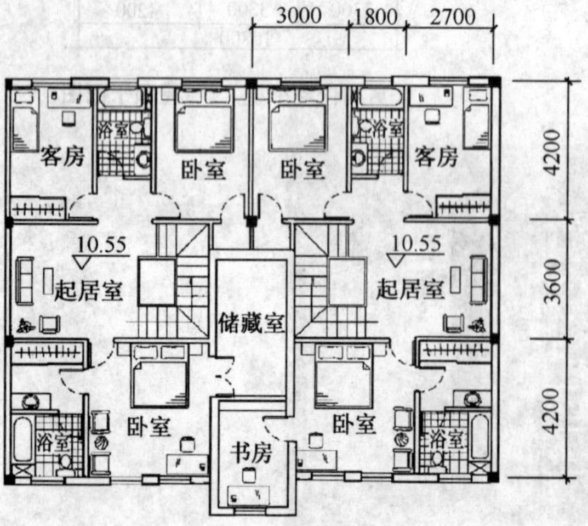

四层平面

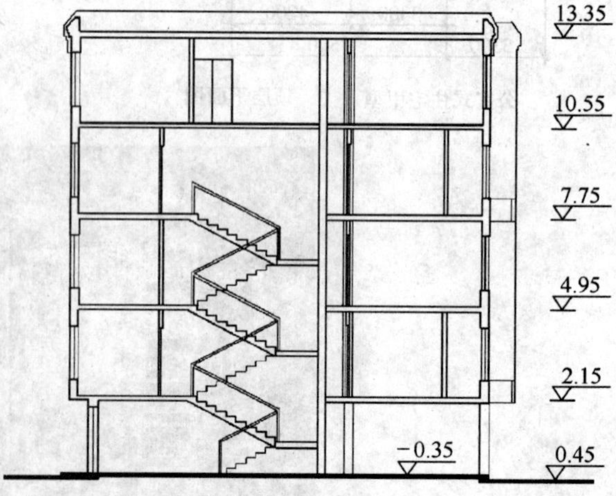

剖面

案例7

设计：浙江平阳县规划建筑设计院

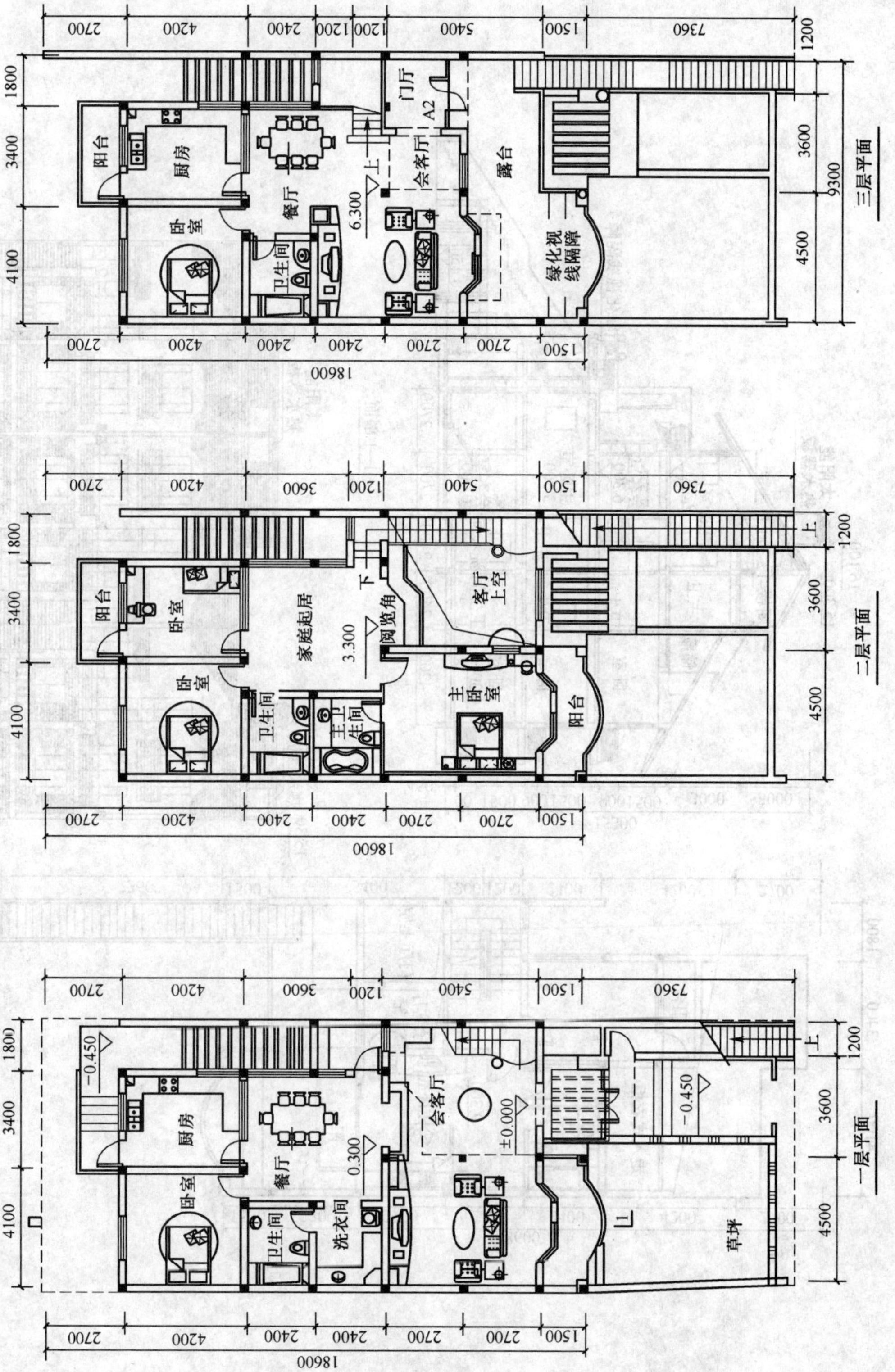

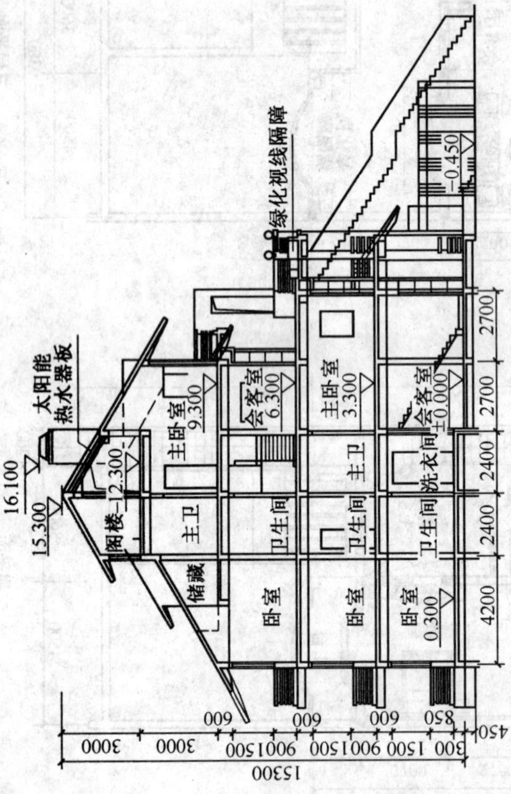

1—1剖面

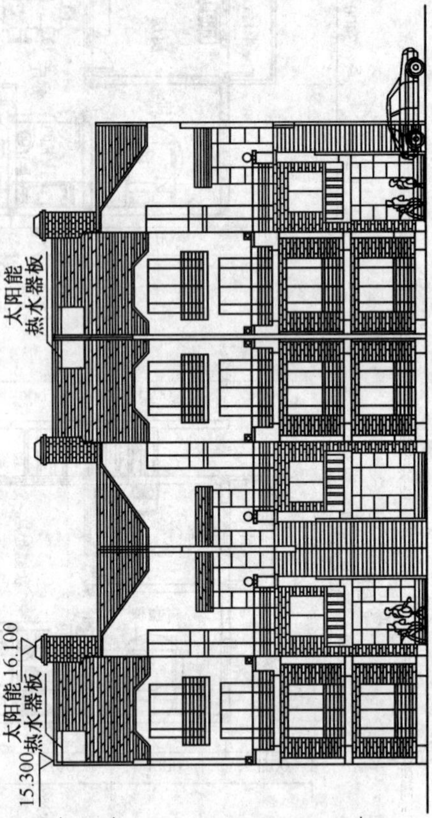

组合立面

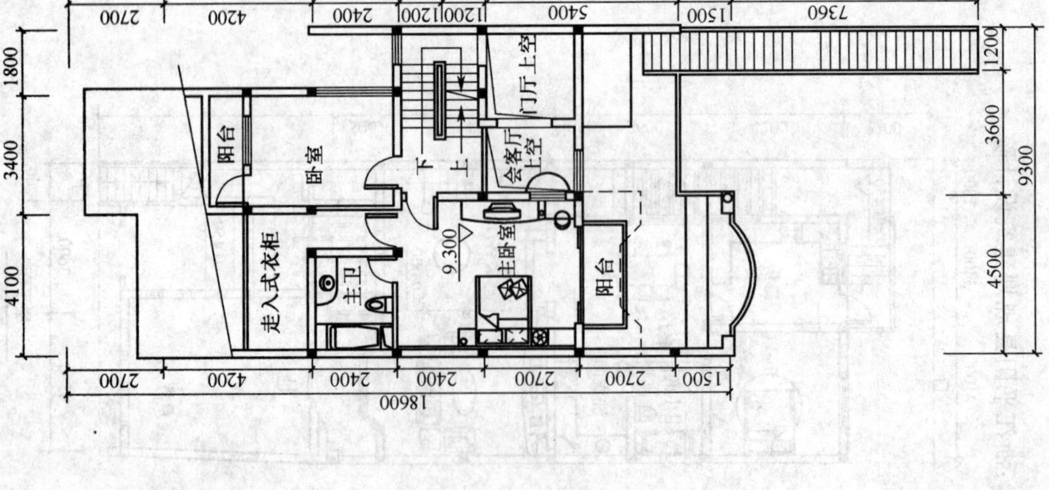

四层平面

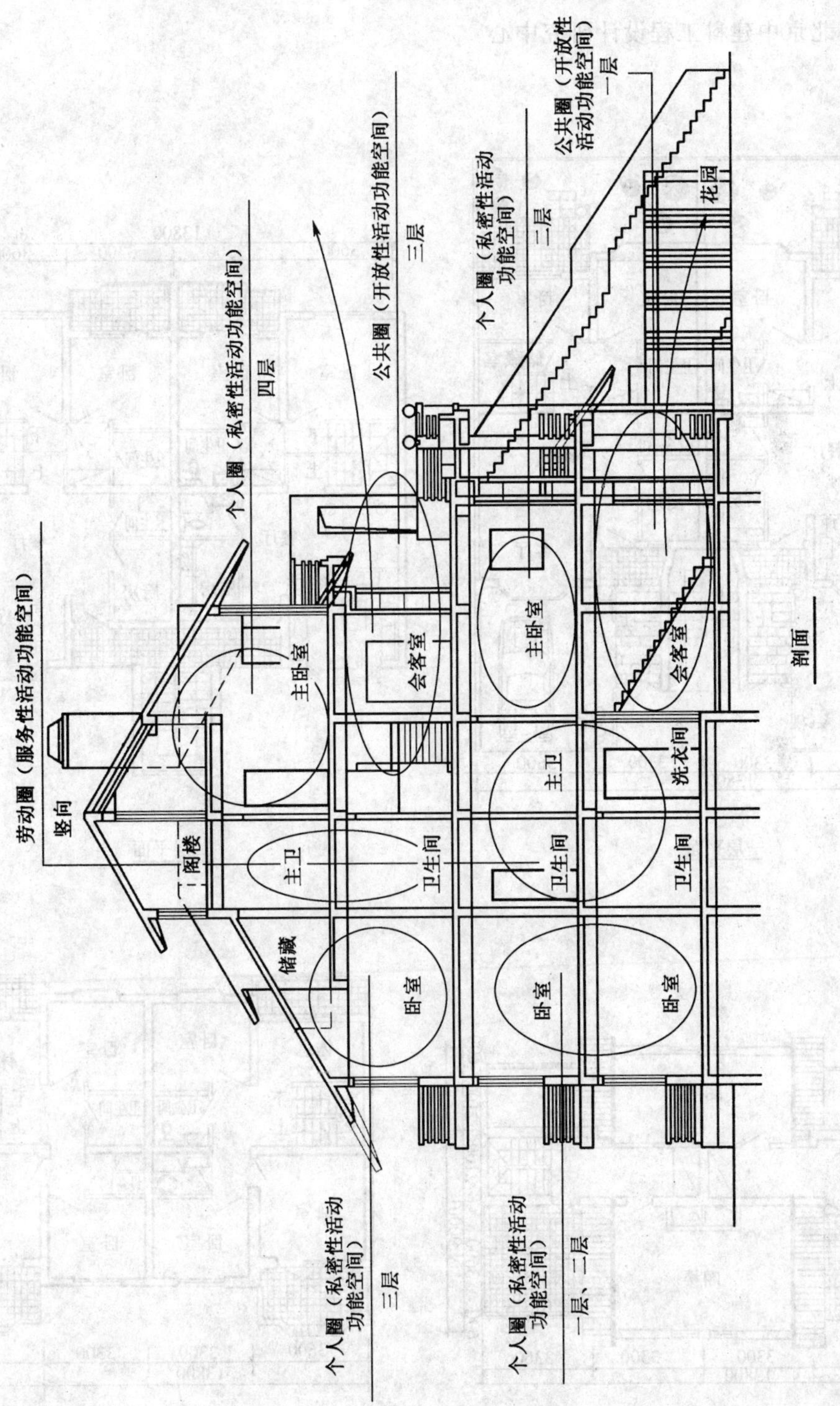
劳动圈（服务性活动功能空间）
竖向
个人圈（私密性活动功能空间）
四层
公共圈（开放性活动功能空间）
三层
个人圈（私密性活动功能空间）
二层
公共圈（开放性活动功能空间）
一层
花园
阁楼
主卧室
储藏
主卫
卧室
会客室
卫生间
主卧室
主卫
卫生间
卧室
会客室
洗衣间
卫生间
卧室
剖面
个人圈（私密性活动功能空间）
三层
个人圈（私密性活动功能空间）
一层、二层

案例 8

设计：北京中建科工程设计研究中心

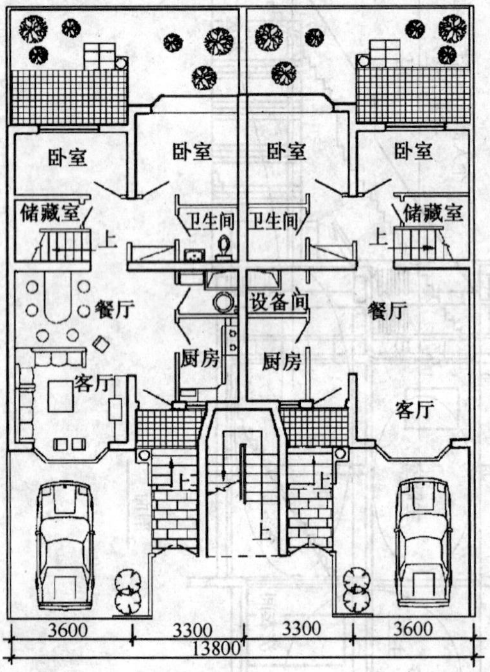

一层平面

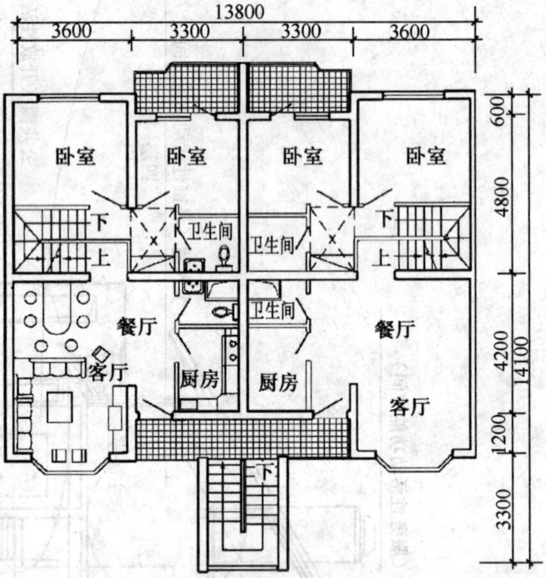

二层平面

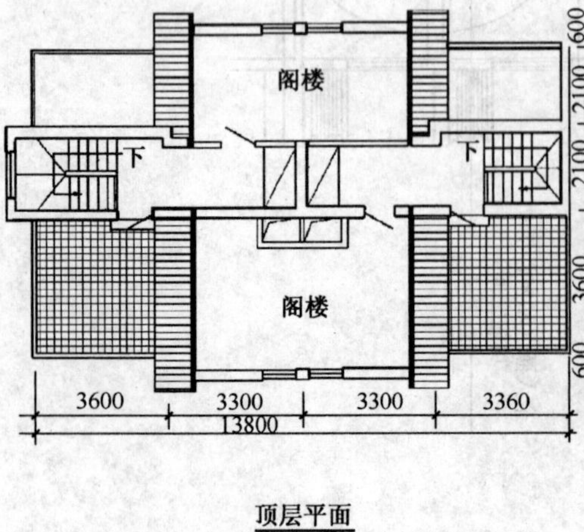

顶层平面

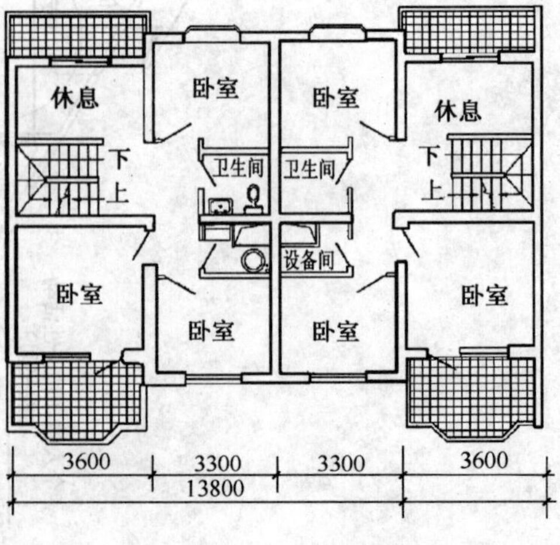

三层平面

A 型住宅南立面

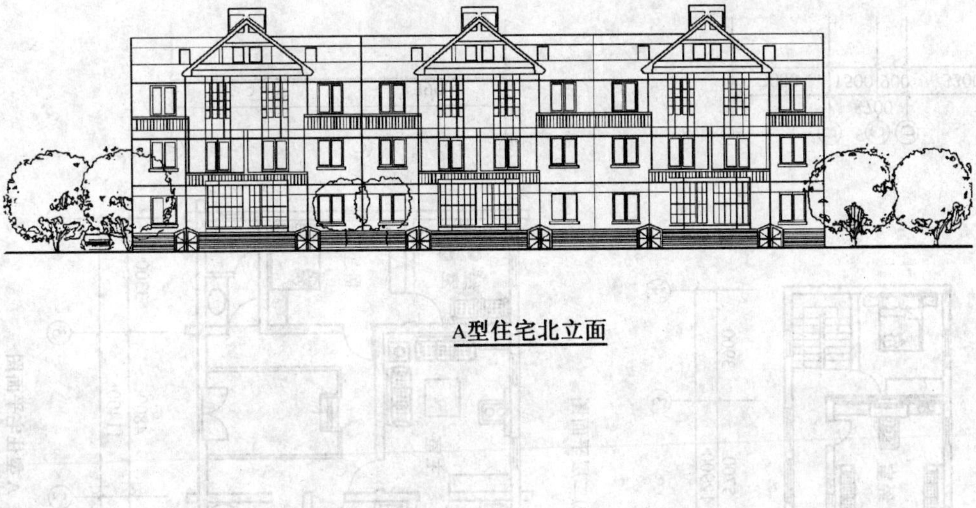

A型住宅北立面

第二节　村镇低层住宅设计案例

一、专用住宅

1. 少数民族住宅

案例 1

四川省凉山州木里县鸭嘴牧民住宅

设计:攀枝花市规划建筑设计研究院

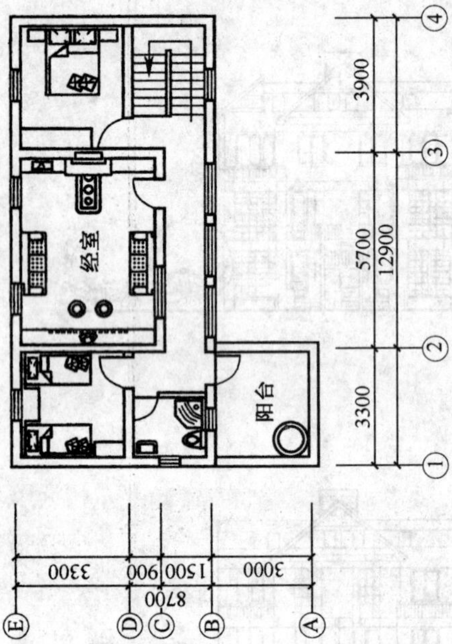

B型住宅(1)二层平面图

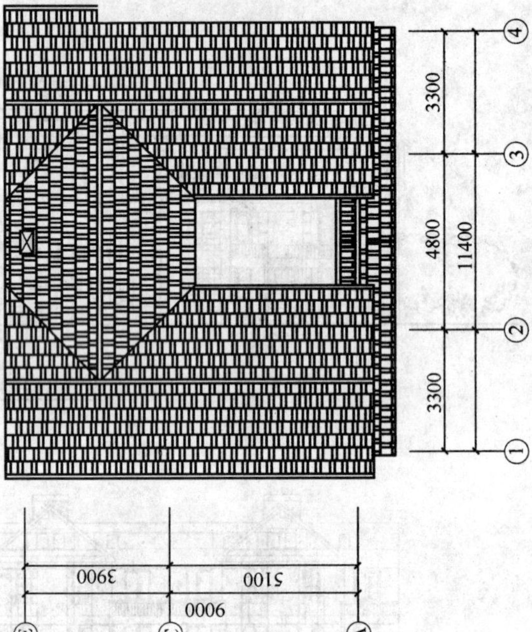

A 型住宅屋面图

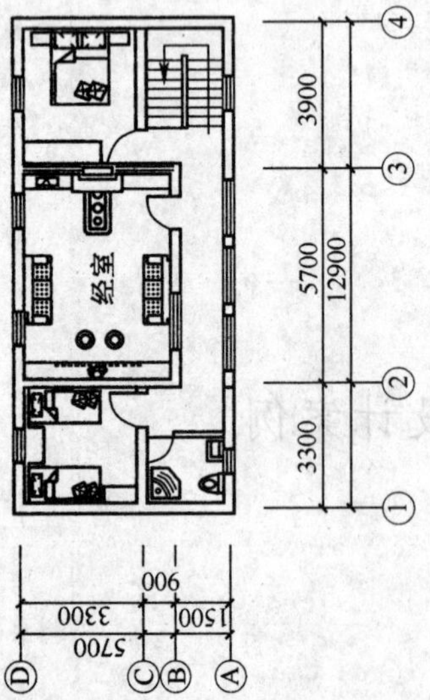

B型住宅(2)二层平面图

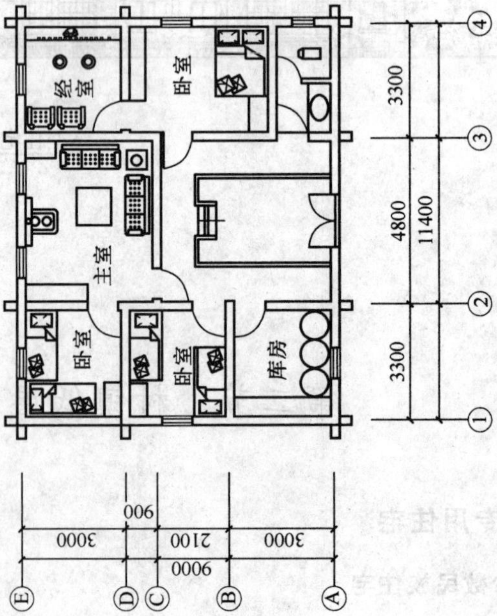

A 型住宅平面图
建筑 97.1
占地 107.5

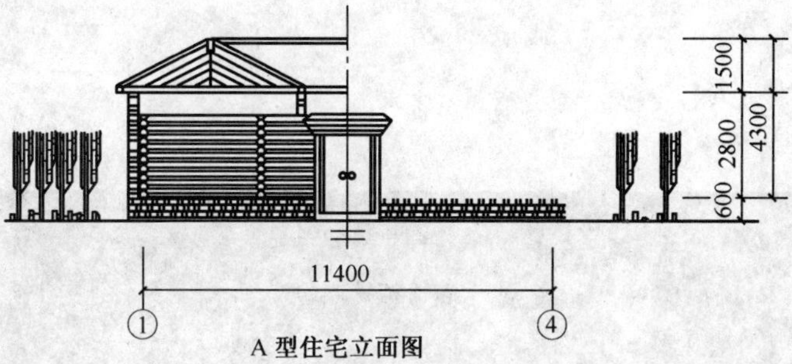

A 型住宅立面图

方案特点：

本方案为四川省凉山彝族自治州木里藏族自治县鸭嘴藏族的牧民住宅，设计中注重功能要求，在建筑造型上努力突出藏族建筑的特征。

B型住宅正立面图

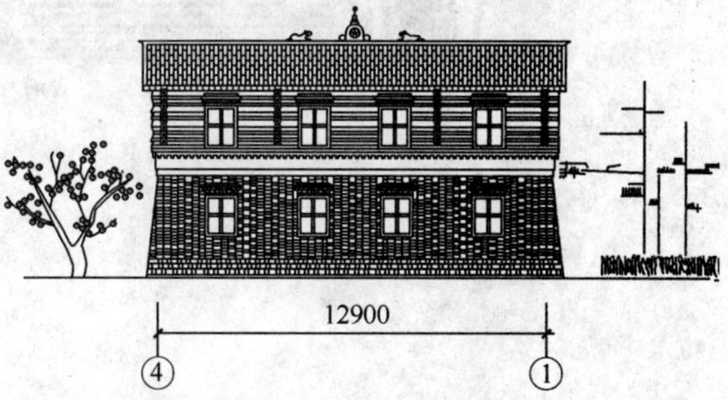

B 型住宅背立面图

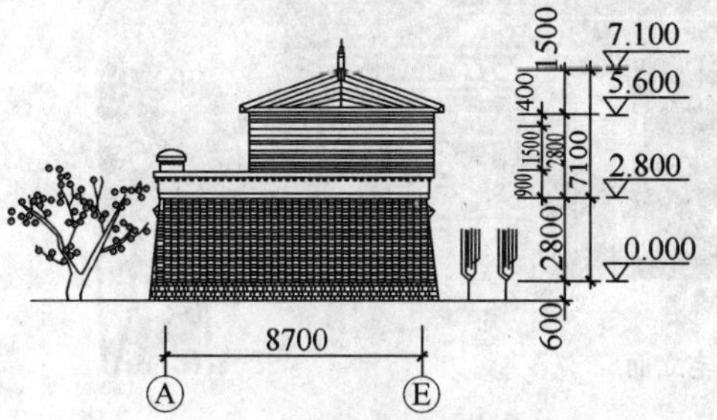

B 型住宅侧立面图

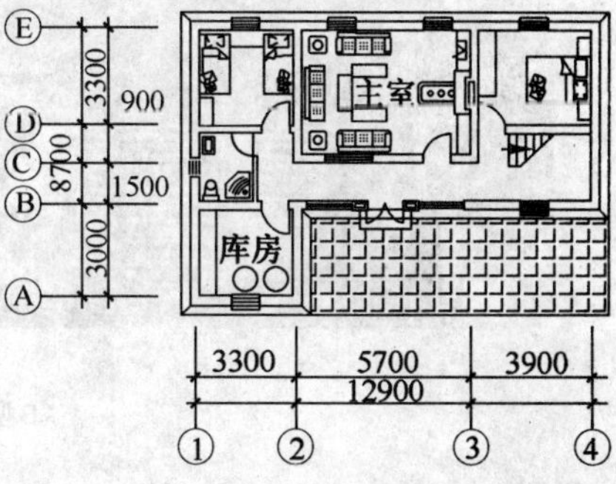

B 型住宅(变化一)一层平面图
建筑 $168.5m^2$
占地 $89.7m^2$

A型住宅立面

B型住宅立面

C型住宅立面

D型住宅立面图

案例 2

瑞丽傣族二层住宅

摘自《城镇小康住宅设计图集二》

透视图

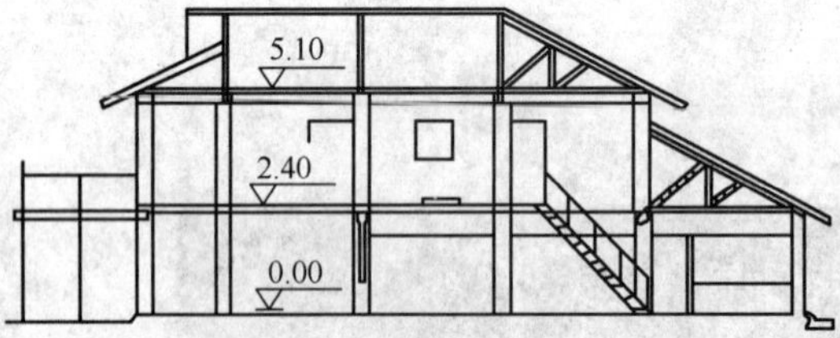

1—1剖面图

东立面图

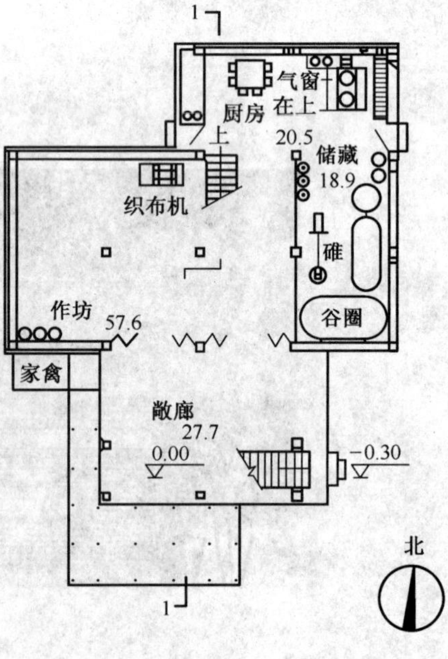

一层平面图

方案特点：

本方案为云南省德宏傣族景颇族自治州瑞丽市傣族住宅，是典型的底层架空干栏式建筑。功能合理，造型别致，颇具特色。

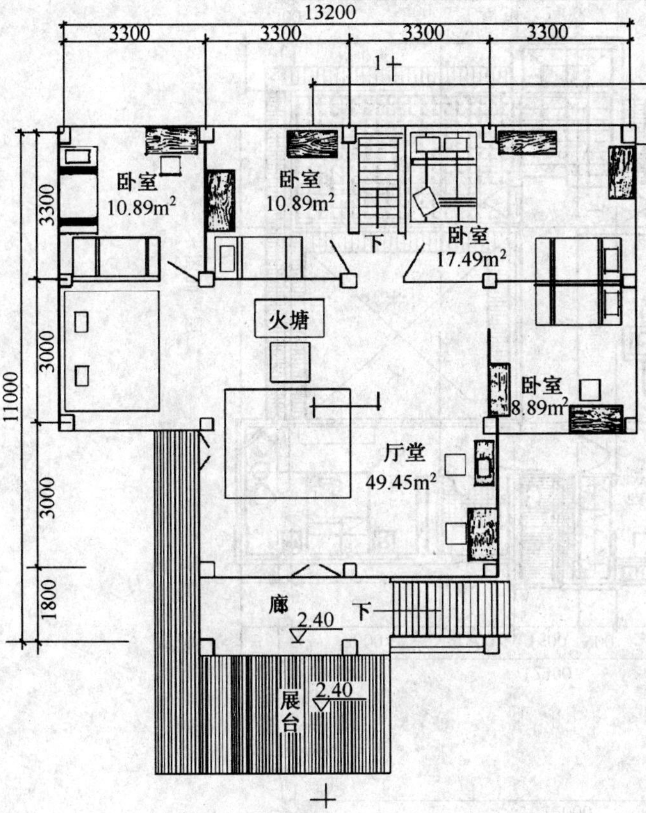

二层平面图

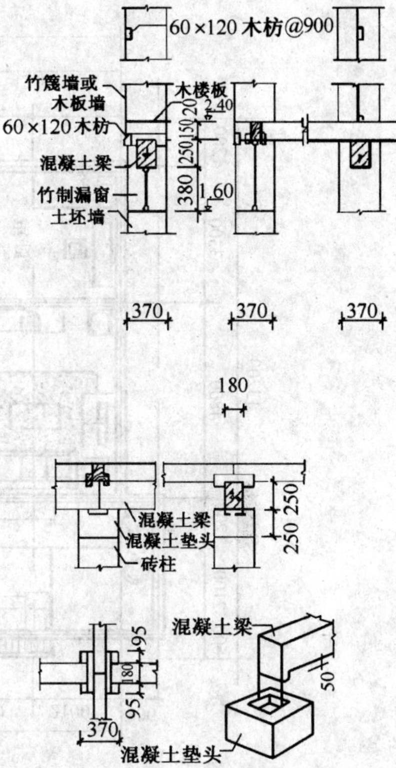

构造示意图

2. 专业户住宅

农村住宅使用功能的双重性，其生产功能除了必须满足作为农业生产的部分场所外，改革开放给农村的副业生产带来了勃勃的生机，出现了许许多多的专业户，因而应运而生地出现了很多专业户住宅，这里介绍的仅是制茶专业户、养花专业户和食用菌专业户的三种专业户住宅。

案例 3

二层制茶专业户住宅

设计：福建华安县建设局　邹银宝等，指导：骆中钊

方案特点：

本方案为制茶专业户住宅，除考虑住宅的居住功能外，特为制茶设置了工场、仓库和晾晒场所，以满足生产的要求。

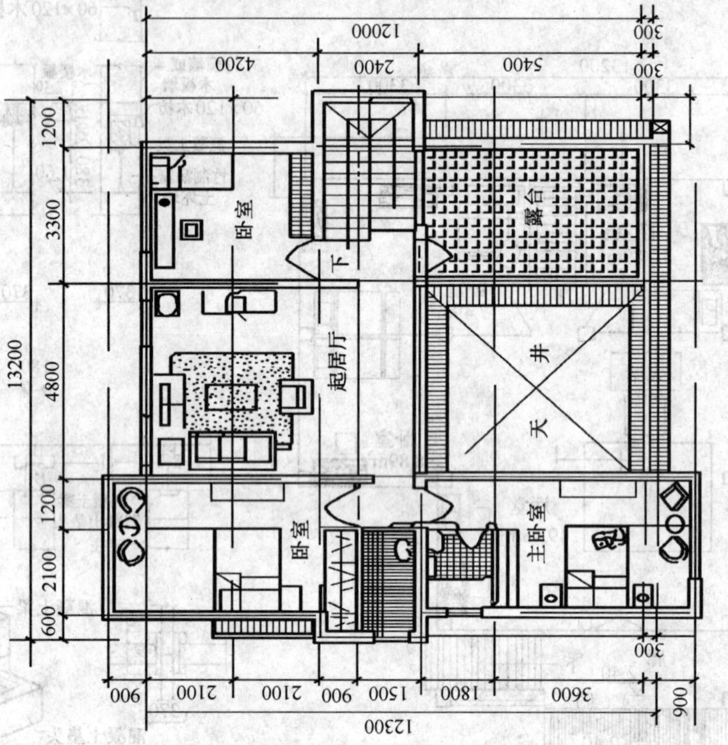
卧室
起居厅
露台
天井
卧室
主卧室
下
12000
4200
2400
5400
300
12300
13200

二层平面图

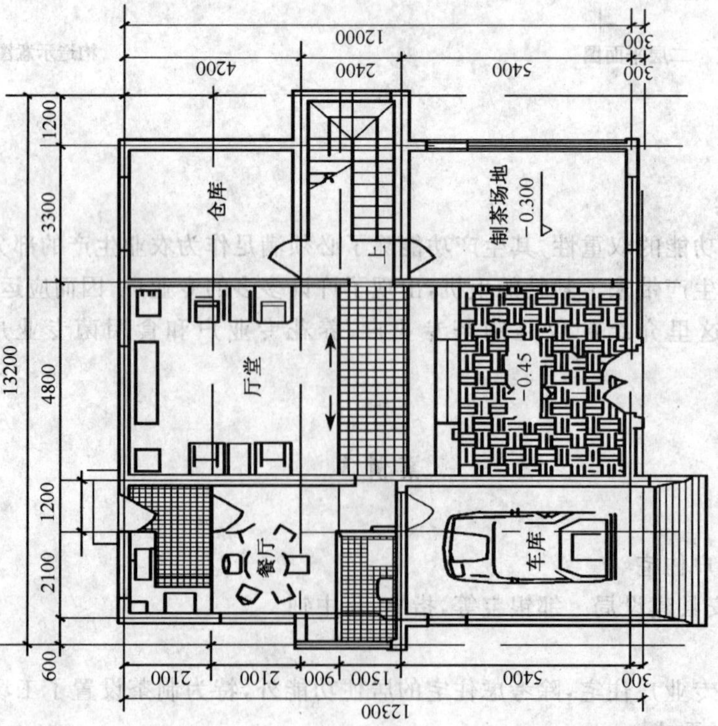
仓库
制茶场地
-0.300
厅堂
-0.45
餐厅
车库
上
12000
4200
2400
5400
300
12300
13200

一层平面图

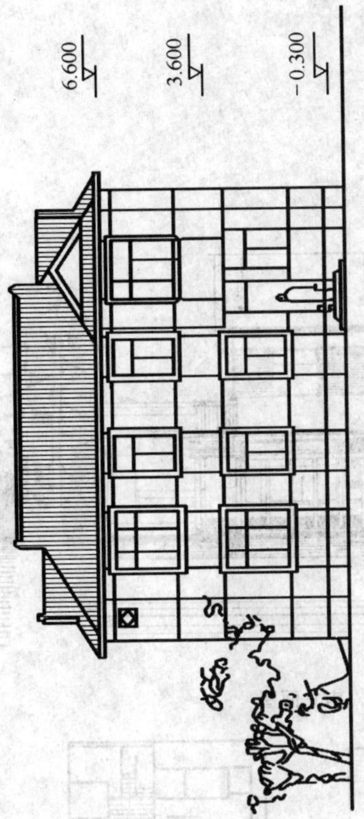

北立面图

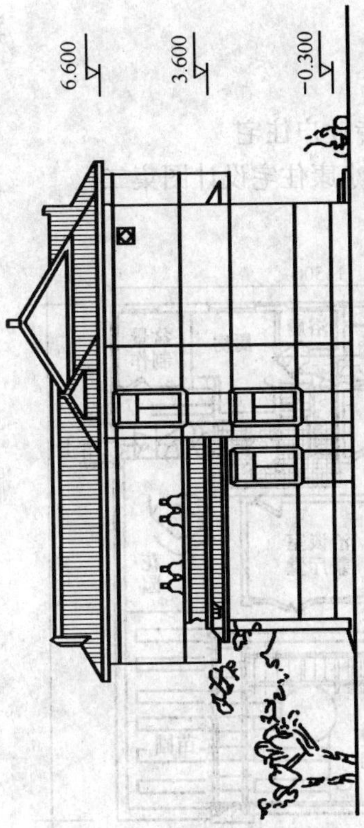

东立面图

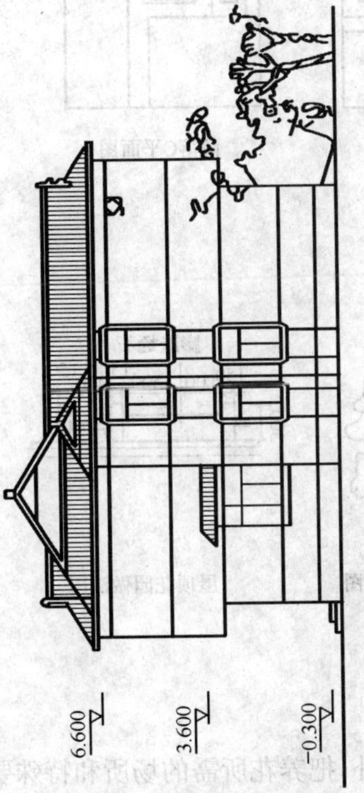

西立面图

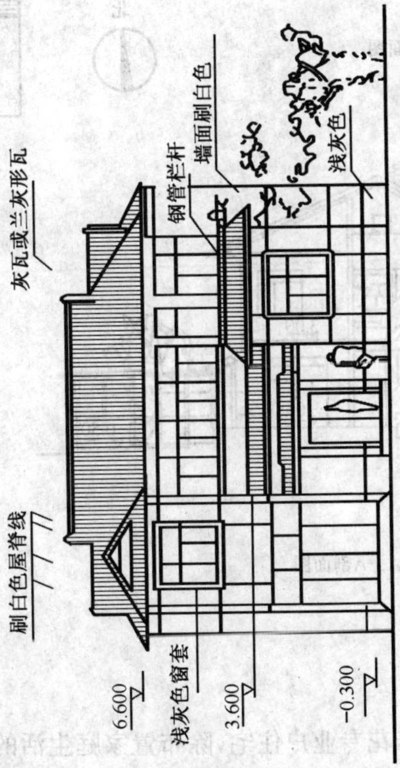

南立面图

案例 4

二层养花专业户住宅

摘自《村镇小康住宅设计图集二》

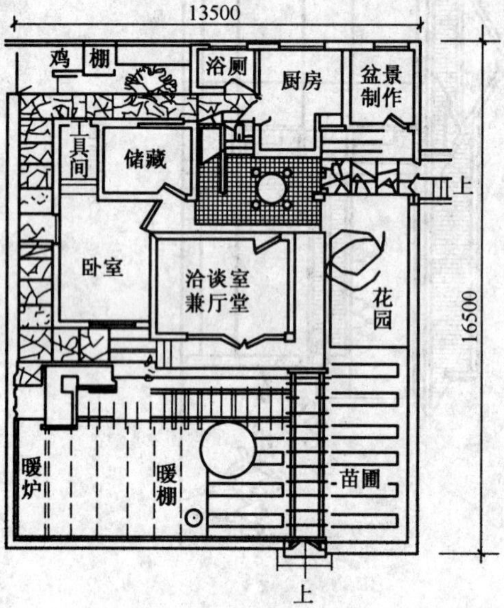

院落A平面图

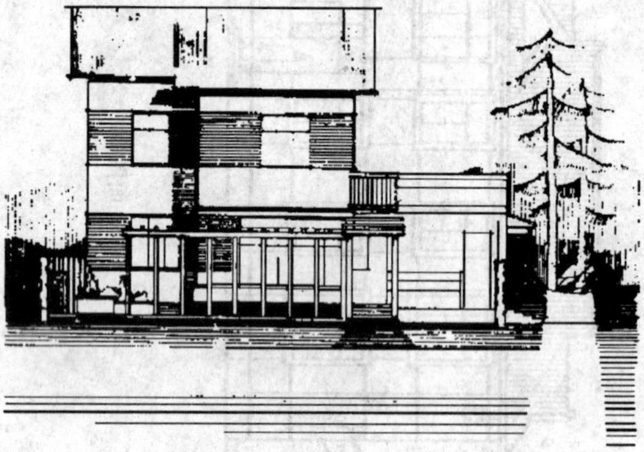

南立面图

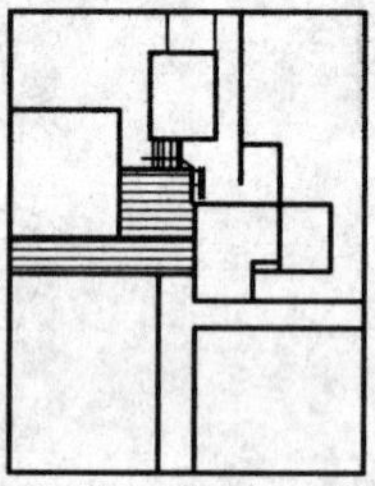

院落B平面图

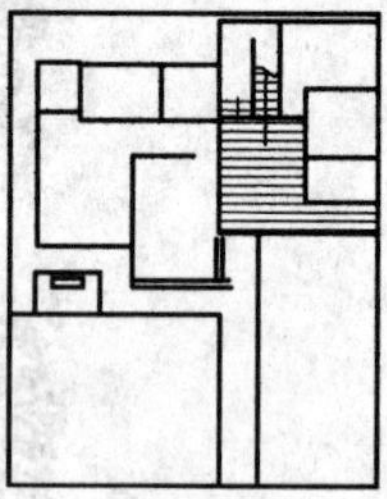

院落C平面图

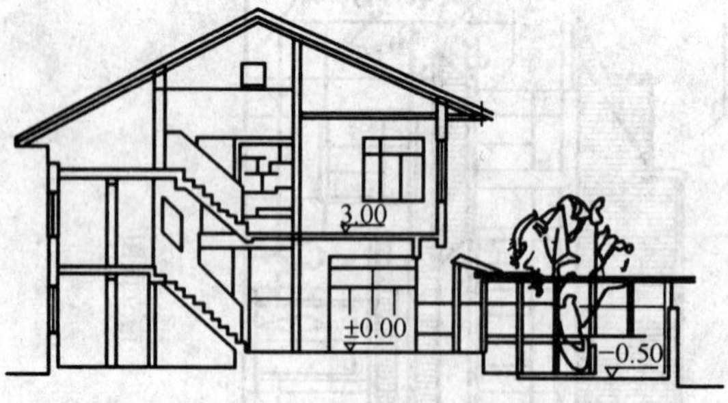

A—A剖面图

阳台做法图

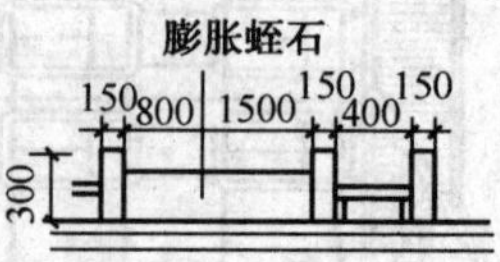

屋顶花园做法图

方案特点：

本方案为养花专业户住宅，除布置家庭生活的功能空间外，把养花所需的场所和特殊要求的生产空间、对外洽谈等活动空间都做了相应的布置。

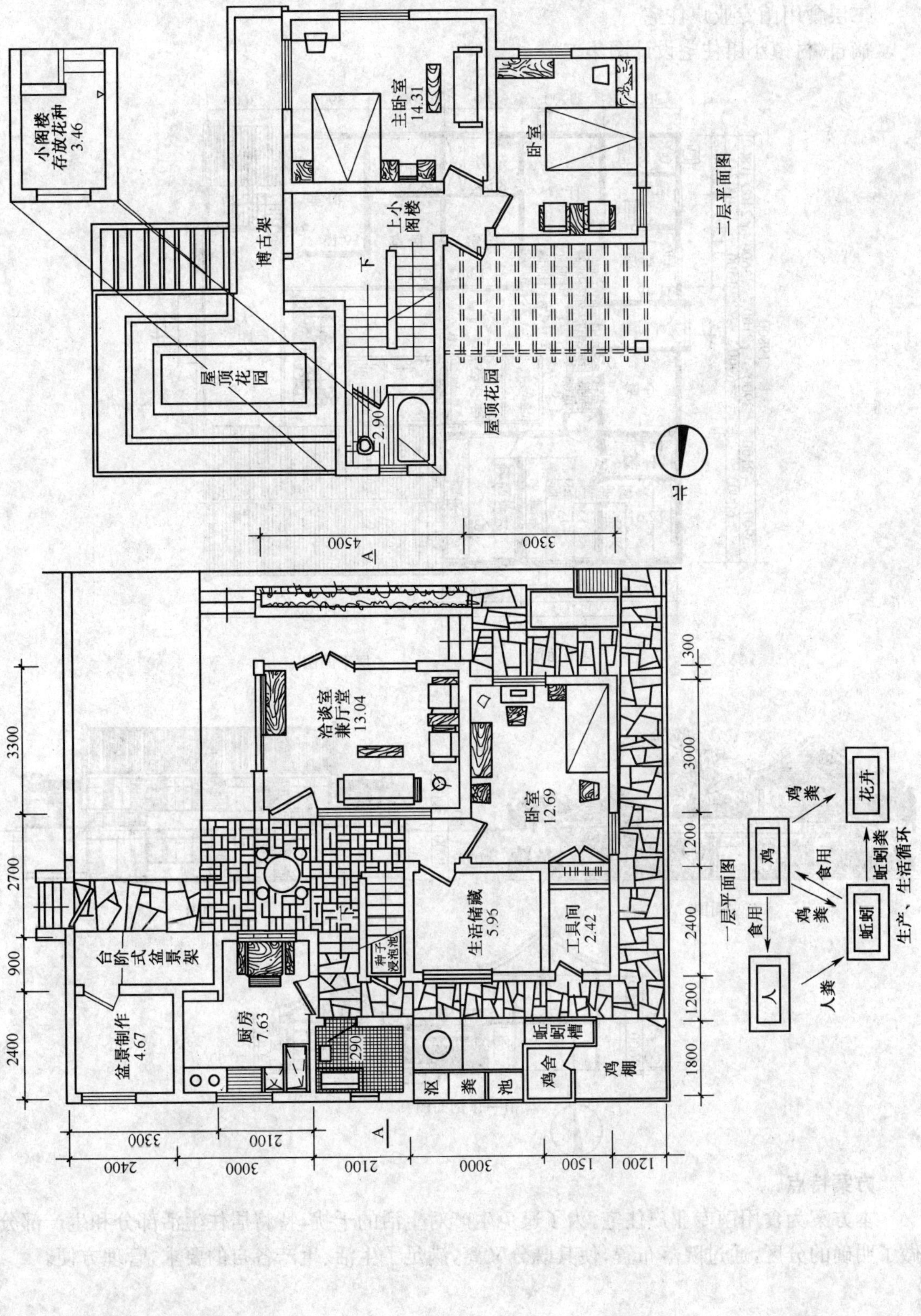
小阁楼
存放花种
3.46
主卧室
14.31
卧室
上小阁楼
博古架
下
屋顶花园
2.90
北
二层平面图
4500
3300
A
洽谈室
兼厅堂
13.04
卧室
12.69
生活储藏
5.95
工具间
2.42
种子浸泡池
下
台阶式盆景架
盆景制作
4.67
厨房
7.63
290
蚯蚓槽
鸡舍
鸡棚
沤
粪
池
一层平面图
3300
2700
900
2400
300
3000
1200
2400
1200
1800
3300
2100
2400
3000
2100
3000
1500
1200
人
人粪
食用
鸡
鸡粪
食用
蚯蚓
蚯蚓粪
鸡粪
花卉
生产、生活循环

案例 5

二层食用菌专业户住宅

摘自《村镇小康住宅设计图集二》

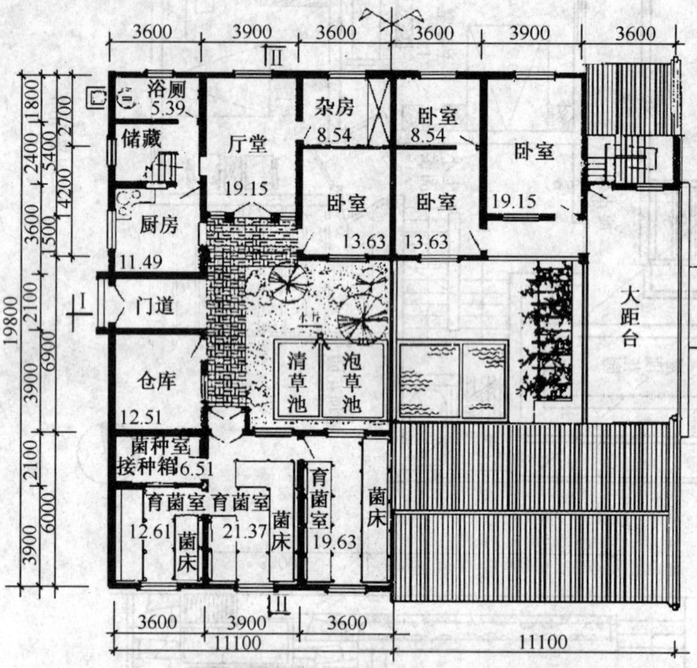

一层平面图　　二层平面图

西立面图

I—I 剖面图

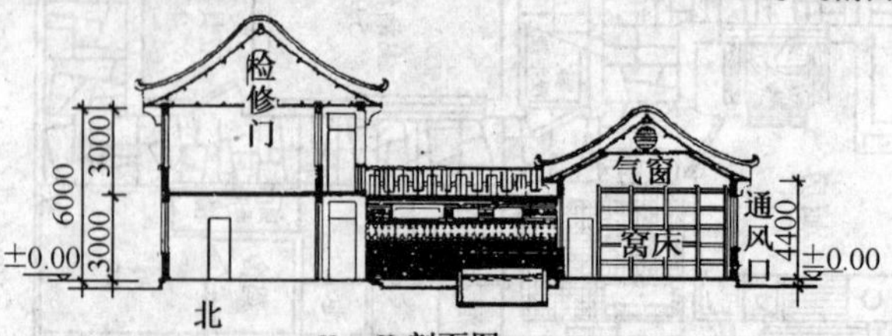

北

II—II 剖面图

方案特点：

本方案为食用菌专业户住宅，为了避免生产对生活的干扰，特将居住生活部分和生产部分做了明确的分区，通过院落布置，使其既分又离，满足了生活、生产各自的要求，管理方便。

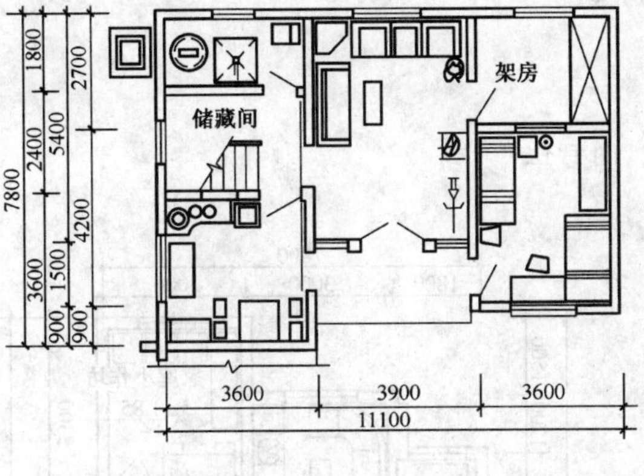

一层平面图

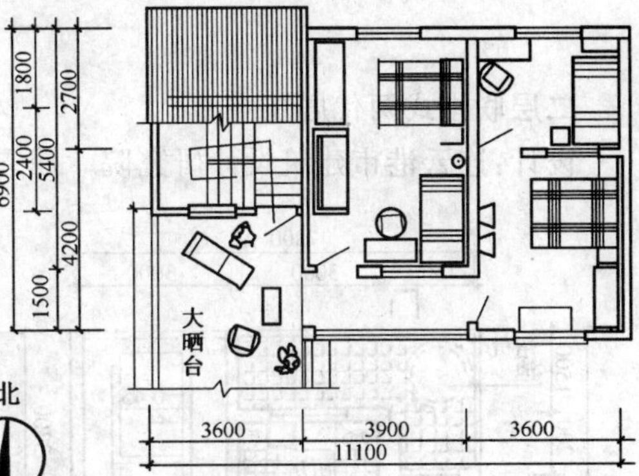

二层平面图

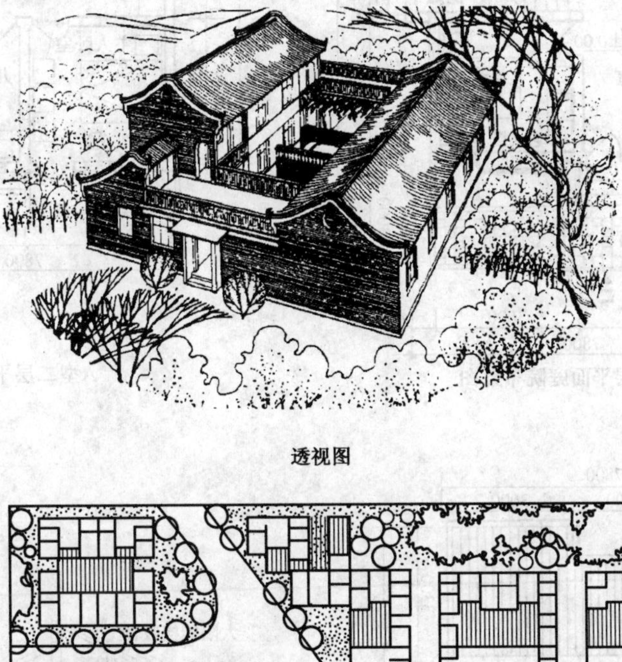

透视图

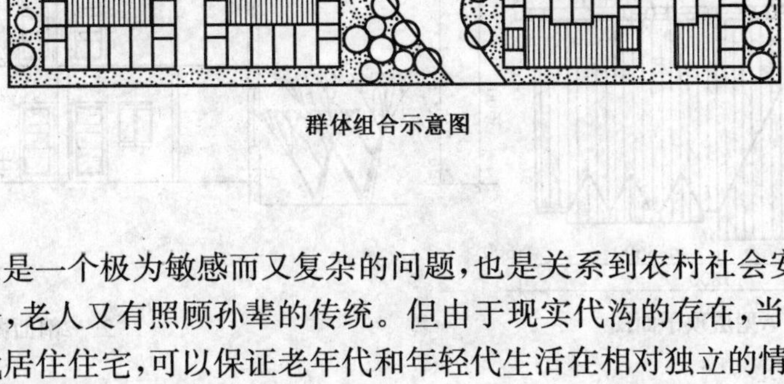

群体组合示意图

3. 两代居住宅

在村镇代际关系是一个极为敏感而又复杂的问题，也是关系到农村社会安定的问题。子女有赡养老人的义务，老人又有照顾孙辈的传统。但由于现实代沟的存在，当处理不当时，往往会产生矛盾。两代居住住宅，可以保证老年代和年轻代生活在相对独立的情况下，又能达到互相照顾，可避免和减少矛盾。

案例 6

二层联排式两代居住宅

设计：连云港市建筑设计研究院 屈雪娇 仰君华

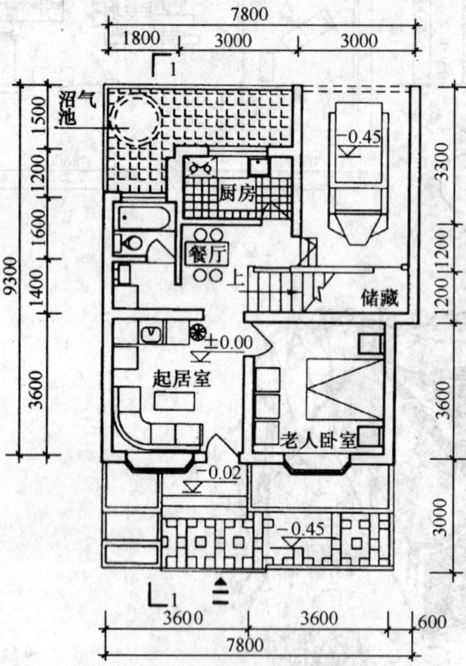

A型首层平面庭院布置图

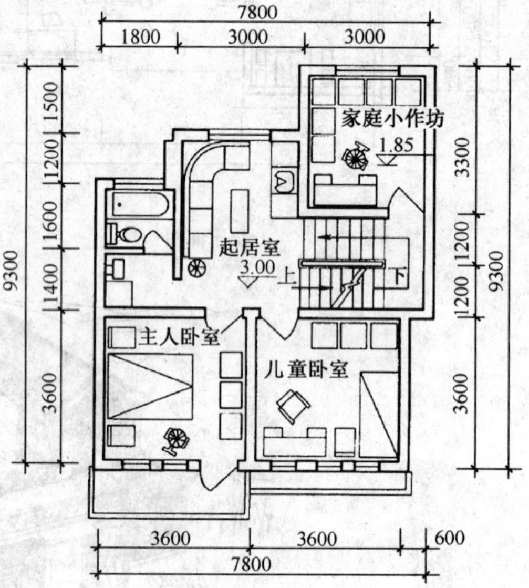

A型二层平面图

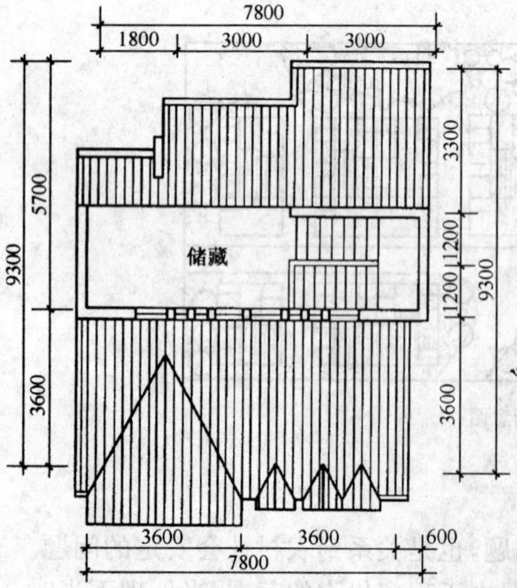

A型层顶平面图

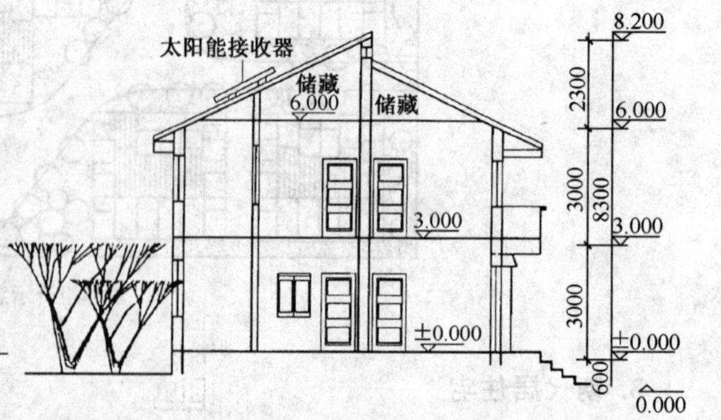

2—2剖面图

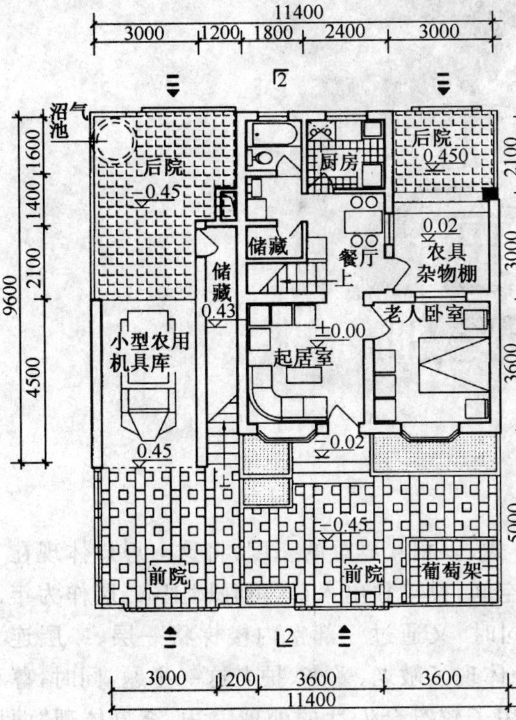

B型首层平面庭院布置图

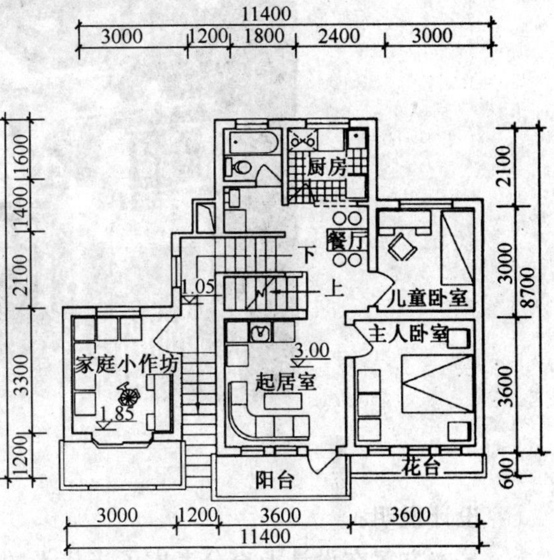

B型二层平面图

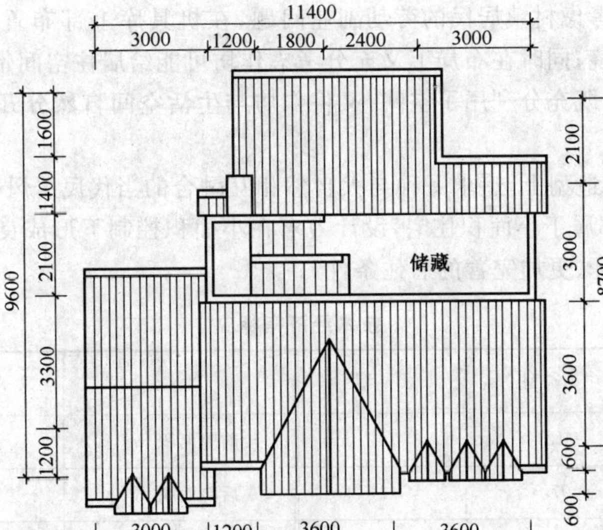

B型屋顶平面图

效果图

设计说明：

• 本方案在设计上充分考虑了当代人的生活方式，以相互尊重的态度，将这一思想体现在设计中。根据老人的特点，将一层作为老人的居住空间，设单独出入口，单独厨卫；二层作为年青一代的居住空间，也设单独出入口，单独厨卫。同时，又通过一部室内楼梯将一层、二层连接，这样形成两部分既独立又紧密联系的布局，充分体现了敬老、爱老、护老这一主题，同时，尊重了两代人互不相同的生活方式，在功能布局上利用了较符合人性的处理手法，充分体现"两代居"的特点。

• 方案在庭院布局上形成前后独立的前院与后院，前院做生活庭院布置，后院做杂物院布置并设计有沼气池，形成良好的使用功能；两种方案都考虑村镇建设用地实际，建筑结合庭院形成矩形用地，使方案组合起来更加灵活，既可做独立布置又可做联排布置。

• 方案设计充分考虑村镇居民的劳动副业问题，在机具库上部布置家庭小作坊，为使用者创造更好的致富环境；同时在布局上又充分考虑作坊可能给居住空间带来的影响，利用楼梯间的休息平台做文章，既充分利用了空间，又将作坊与生活空间自然分开，同时提高了建筑的经济性。

• A、B型方案在造型上，追求一种与大自然相互融合的当代民居风格，力求形式新颖、风格独特，A、B型方案都属于小面积住宅，设计力求在小面积控制下形成良好的使用功能，为小康农家创造出更加实际、更加完善的居住条件。

技术经济指标

户型 / 面积	A 型	B 型	户型 / 面积	A 型	B 型
建筑面积/m^2	121	142	前院面积/m^2	22.2	53.2
使用面积/m^2	97.4	116	后院面积/m^2	9.18	25.6
建筑占地/m^2	66.1	82.4	总用地面积/m^2	97.5	161.2
平面利用系数/%	80.5	81.6			

A型南立面图

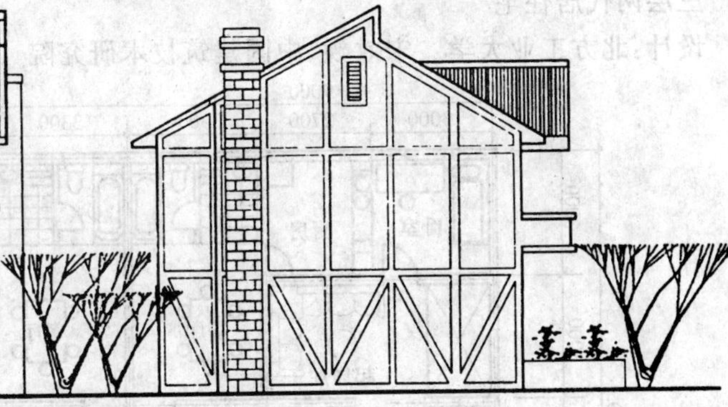

A型西立面图

B型南立面图

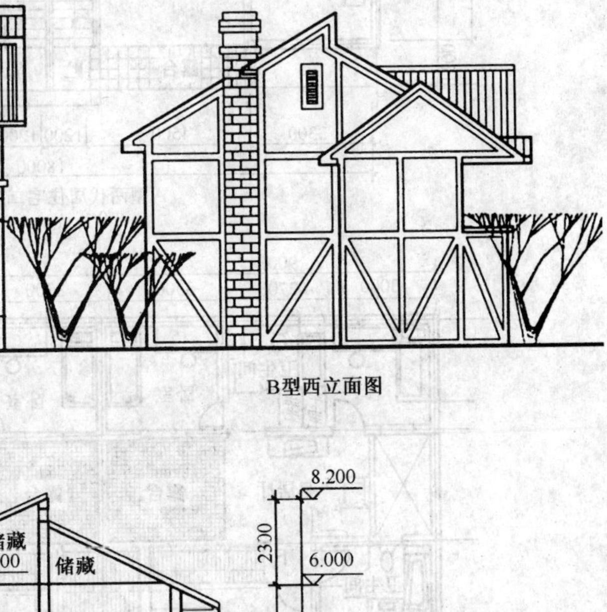

B型西立面图

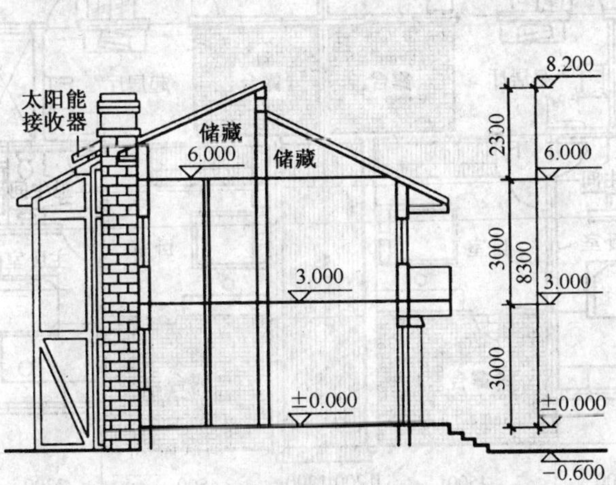

1—1剖面图

案例 7

三层两代居住宅

设计：北方工业大学 宋效巍、中国建筑技术研究院 染咏华，指导：骆中钊

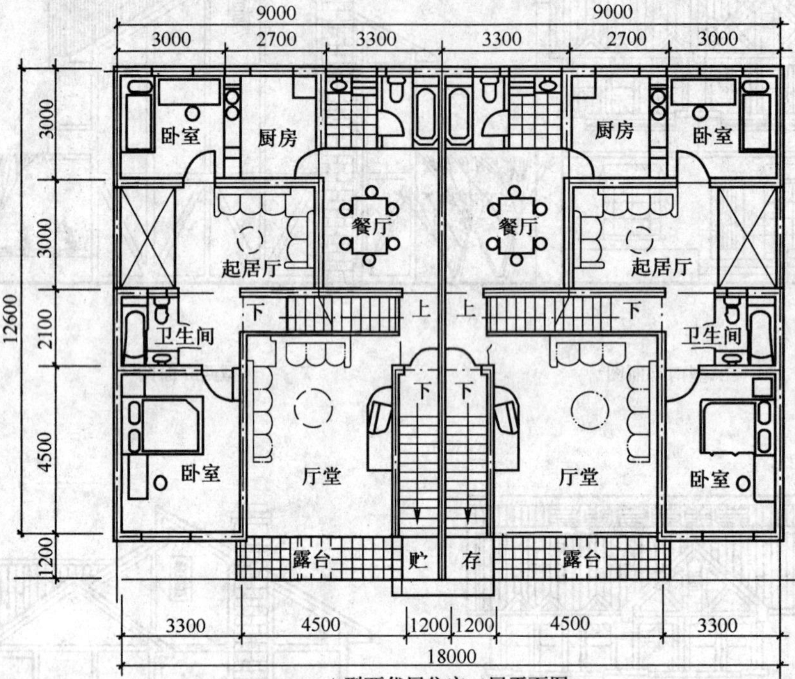

A 型两代居住宅二层平面图

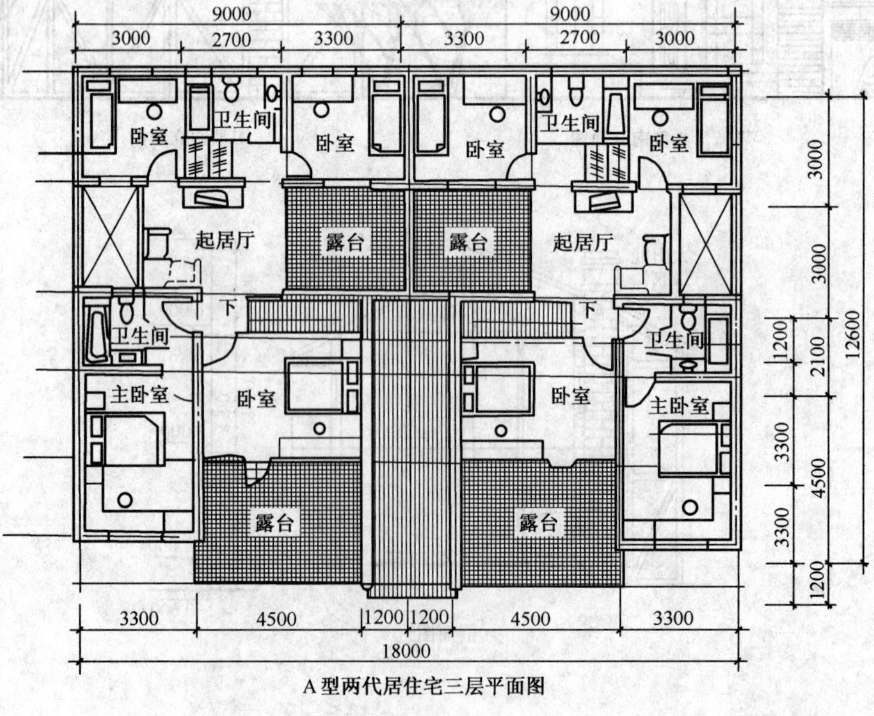

A 型两代居住宅三层平面图

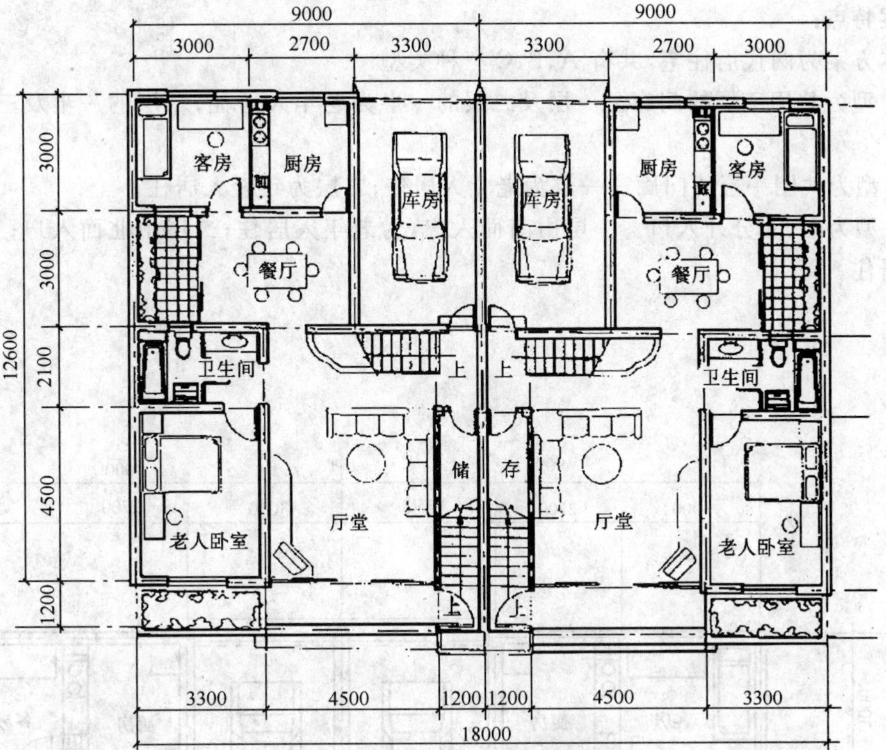

A型两代居住宅一层平面(1)图

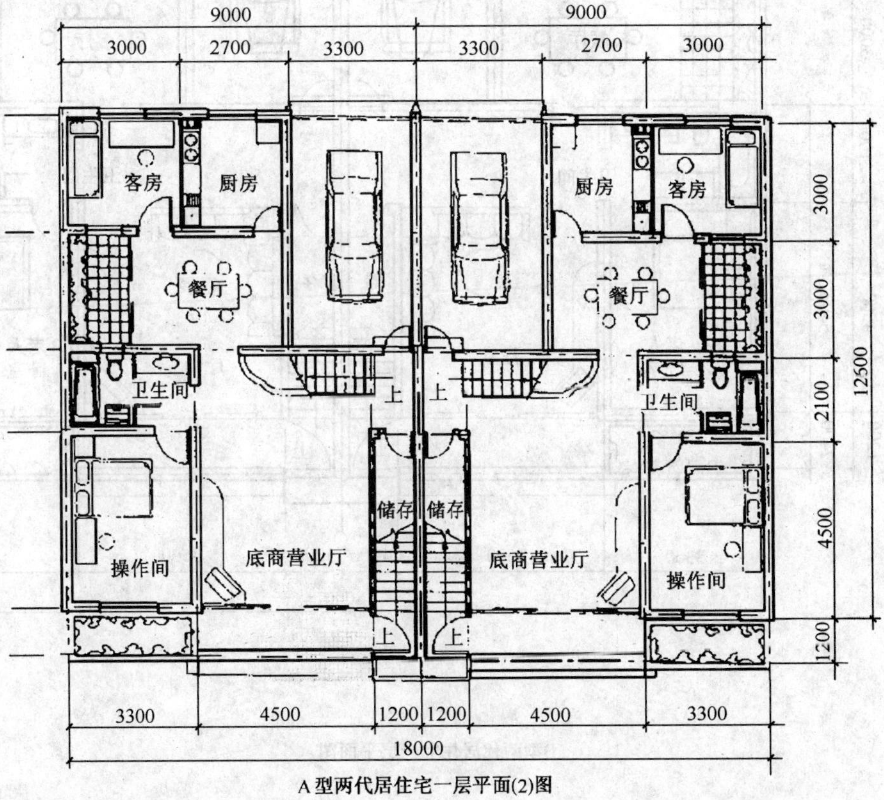

A型两代居住宅一层平面(2)图

方案特点：

• 本方案为两代居住宅，共有 A、B、C 三种类型。

• A 型为共用一层的门廊。一层及二层的一半为老年人居住；二层的一半及三层为年轻人居住。

• B 型为共用一层的门廊。一层为老年人居住；二层为年轻人居住。

• C 型为南、北分开入口。一层由南面入户，为老年人居住；二层由北面入户；二、三层为年轻人居住。

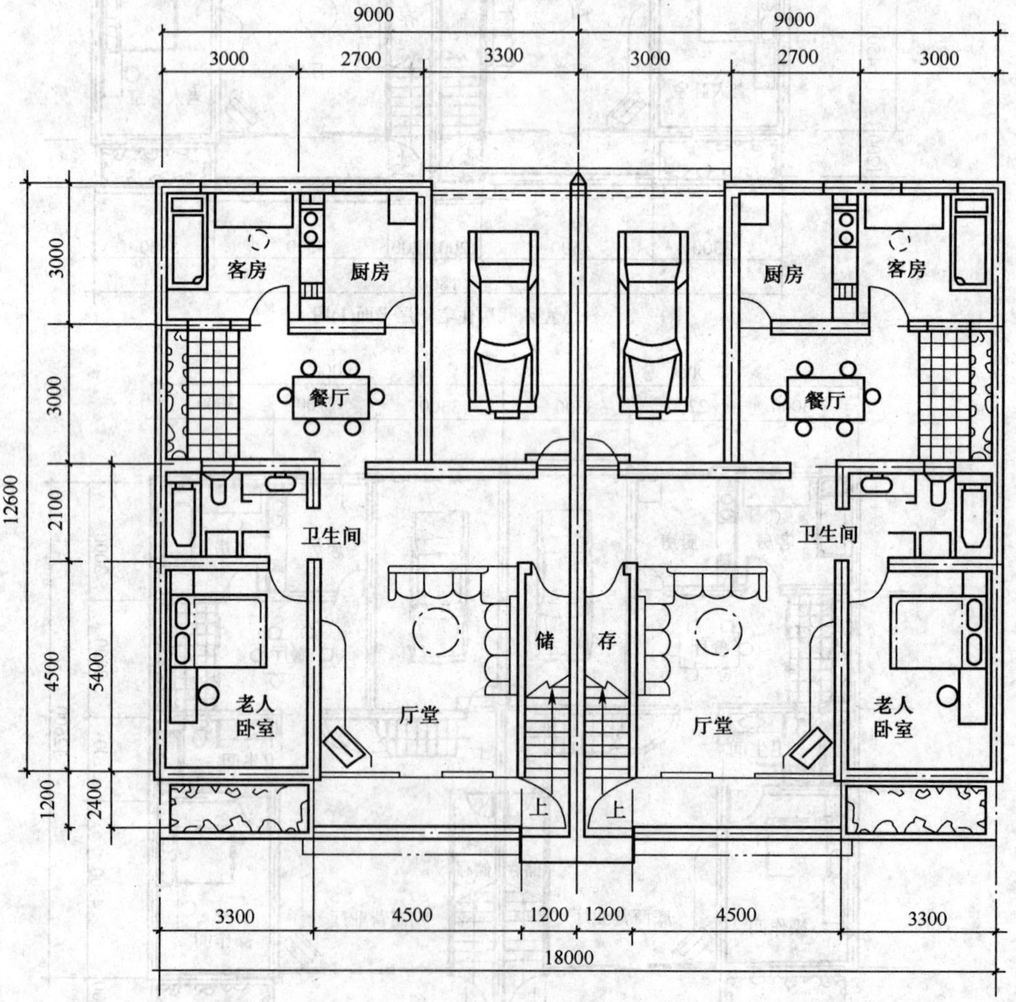

B型两代居住宅一层平面图

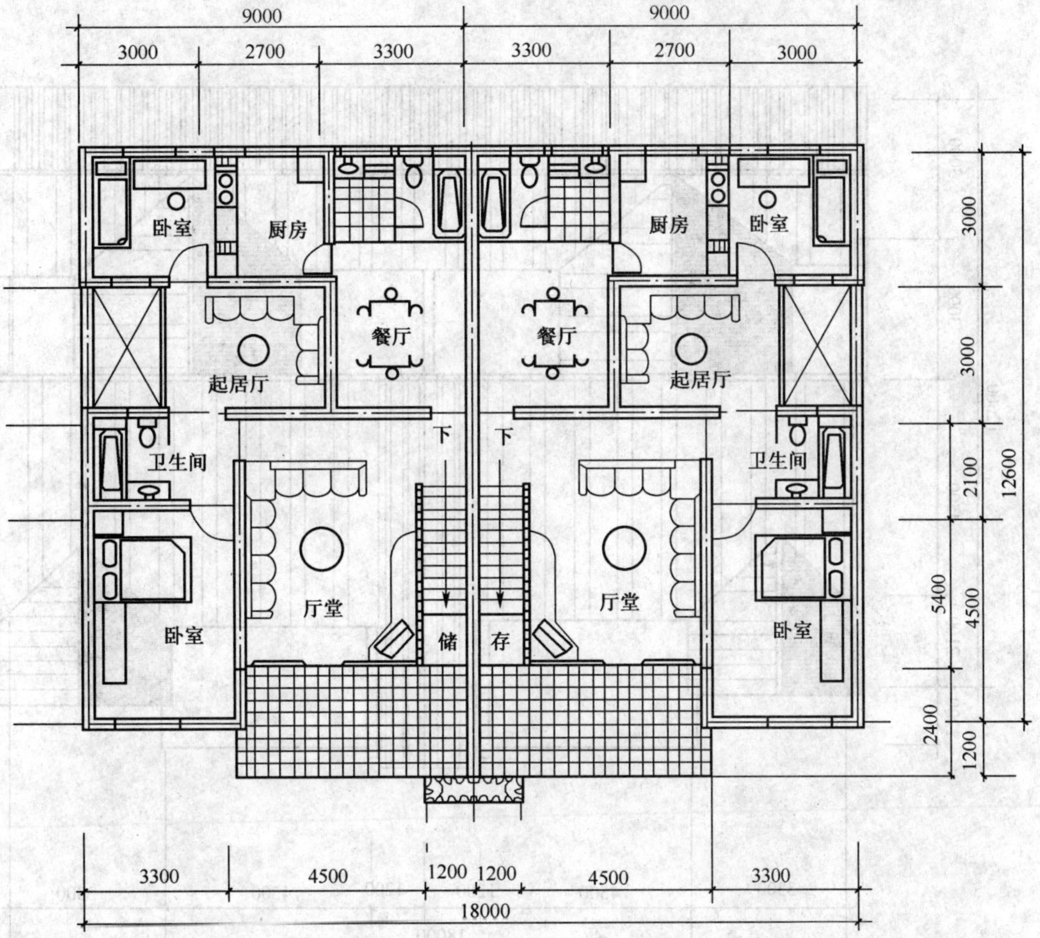

B型两代居住宅二层平面图

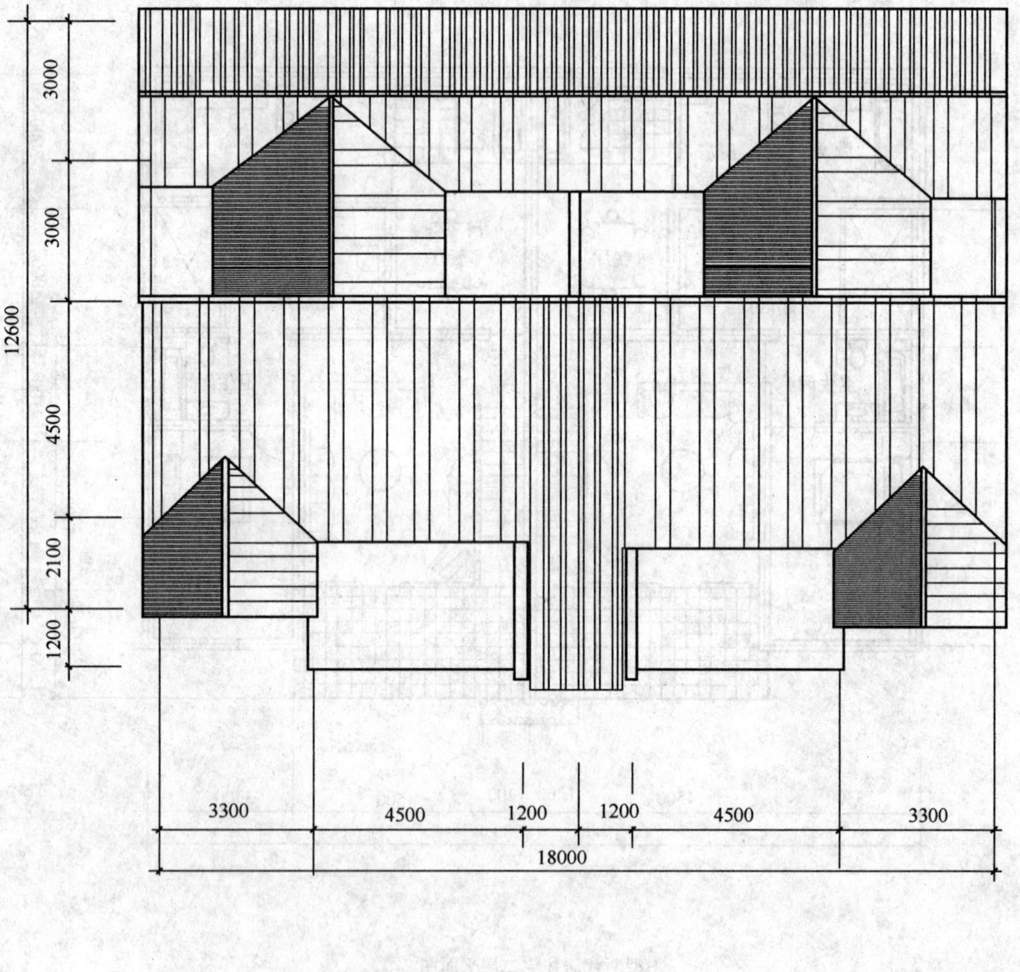

B型两代居住宅屋顶平面图

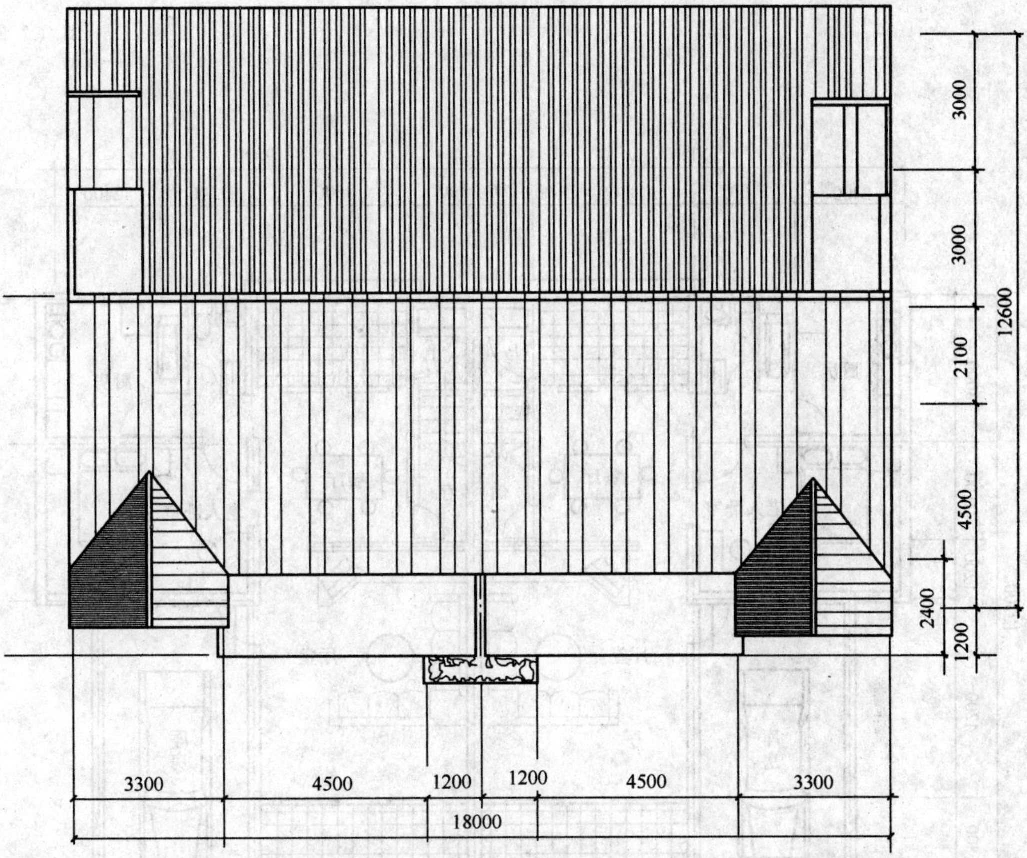

B型两代居住宅屋顶平面图

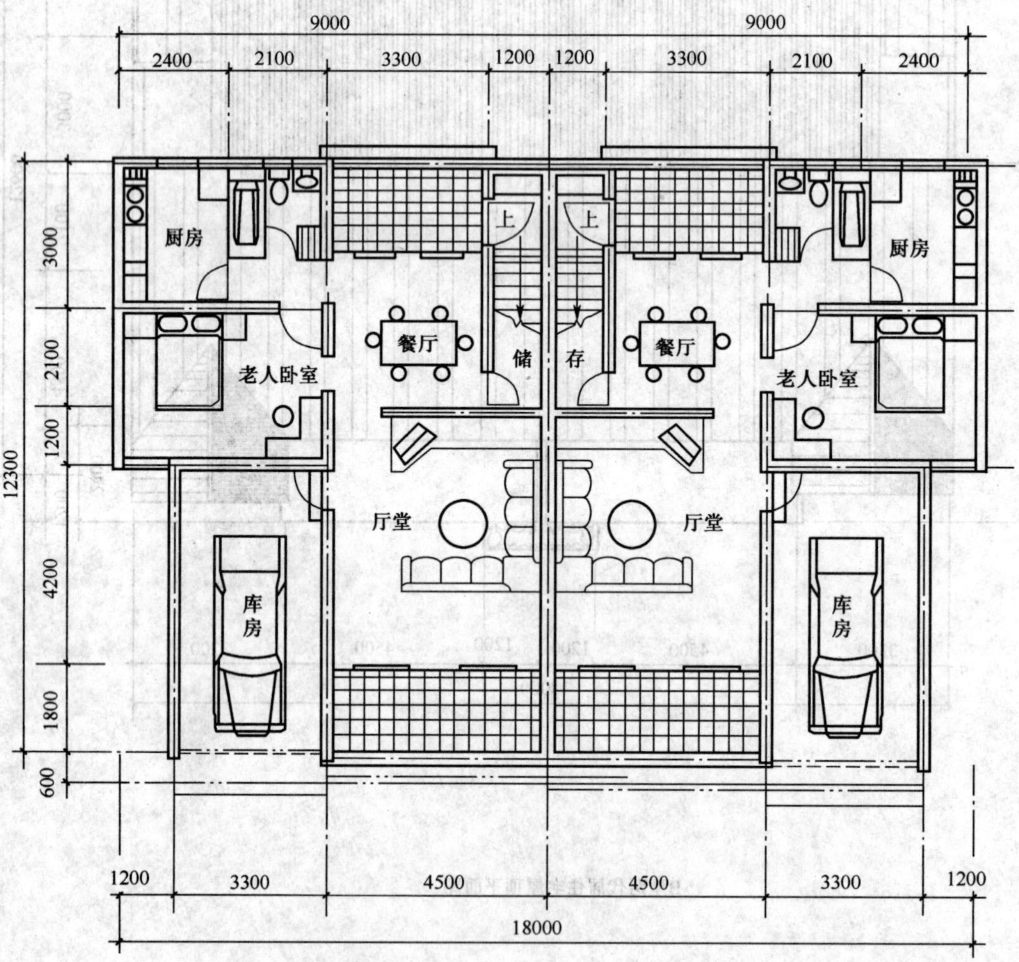

C型两代居住宅一层平面（1）图

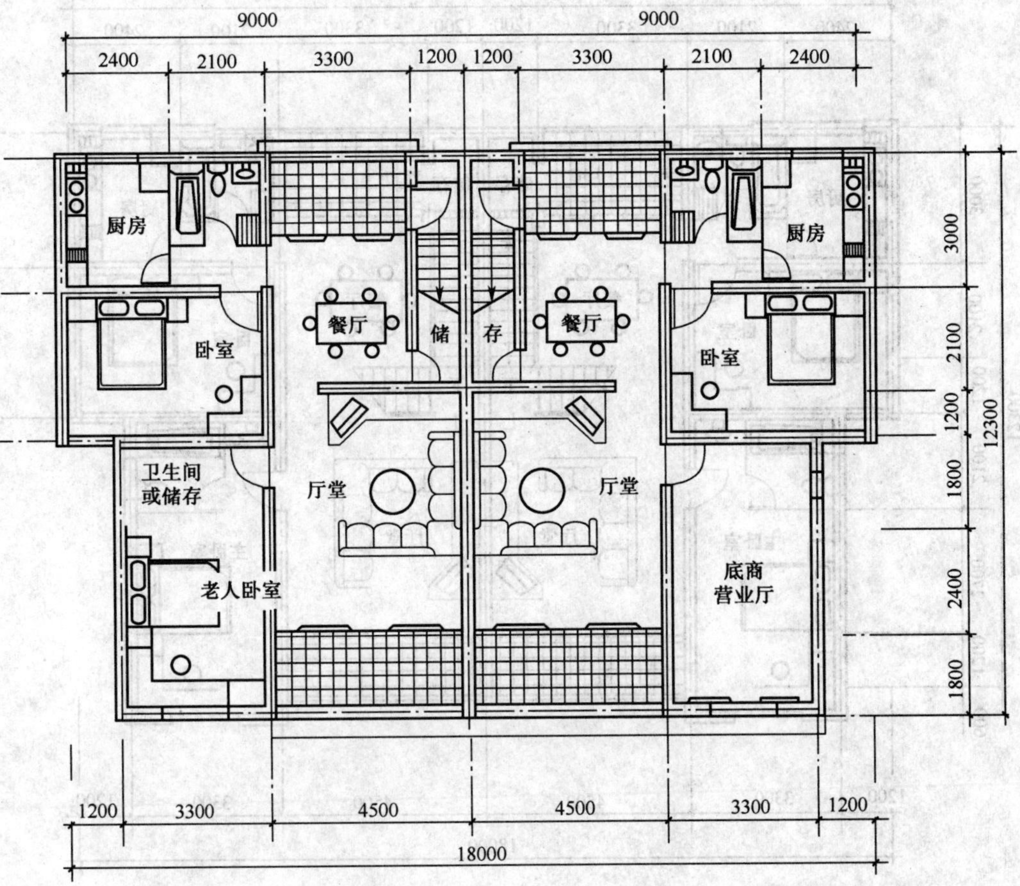

C型两代居住宅一层平面（1）图

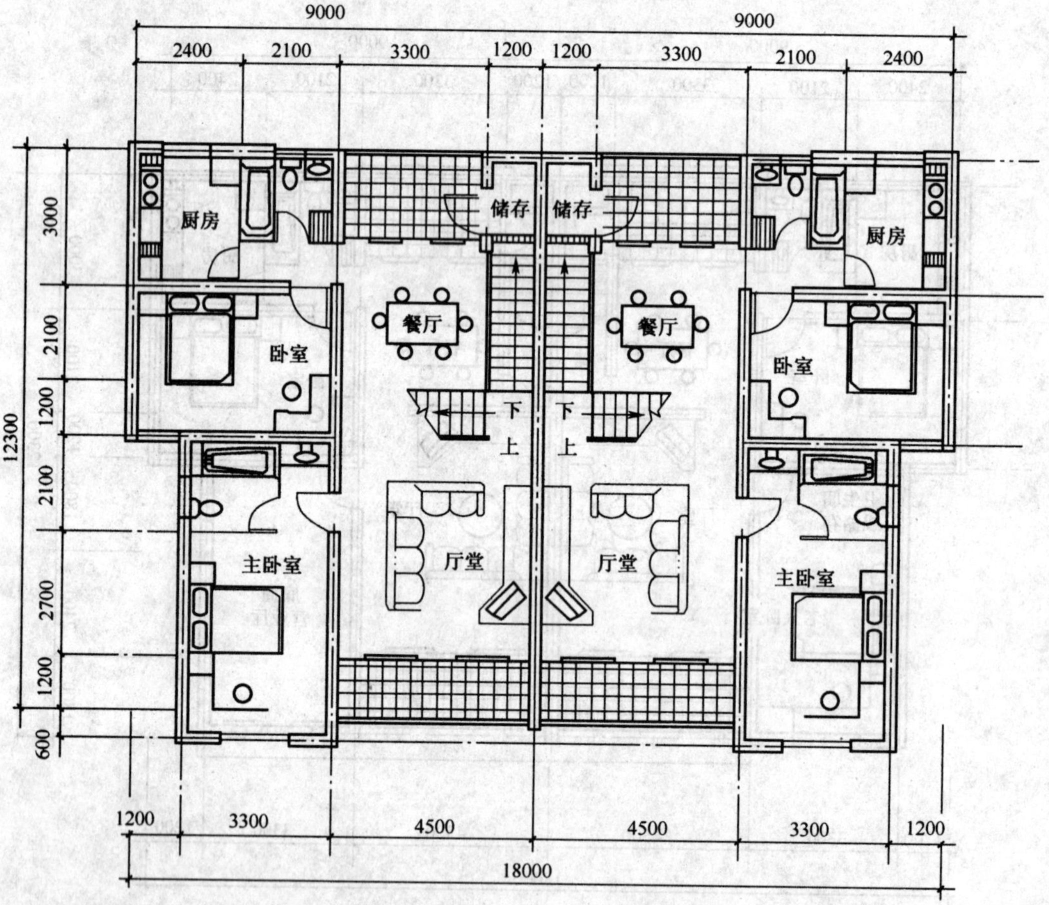

C型两代居住宅二层平面图

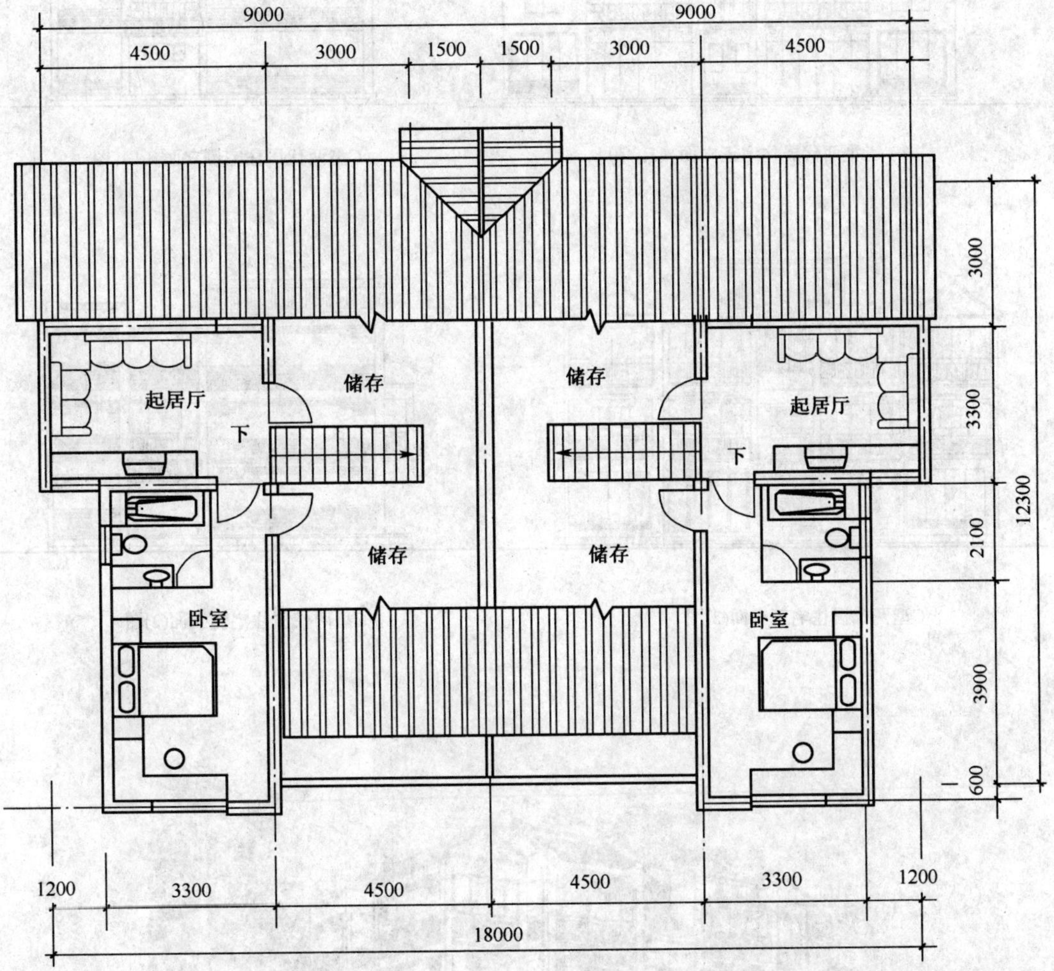

C型两代居住宅三层平面图

C型两代居住宅正立面（1）图

C型两代居住宅侧立面（1）图

C型两代居住宅正立面(2)图

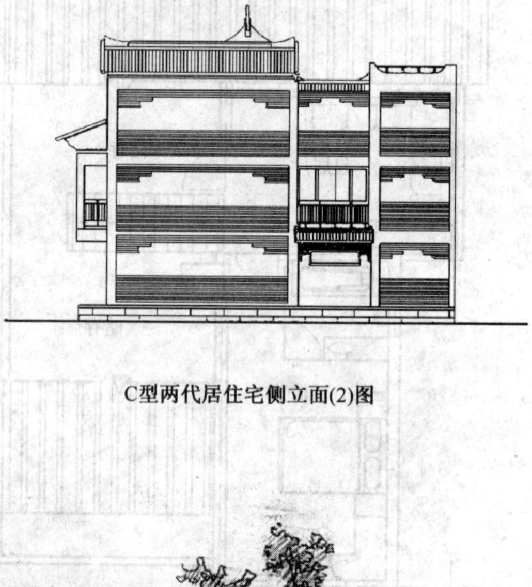

C型两代居住宅侧立面(2)图

正立面(2)效果图

正立面(1)效果图

4. 山坡地住宅

案例 8

设计:桂林地区规划建筑设计室　于小明

方案特点:

• 合理利用坡地,在创造理想的居住环境的同时改善生态环境。

• 重视节能和生态环境保护,设有沼气池、太阳能热水器,并设屋顶储水池。

• 建筑造型体现桂北民居特色,依山就势,错落有致,收放自如。

• 力求生活环境与自然环境息息相通,体现"天人合一"的古代自然观。

• 庭院经济、庭院绿化立体化。

技术经济指标

户　型	建筑面积/m^2	使用面积/m^2	平面利用系数/%
两房两厅	152.36	109.78	72.05

注:每户用地 150m^2;建筑占地 108.5m^2。

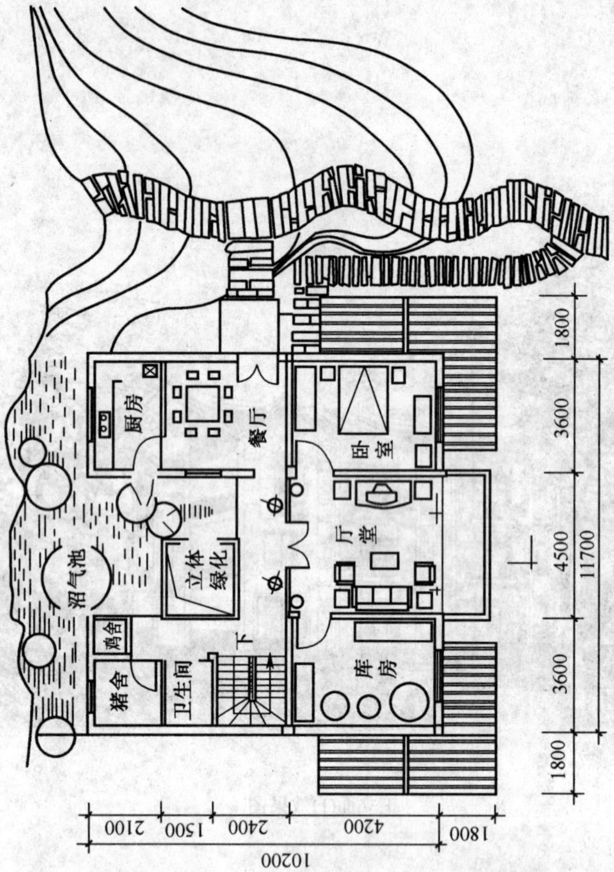
厨房
餐厅
卧室
厅堂
立体绿化
沼气池
鸡舍
猪舍
卫生间
库房
下
1800
3600
4500
3600
1800
11700
2100
1500
2400
4200
1800
10200

二层平面图

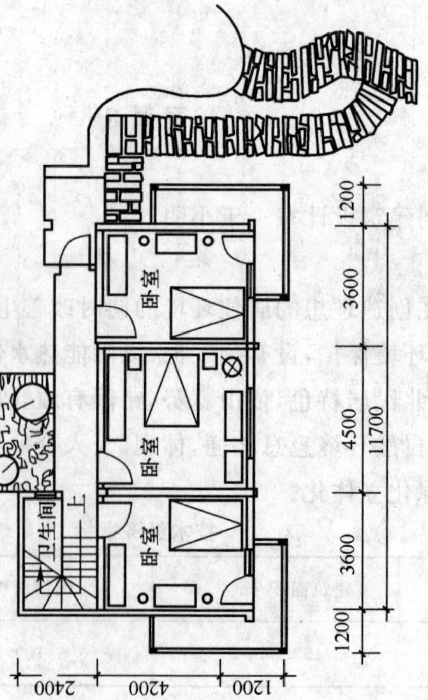
卧室
卧室
卧室
卫生间
上
1200
3600
4500
3600
1200
11700
2400
4200
1200

一层平面图

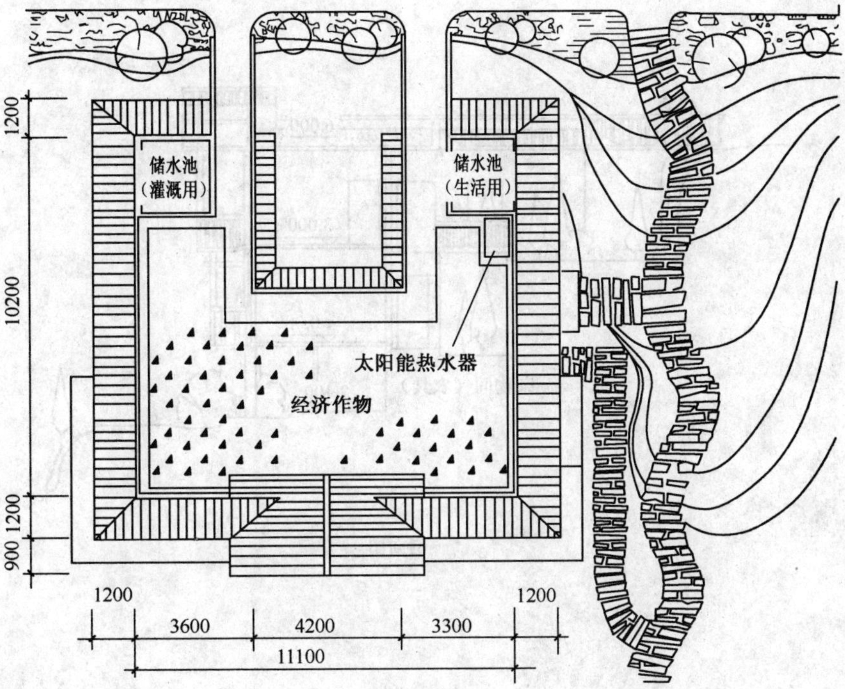

屋顶平面图

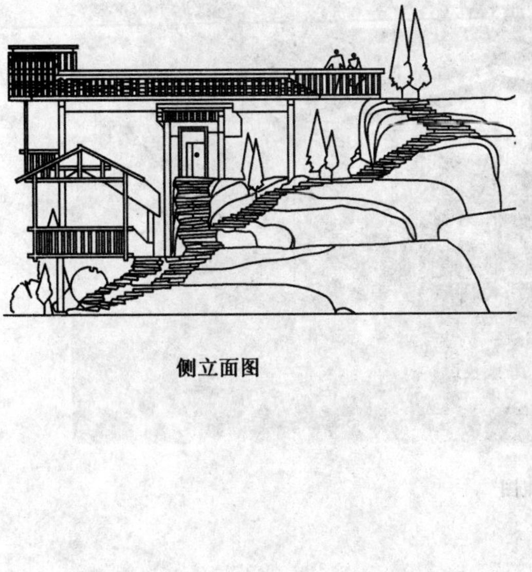

侧立面图

正立面图

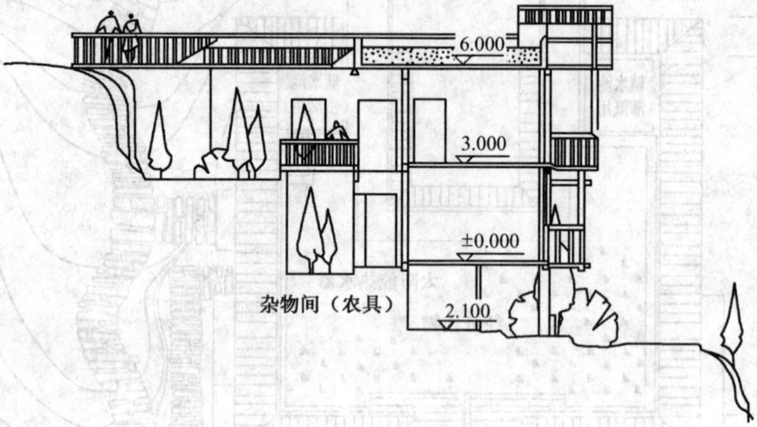

剖面图

效果图

案例 9

设计:温州市联合建筑设计院

设计说明:

• 平面沿自然地形,错层布置,灵活布局,合理紧凑。

• 两种户型均采用两开间形式,每个层面均有平台,使户型不论在并排、错排、横排、竖排时均有良好的通风和采光,亦使得单体住宅在适应不同的地形时具有较好的适应性,充分利用土地资源。

• 宅院分为前庭和后院,丰富室内外景观,且入户方式具有较大的自由度,有利于总体规划布局。

• 组合平面主要采用联排式错落围合,创造了悠闲,舒适的邻里交往空间,体现出亲切朴素的地方民居特色。

技术经济指标

户　型	宅基地面积(m^2/户)	建筑占地面积(m^2/户)	建筑面积(m^2/户)	使用面积(m^2/户)	平面利用系数(%)
户型 A	126.20	89.48	165.99	131.20	79.04
户型 B	126.20	89.48	222.36	167.59	75.37

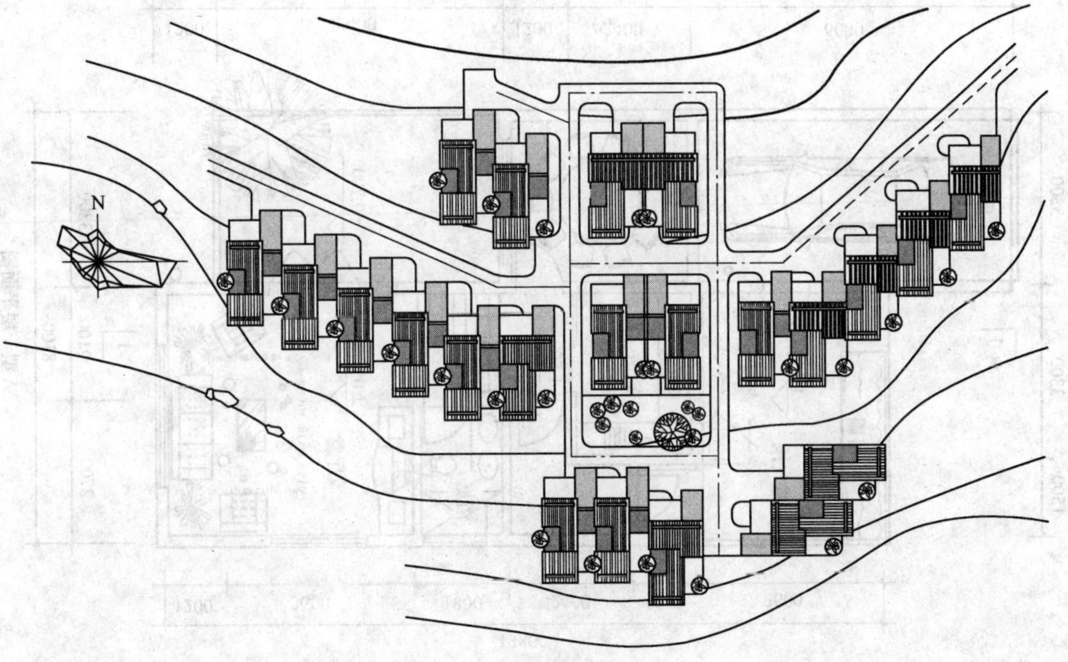

总平面图

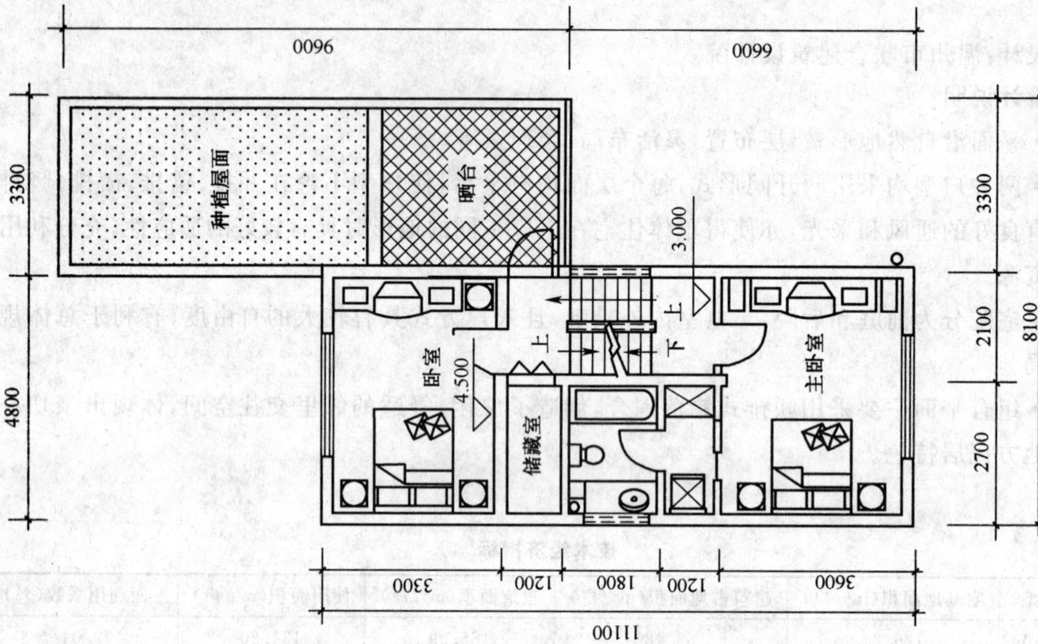

A型二层平面图

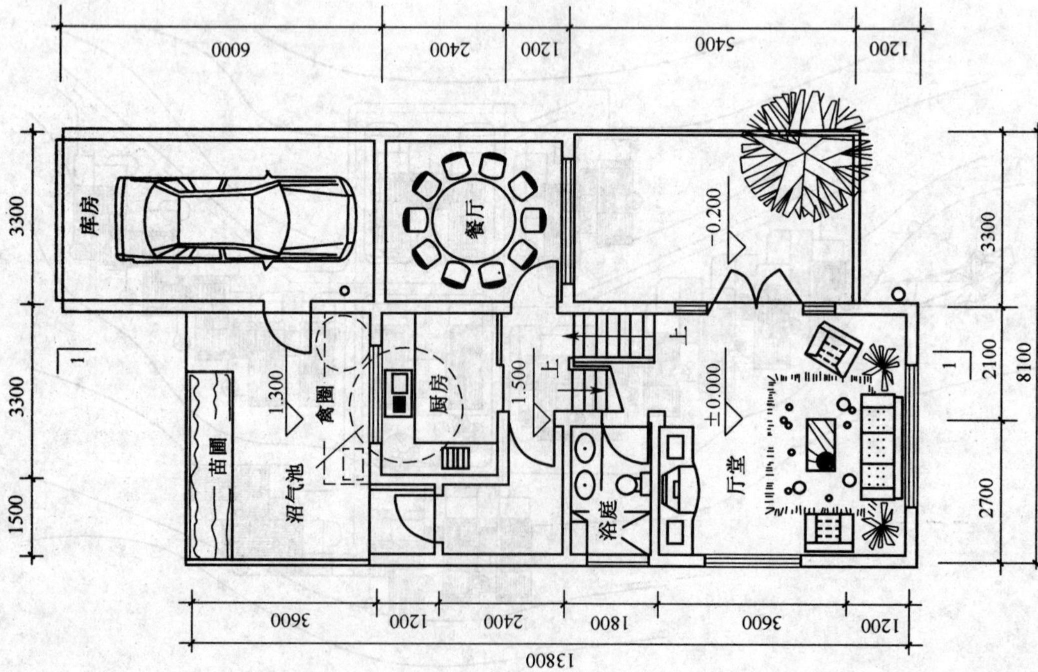

A型一层平面图

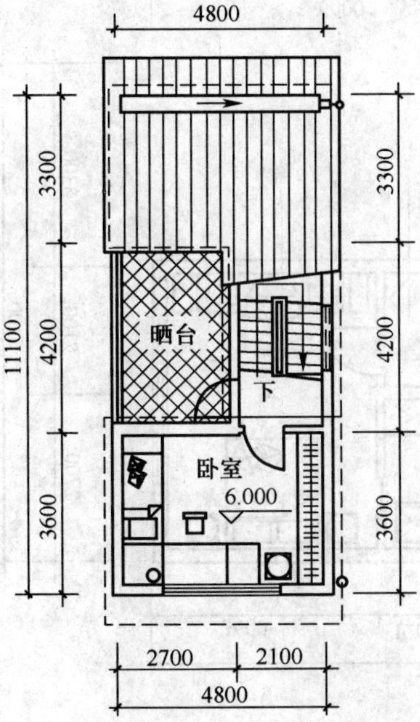

A 型三层平面图

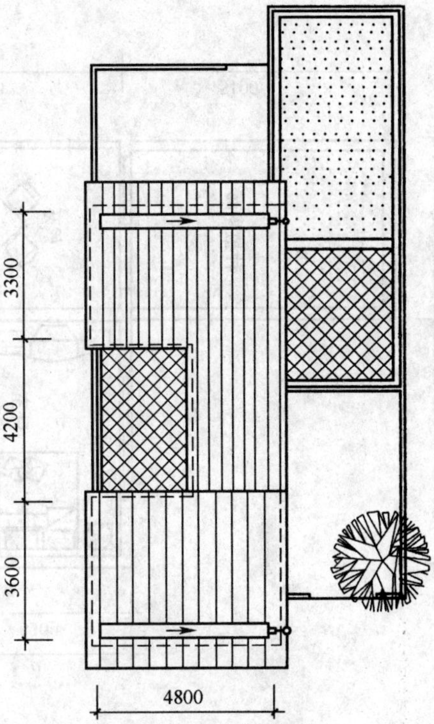

A 型屋顶平面图

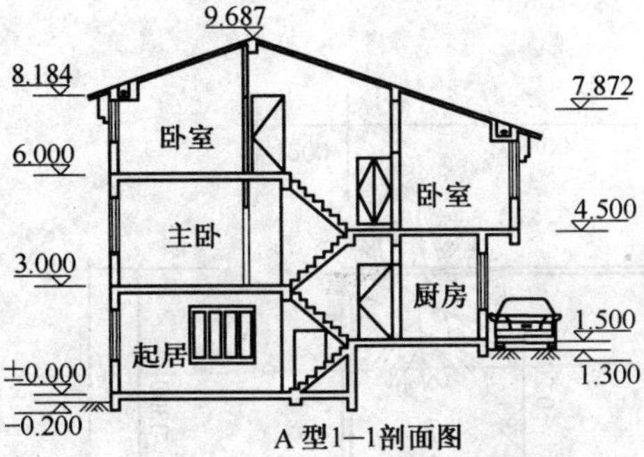

A 型1—1剖面图

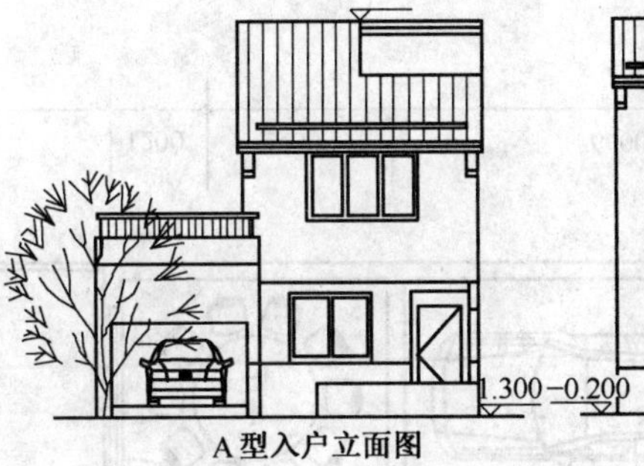

A 型入户立面图

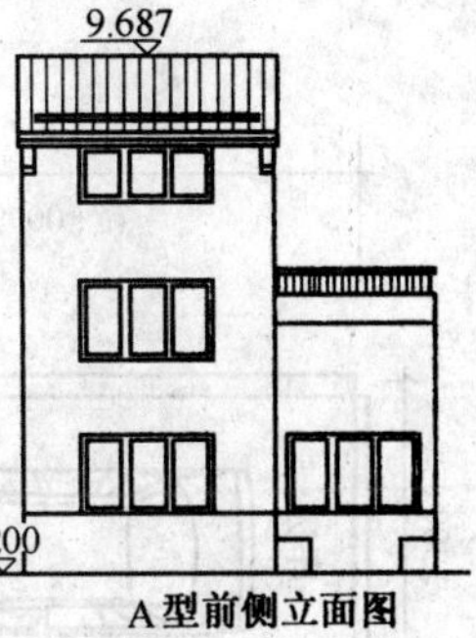

A 型前侧立面图

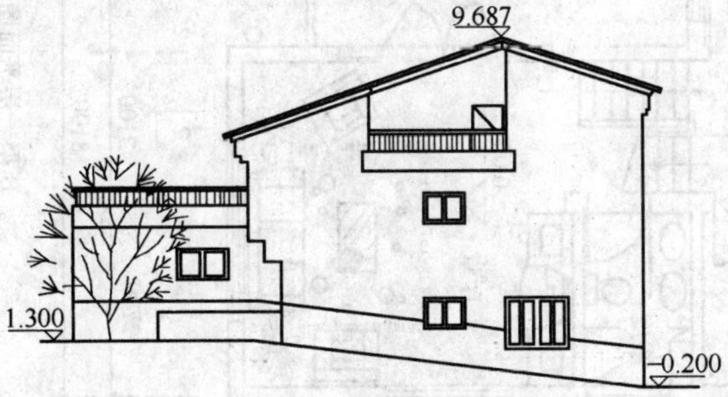

A 型右侧立面图

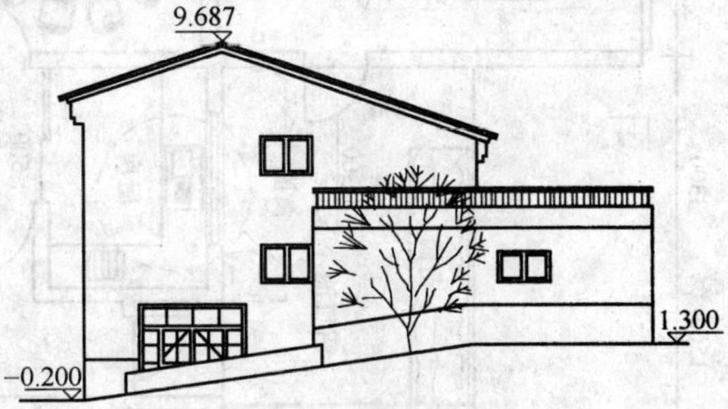

A 型左侧立面图

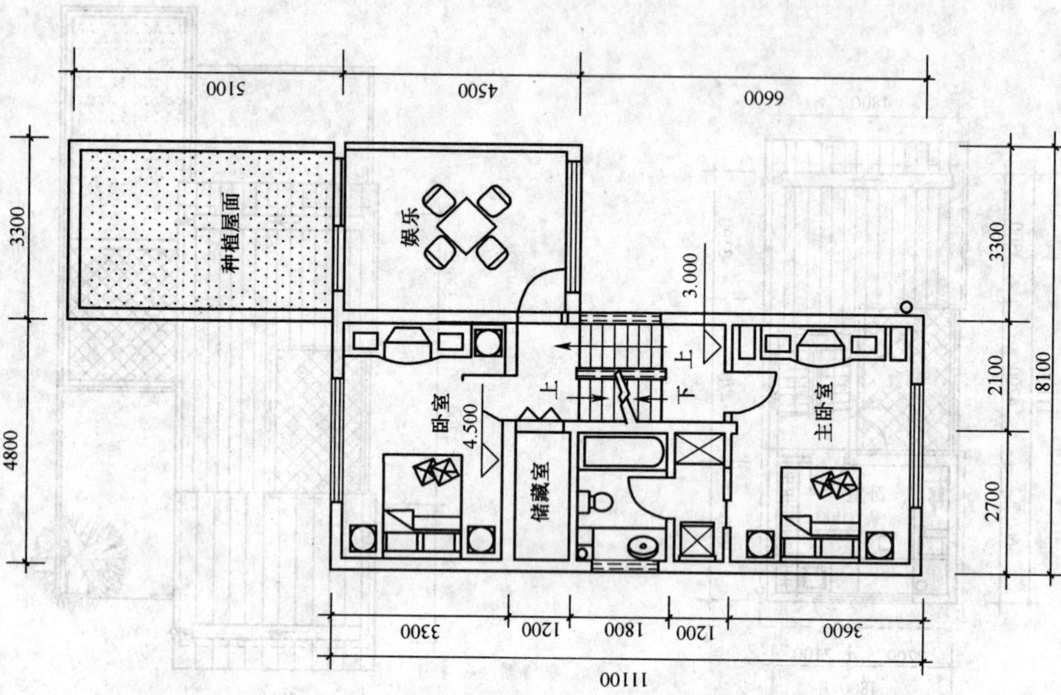

B型二层平面图

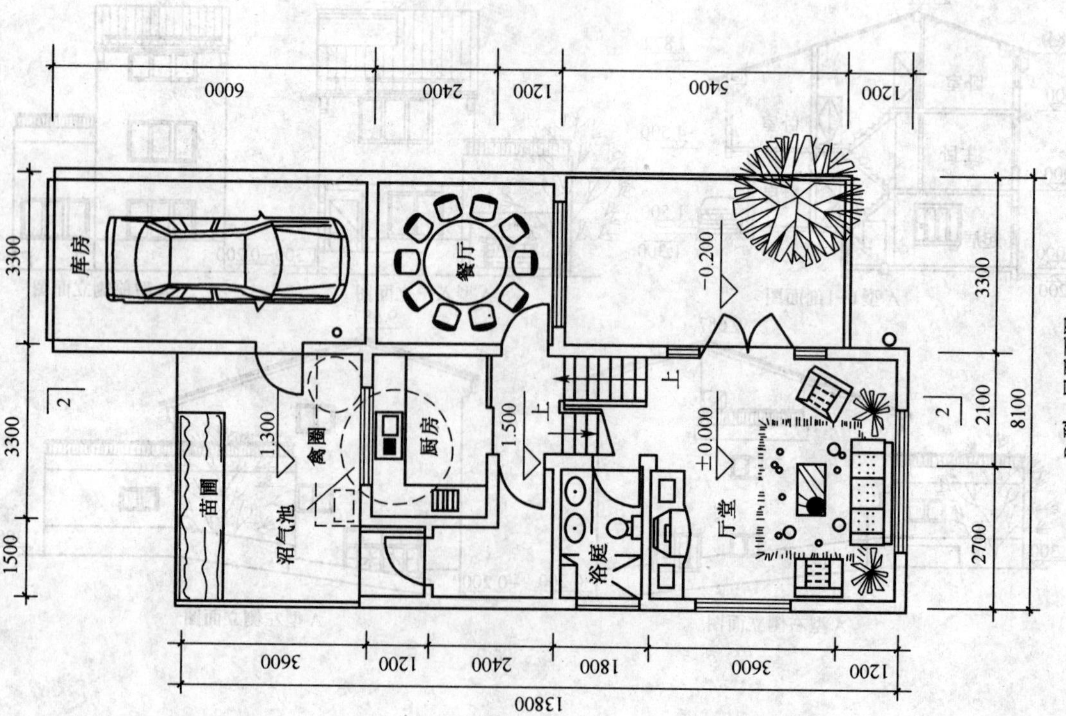

B型一层平面图

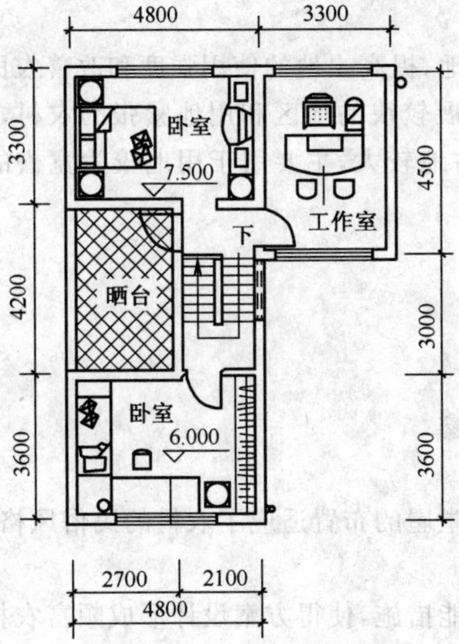

B 型三层平面图

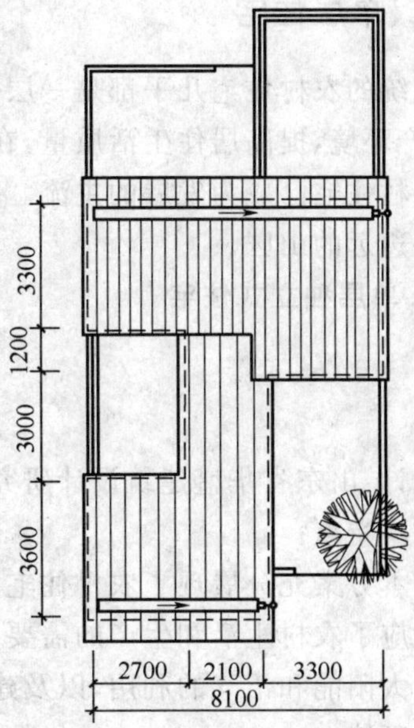

B 型屋顶平面图

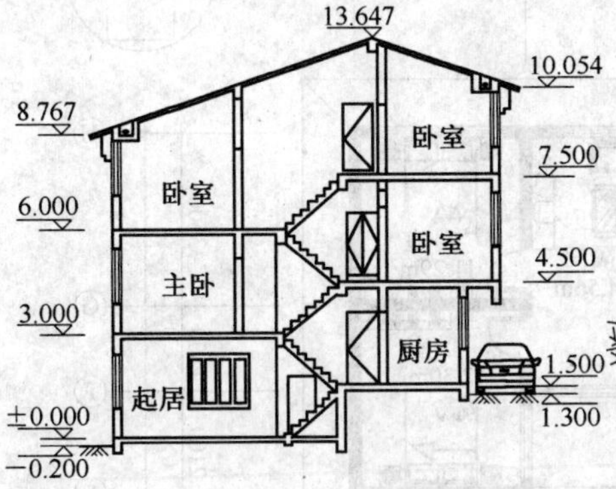

B 型 2−2 剖面图

B 型入口立面图

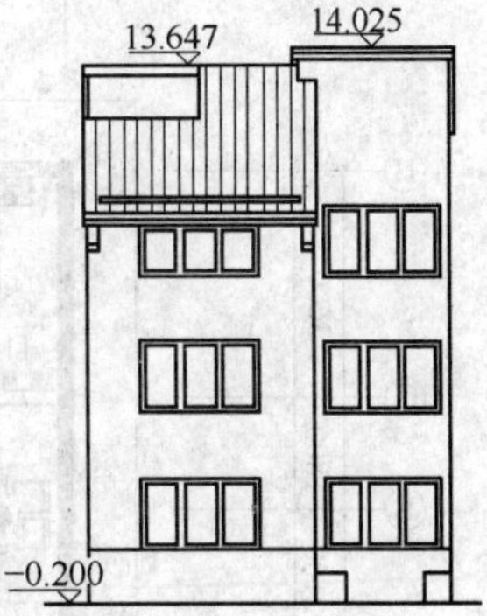

B 型前侧立面图

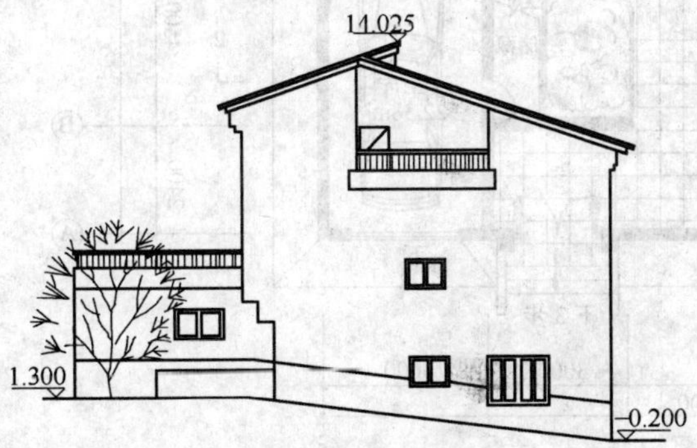

B 型右侧立面图

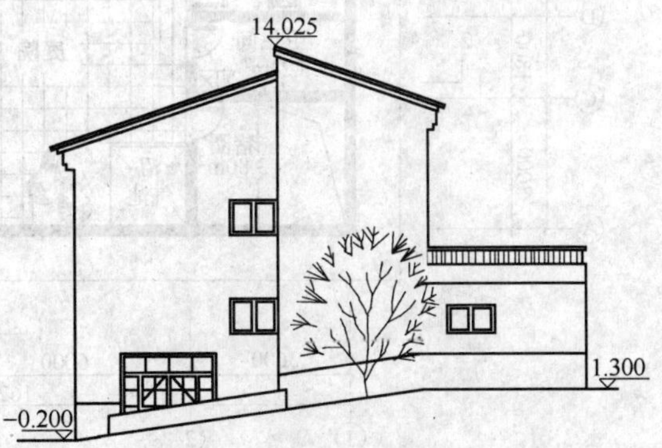

B 型左侧立面图

二、单层住宅

传统的农村住宅几乎都是一层住宅，为了节约用地，提高土地的使用强度和改善农民的生活、生产环境，提高居住生活质量，在一些农村经济发展较快的地区和用地紧张的农村，二、三层的农村住宅已成为发展的主流。一层的农村住宅占地较大，主要用于用地较为宽松的北方和一些边远的山区。

1. 单层独立式住宅

案例 10

设计：山东省华盛建筑设计研究院 王德元 王鑫

方案特点：

• 本方案充分展现了农村住宅的厅堂文化，使得堂屋的布置适应了农村的民俗风格，平面布置适应了农村生活和生产的需要。

• 太阳能和沼气的利用，以及建筑围护结构的节能措施，使得方案设计形成颇富农村特色的生态环境。

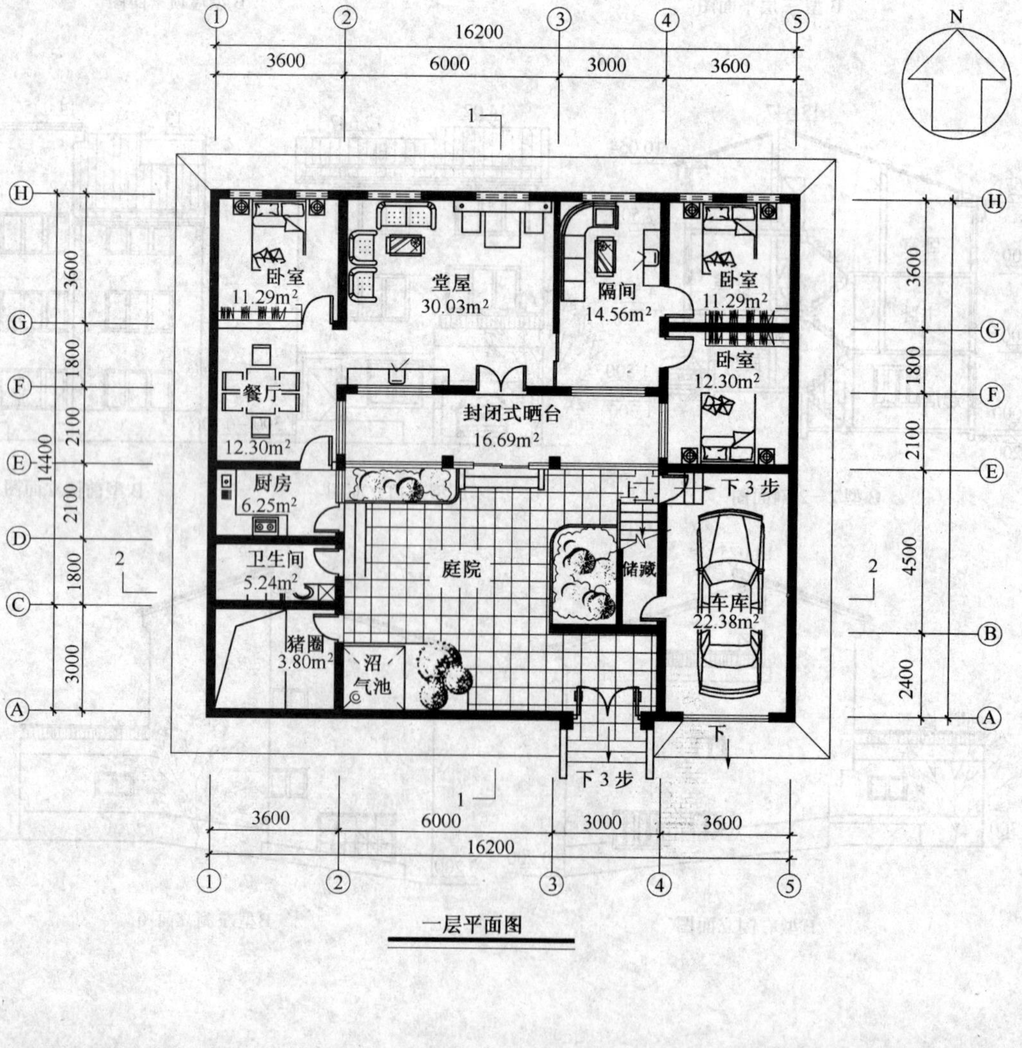

一层平面图

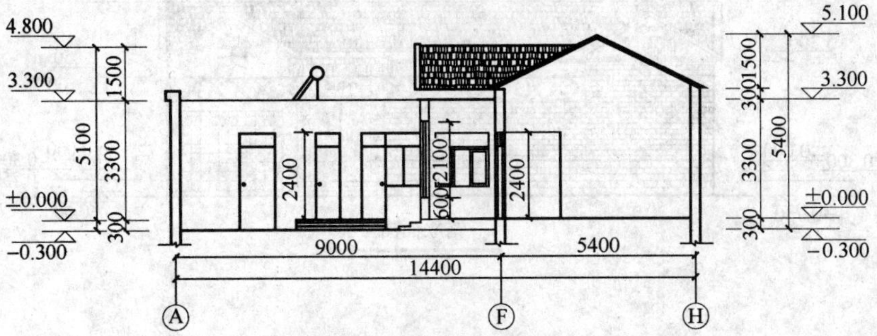

1—1 剖面图

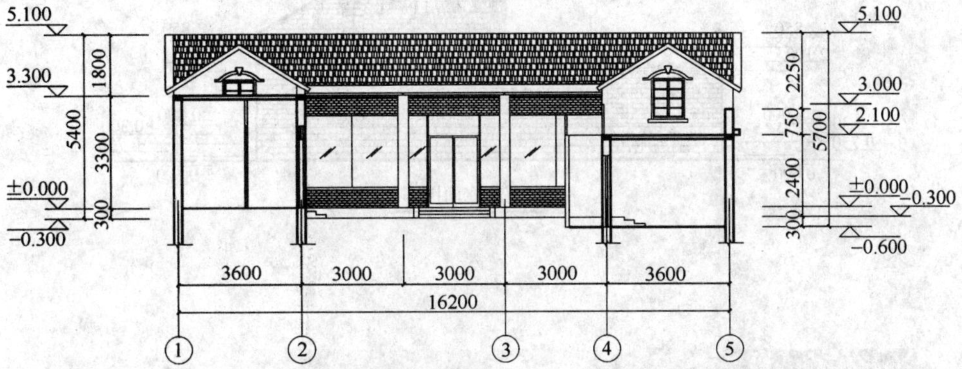

2—2 剖面图

西立面图

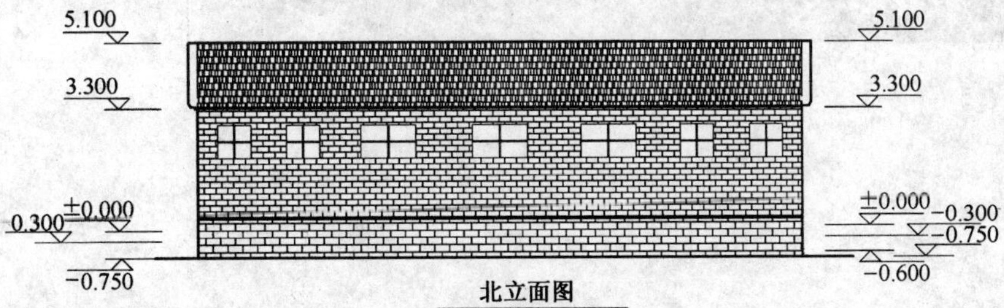

北立面图

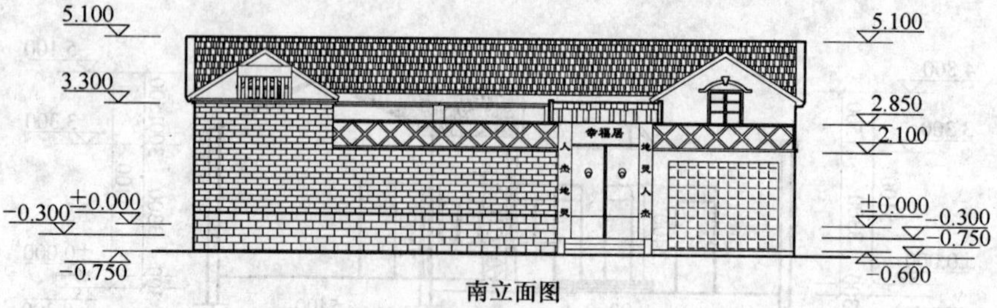

南立面图

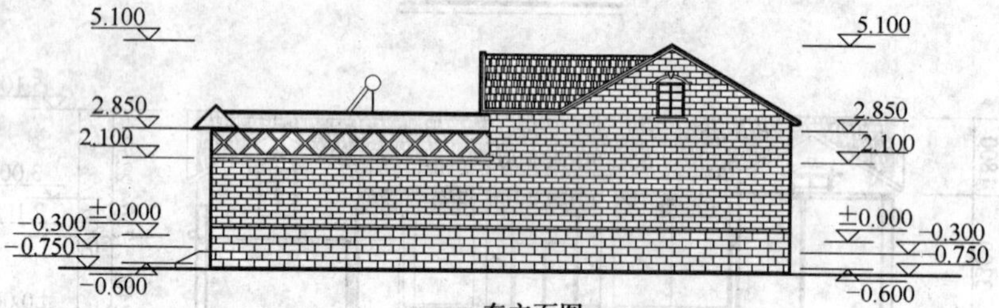

东立面图

效果图

案例 11

设计:沈阳建筑工程学院设计院　闫宝林

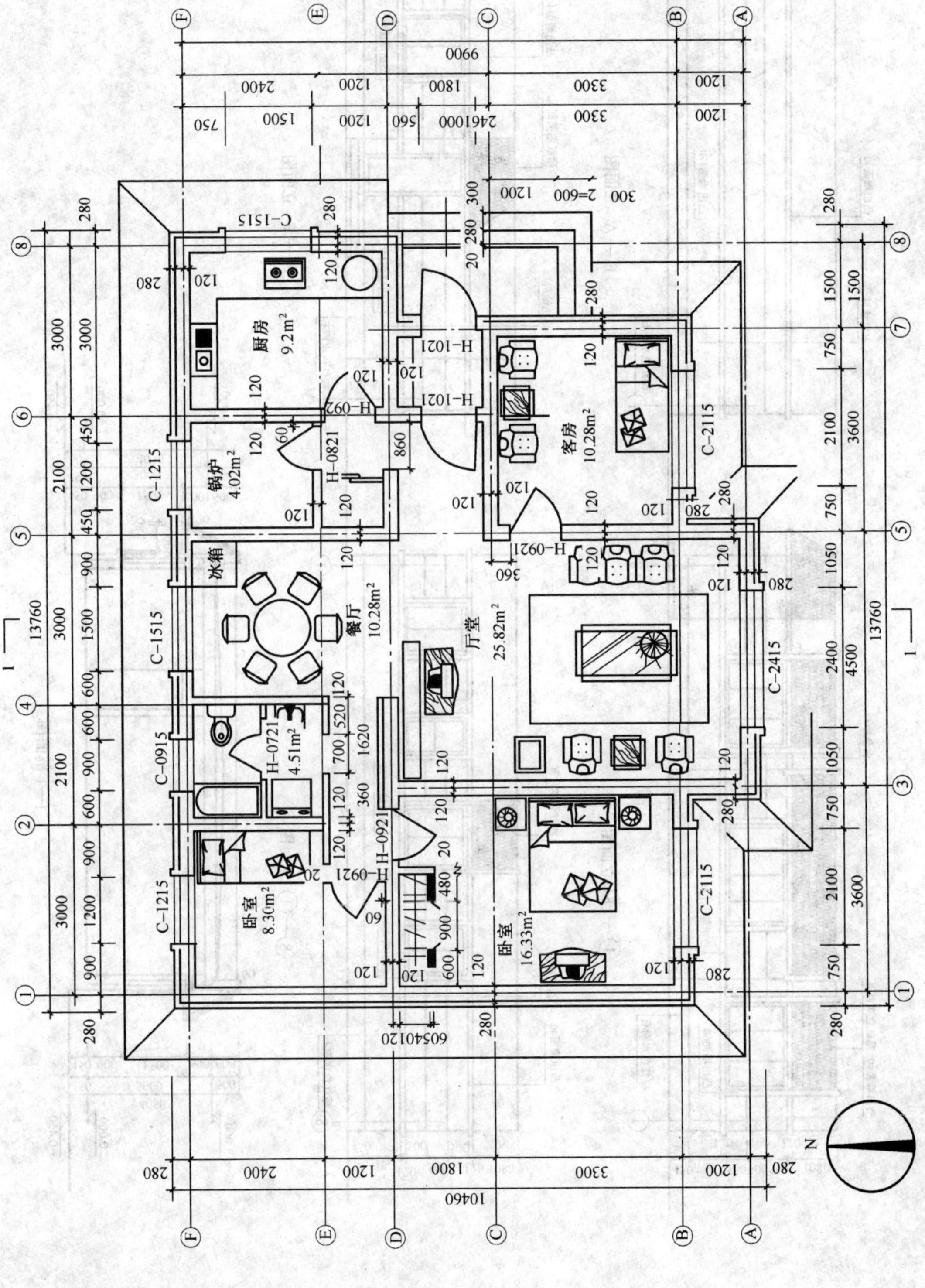

平面图

F—A 立面图

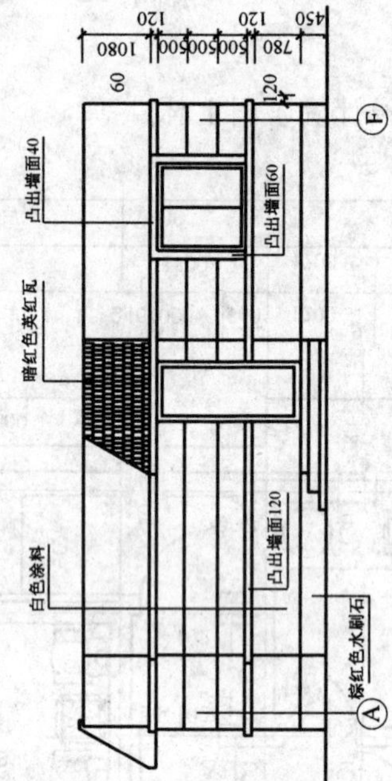

A—F 立面图

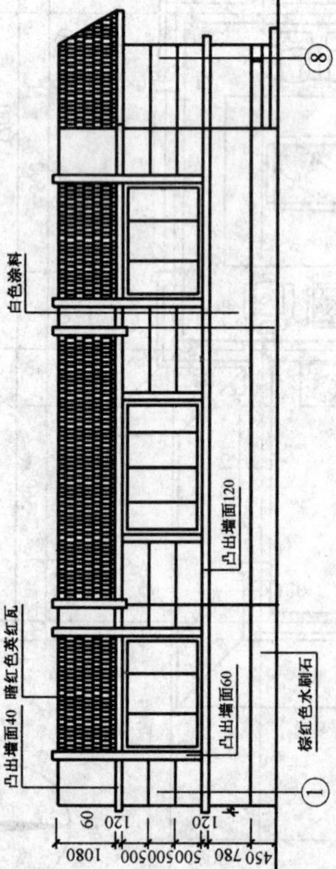

①—⑧ 立面图

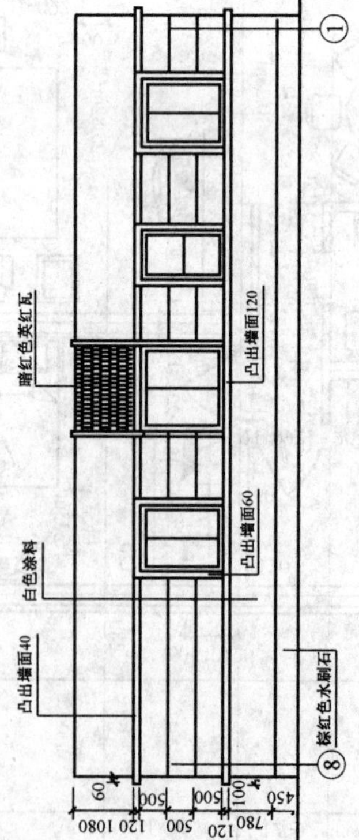

⑧—① 立面图

1—1 剖面图

方案特点：

本方案入户门位置在侧面，使得厅堂十分宽敞，主要的功能空间均向南。适用于北方农村，可独立或并联布置。

效果图

2. 单层并联式住宅

案例 12

设计：沂水县建筑设计院　李树全　王翔　张丛玲　孙钦鸿　李宝

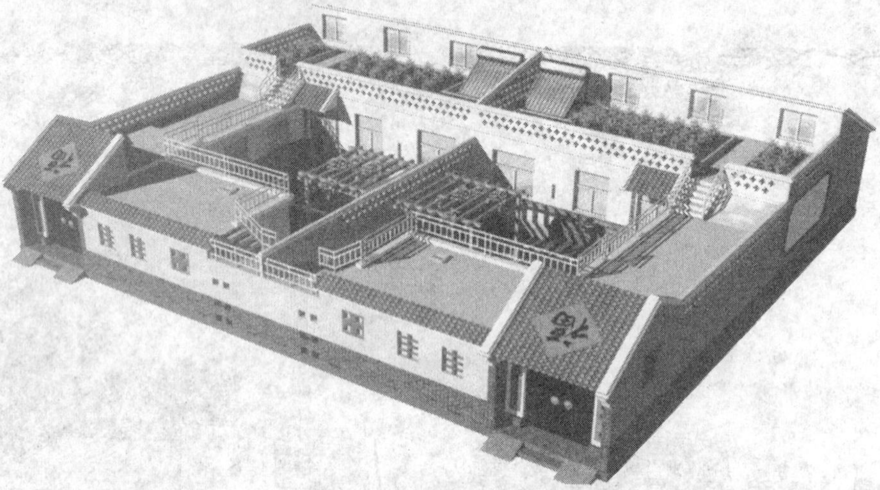

鸟瞰图

设计说明：

- 四合院 PK 三合院
- 民族＋地方＋现代＝世界
- 庭院(明堂)：中国传统居住建筑核心
- 发扬光大民族地域文化：如粮仓采用“丰”字形、过堂采用“喜”字形、卫生间采用“田”字形通风窗，寓意“人寿年丰”、“双喜临门”、“庄稼一枝花，全靠肥当家”。过堂屋顶采用“囍”字瓦，有中国北方传统建筑灰瓦剪边的神韵。家庭祭拜小厅、过堂、抱鼓石，“忠厚传家远，诗书继世长”、“向阳门第春常在，勤劳人家庆有余”、“满院春光”、“幸福人家”等对联的应用，传承了民族文化。
- 沂蒙山区文化的体现：崮，地质学名为方山，指山岭上的平地，有陈毅元帅诗词“一片好风景，七十二崮堪爱”为证。一扫传统建筑不是双坡屋顶就是平顶的单调面貌，将双坡顶改为单坡顶与屋顶平台相结合，体现了沂蒙山区山与固特有的地域文化。

“创新是一个民族发展的不竭动力”(江泽民语)，本方案采用以下几项创新技术。

(1)全阳光住宅。餐厅与客厅之间利用高差设置斜屋顶窗，双坡改为单坡，利用坡屋顶与平顶高差设置竖窗，将阳光泻入主房的后半部。全面解决了采光、通风问题，而且坡顶与平顶还形成了向阳背风的屋面种植空间。

(2)生态厕所。人粪尿与生土、石灰、草木灰结合产生绿色优质无机肥，来自于土地又回归土地。木盖板防止蚊虫蛆蝇的滋生，解决了卫生问题。

(3)种植屋面与保温大棚。利用高位水箱对种植屋面采用微渗滴灌技术，结合电动保温卷帘大棚，既解决了夏热冬冷的问题，又产生了很好的家庭生态经济效应。

设计构思：社会主义新农村方案以中央“关于建设社会主义新农村十一五计划”、“关于加快建设节约型社会”以及对能源利用的可持续发展要求为设计基本原则，以节能、节地、节材、节水和资源综合利用为设计核心，按照经济、美观、实用的原则，从沂蒙山区的实际出发，结合当地实情，突出地域特色，适应新时期农民的需求，推动农村居住社区化、环境友好化、厕所水冲化、厨房燃气化，进而提高生活质量。

①规划：改变过去农民建房无序规划，乱搭乱建，土地资源浪费严重。在组团规划设计中，采用12m面宽、21m进深联排布置，节约用地，总体规划，统筹安排，强调环境整体和谐，适当增加景观、绿化、环境元素，追求实用与美观的高度统一。

②庭院：巧妙布置主房和副房，形成一处幽静的三合院。从东南角或西南角进院，人车进出方便。院子南面种植花草树木，美化环境，中间设置一休闲凉亭，种植葡萄、丝瓜、藤蔓等植物，是一处喝茶乘凉、中秋赏月的理想场所。院子北面种植蔬菜，沿主房南墙设花窖、水井、鱼缸等，增加庭院情趣，与时俱进，体现休闲文化。现代农村牛、猪等大牲畜已远离农户，故仅在西南角或东南角布置鸡、鸭、鹅、兔等家禽饲养。

③住宅：坚持“以人为本，以环境为本”的设计原则，注重居住的舒适性，结合山区的人文历史、居民特点创作，充分体现新时代农民朴实而又不失现代的新形象。注重现代农民居住的生活习俗同时加入现代元素，设计大的客厅、餐厅，客餐分离，餐厨分离，便于容纳整个家庭成员活动，满足交流的需要。特别设置一处家族祭拜堂，延续了历史，延续了文化。屋顶设置多处平台，既可晾晒衣服、粮食，又可种植蔬菜、花卉。设置多处储存空间，以便存放农机、农具、农作物和交通工具。立面充分吸收传统民居的建筑元素，采用灰瓦白墙的传统建筑特色，灵活运用现代建筑处理手法，以求达到传统与现代相结合，体现朴素、新颖的设计理念。剖面设计根据不同的空间采用不同的层高、不同的地坪，主次有序，具有很强的秩序感，丰富了空间。

④技术：

a. 墙体使用页岩烧结多孔砖，保护土地，节能环保，高强轻质，保温隔热。

b. 外墙采用40mm厚胶粉聚苯颗粒保温，屋面采用40mm厚聚氨酯发泡保温隔热，利于节能。

c. 采用塑钢断桥门窗，中空玻璃，节能、隔音、美观。

d. 厨房采用秸杆气，屋顶设置太阳能，充分利用可再生资源。

e. 给水管采用PPR塑料管，排水管采用PVC塑料管或陶土管。收集屋面、地面雨水，中水绿化，循环使用，利于节水。

f. 随着科学发展、技术进步，可对屋面太阳能系统进行改造，利用热水冬季采暖和夏季制冷，进而采用太阳能光电池板，达到节能的更高目的。

技术经济指标

宅基地面积	254.88m^2	副房使用面积	39.38m^2
占地面积	180.00m^2	主房使用面积系数	0.8518
主房建筑面积	133.20m^2	副房使用面积系数	0.84
副房建筑面积	46.8m^2	造　价	5.6～6.6万元
主房使用面积	113.46m^2		

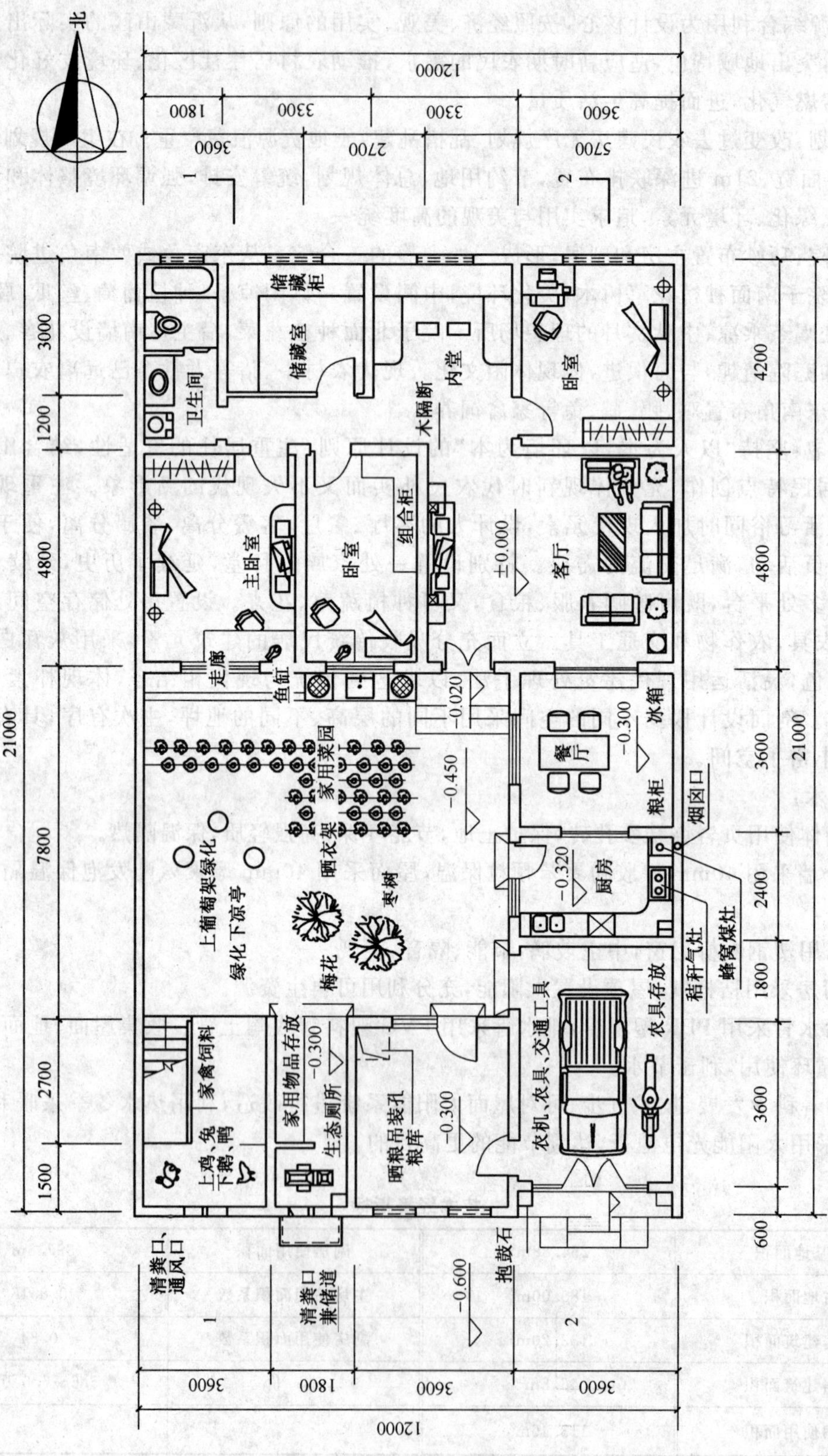
北
12000
1800
3300
3300
3600
3600
2700
5700
储藏柜
储藏室
卫生间
内堂
木隔断
卧室
主卧室
卧室
组合柜
±0.000
客厅
走廊
鱼缸
−0.020
冰箱
−0.300
餐厅
家用菜园
晒衣架
−0.450
粮柜
烟囱口
上葡萄架绿化
绿化下凉亭
枣树
梅花
−0.320
厨房
秸秆气灶
蜂窝煤灶
农具存放
农机、农具、交通工具
家禽饲料
上鸡、兔
下鹅、鸭
家用物品存放
−0.300
生态厕所
晒粮品装孔
粮库
−0.300
清粪口、通风口
清粪口兼储道
抱鼓石
−0.600
3600
1800
3600
3600
12000
21000
3000
1200
4800
7800
2700
1500
4200
4800
3600
2400
1800
3600
600
21000
平面图

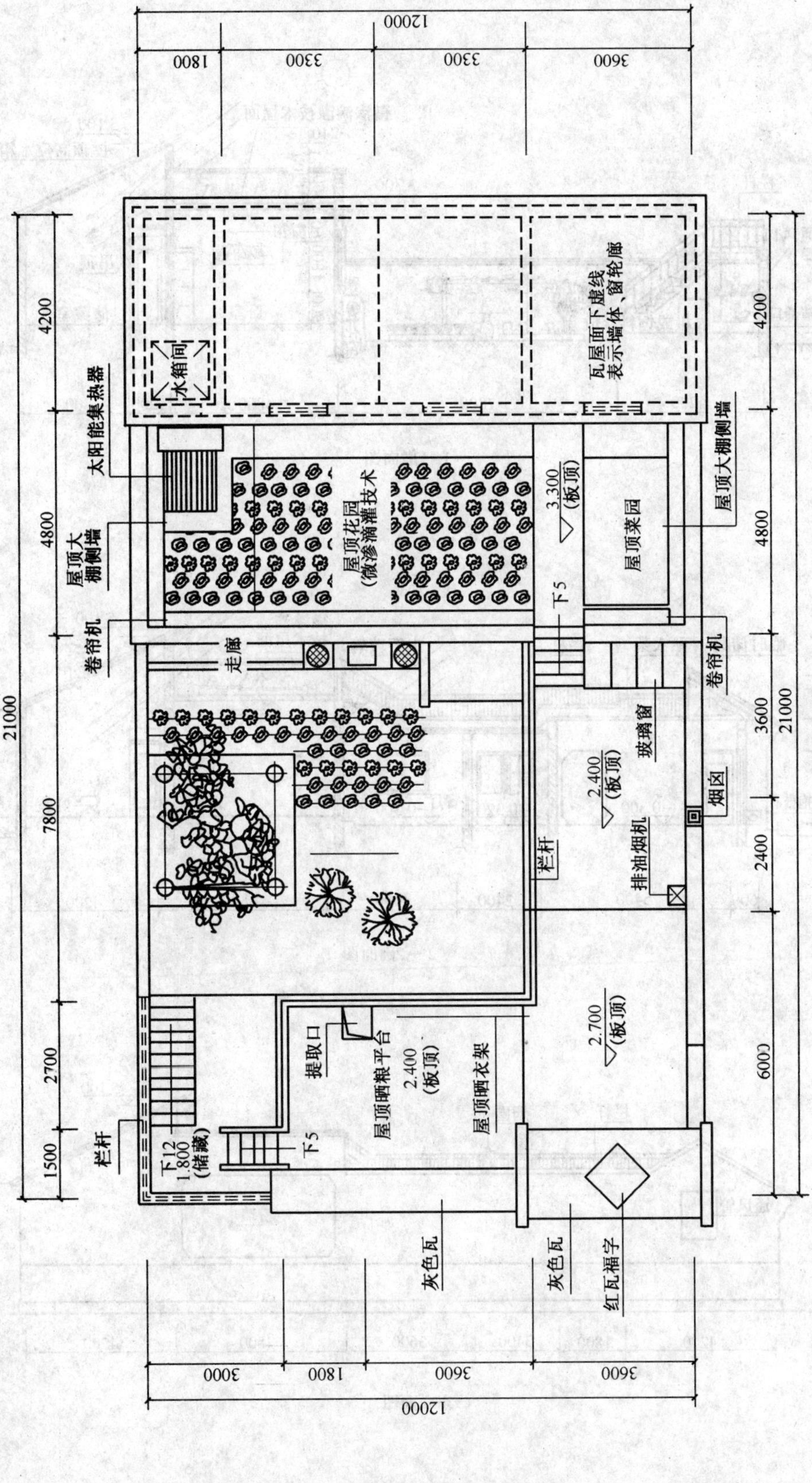
12000
1800
3300
3300
3600
4200
4800
7800
2700
1500
21000
水箱间
瓦屋面下虚线表示墙体、窗轮廓
太阳能集热器
屋顶大棚侧墙
屋顶花园(微渗滴灌技术)
3.300(板顶)
下5
屋顶菜园
屋顶大棚侧墙
卷帘机
走廊
卷帘机
玻璃窗
2.400(板顶)
烟囱
排油烟机
栏杆
3600
2400
2.700(板顶)
6000
提取口
屋顶晒粮平台
2.400(板顶)
屋顶晒衣架
下5
下12
1.800(储藏)
栏杆
灰色瓦
灰色瓦
红瓦福字
3000
1800
3600
3600
12000

屋顶平面图

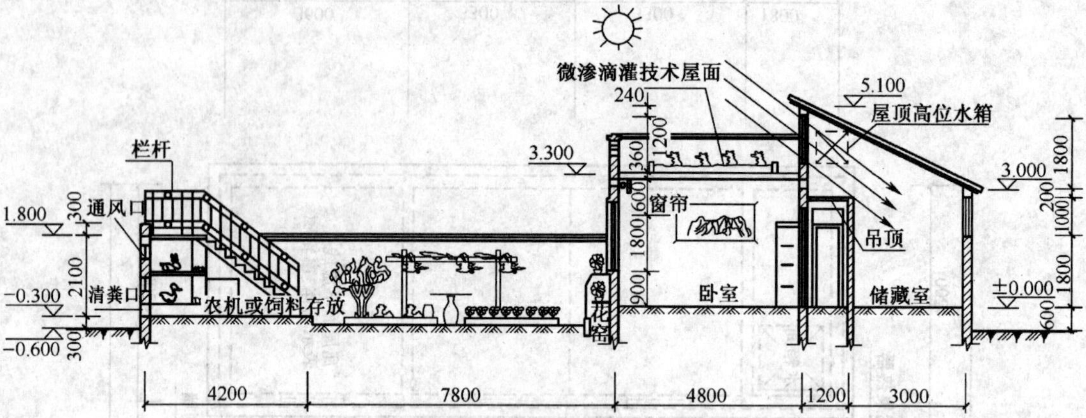

1—1剖面图

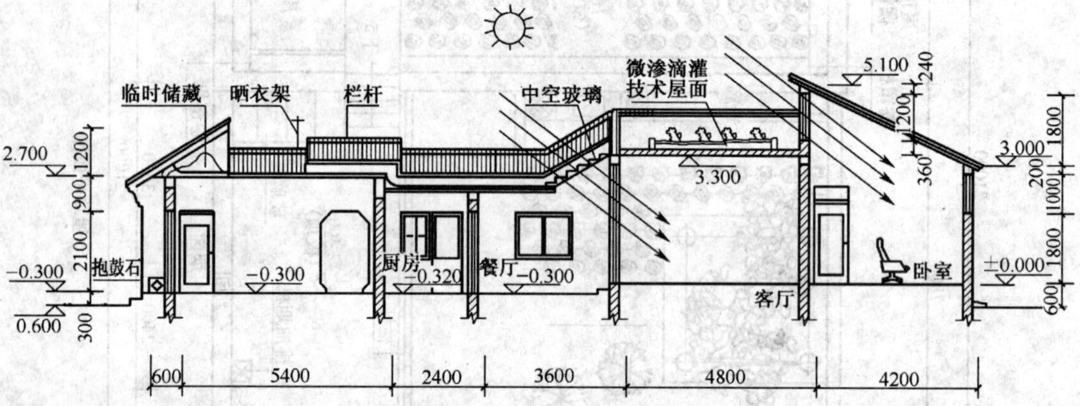

2—2剖面图

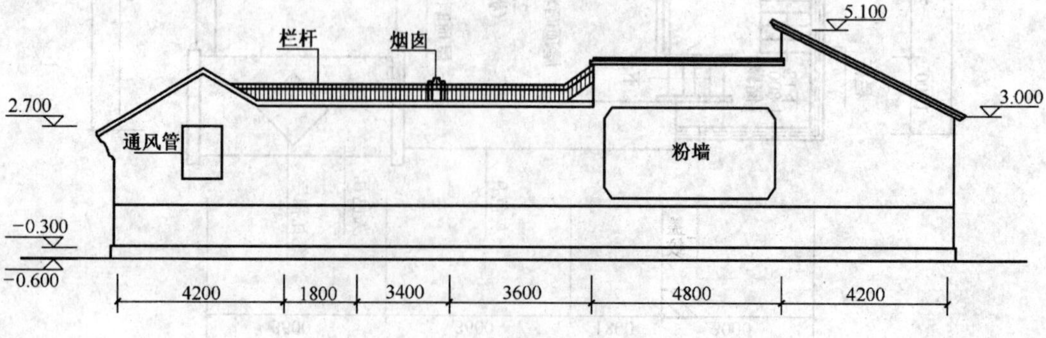

东立面图

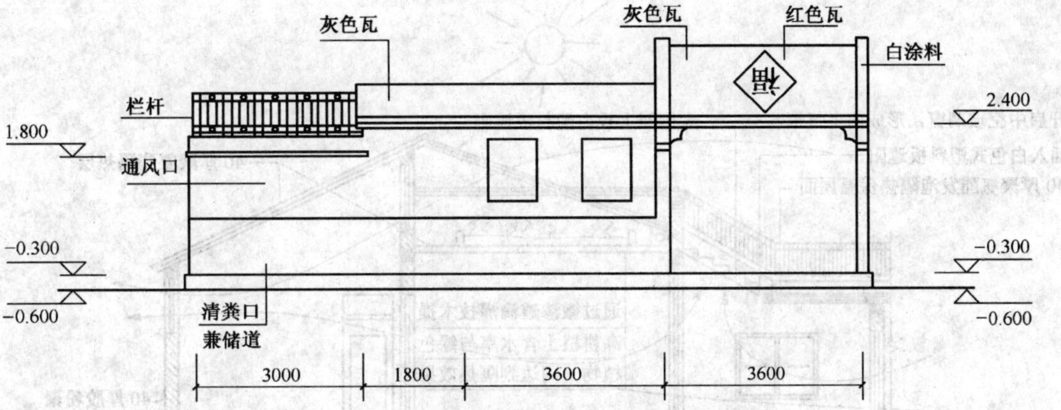

院落南立面

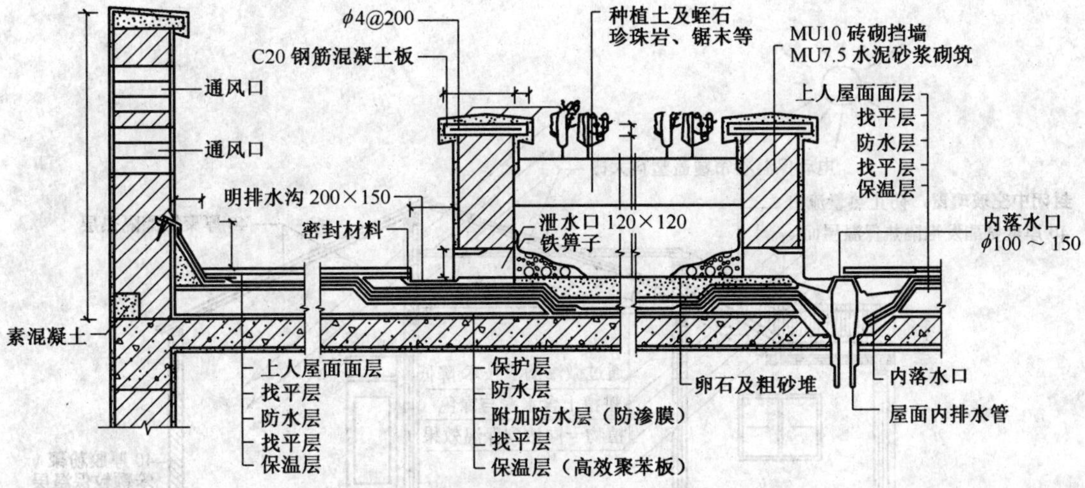

上人与种植屋面

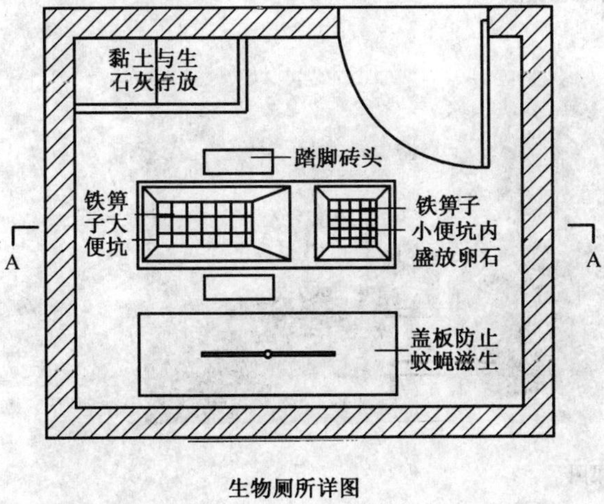

生物厕所详图

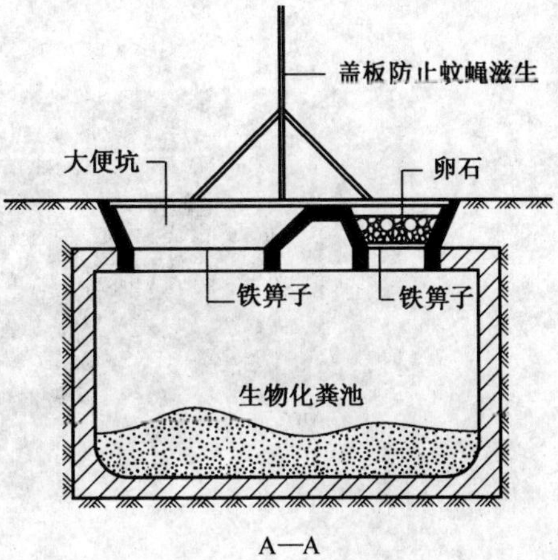

A—A

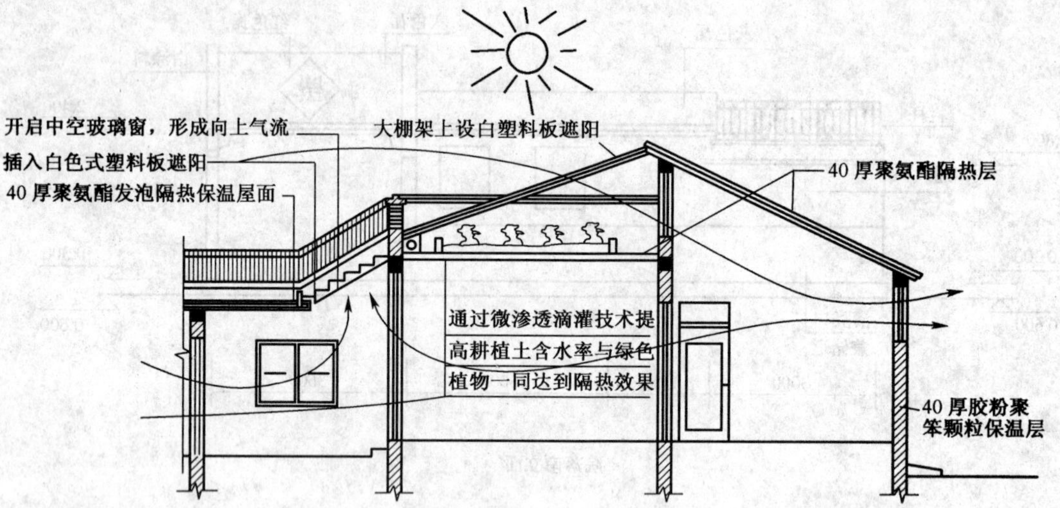

夏季通风隔热做法

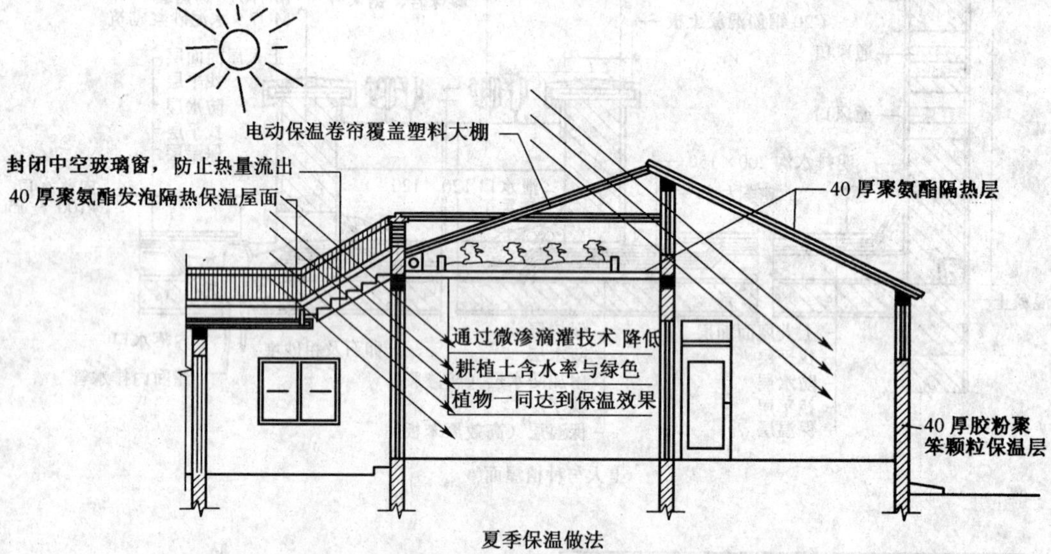

夏季保温做法

效果图

案例 13

设计：沈阳建筑工程学院设计院　张健

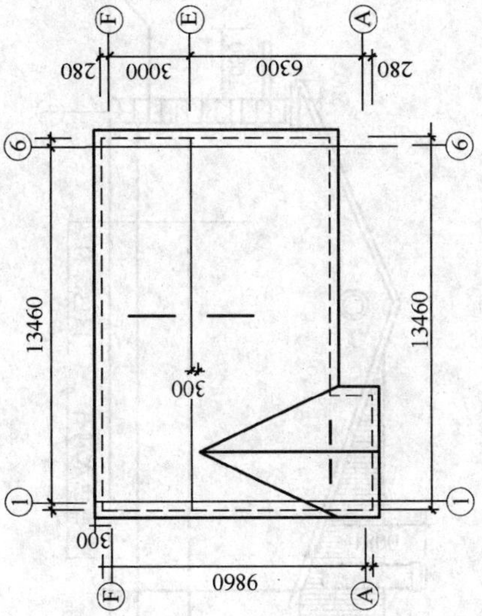

屋面排水示意

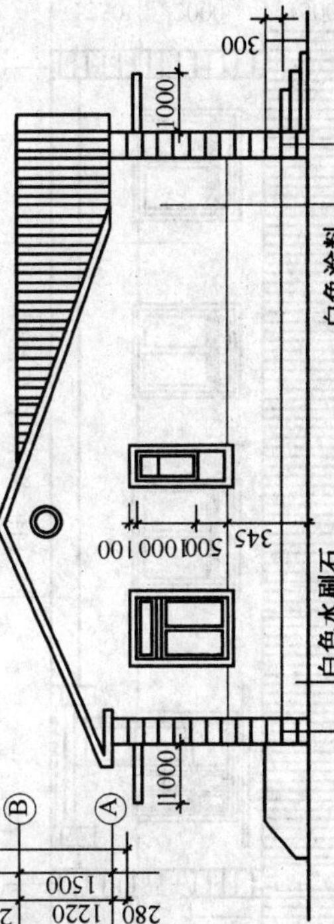

Ⓕ—Ⓐ立面图

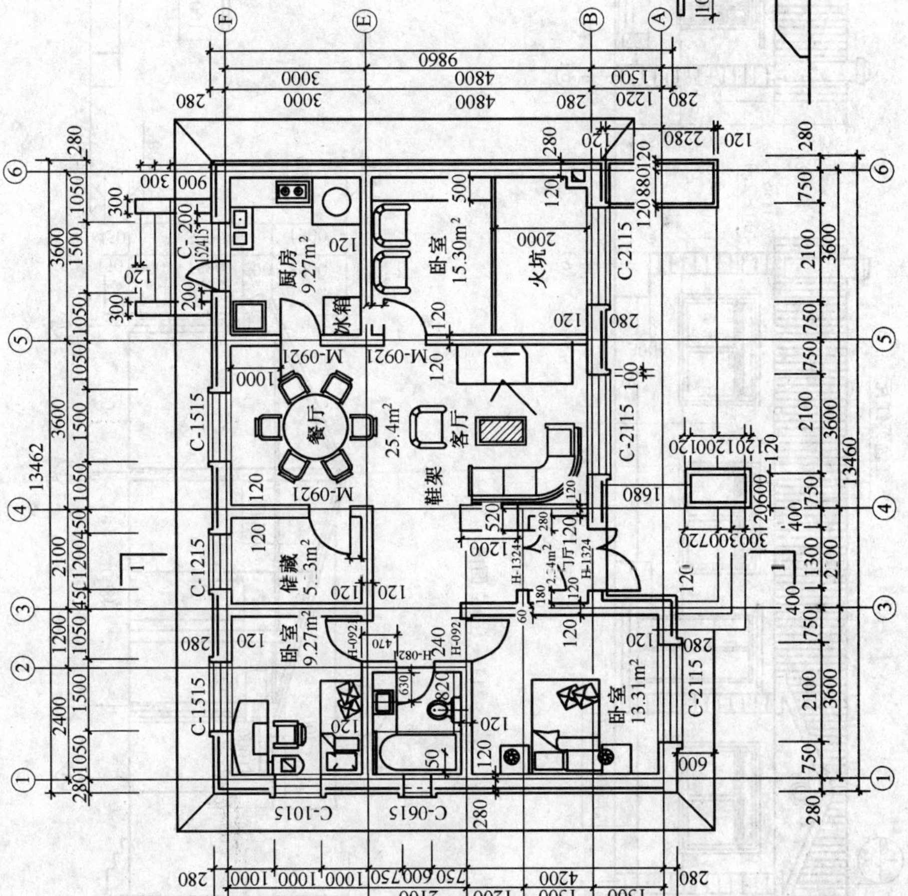

一层平面图

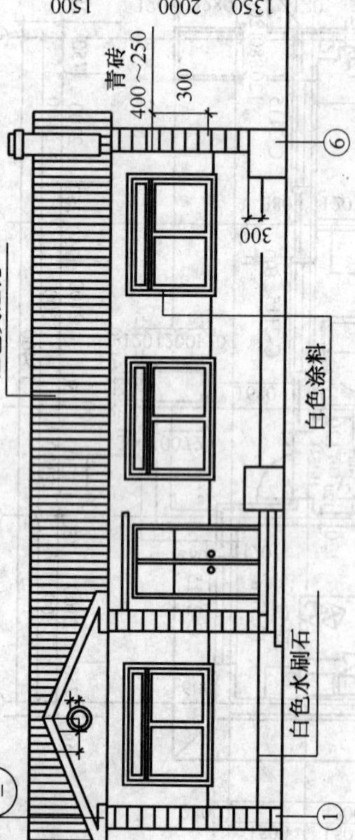

①—⑥ 立面图

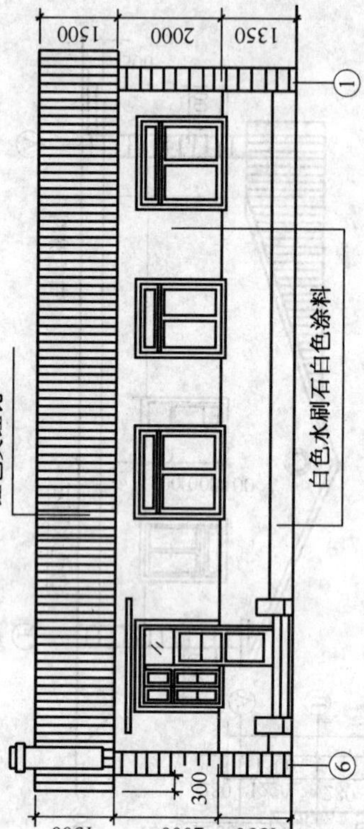

⑥—① 立面图

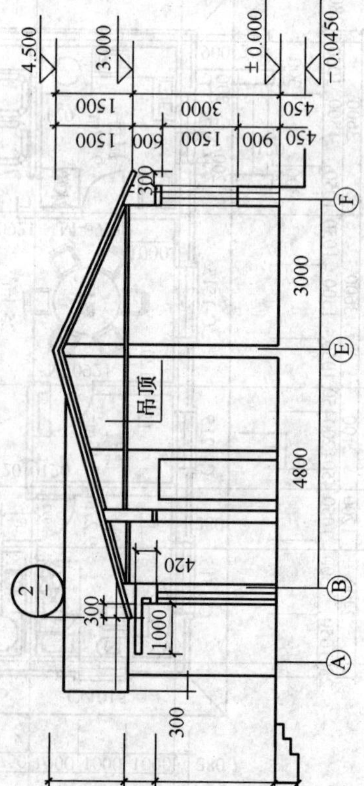

1—1 剖面图

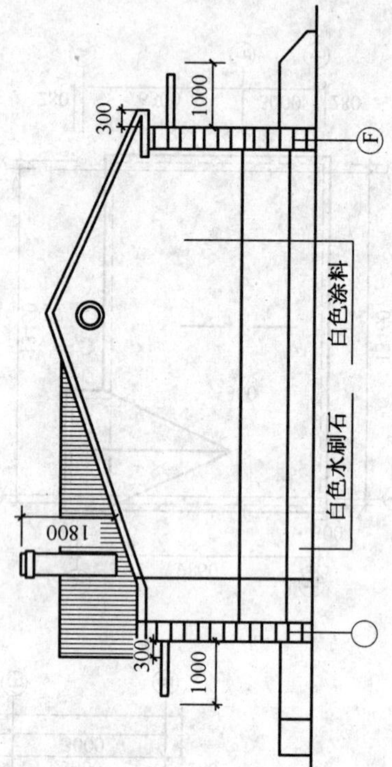

Ⓐ—Ⓕ 立面图

方案特点：

本方案主要功能空间均南向，厅堂与餐厅合并布置，便于使用。适用于北方农村。可独立或并联组合。

效果图

案例 14

设计：上海同设建筑设计有限公司

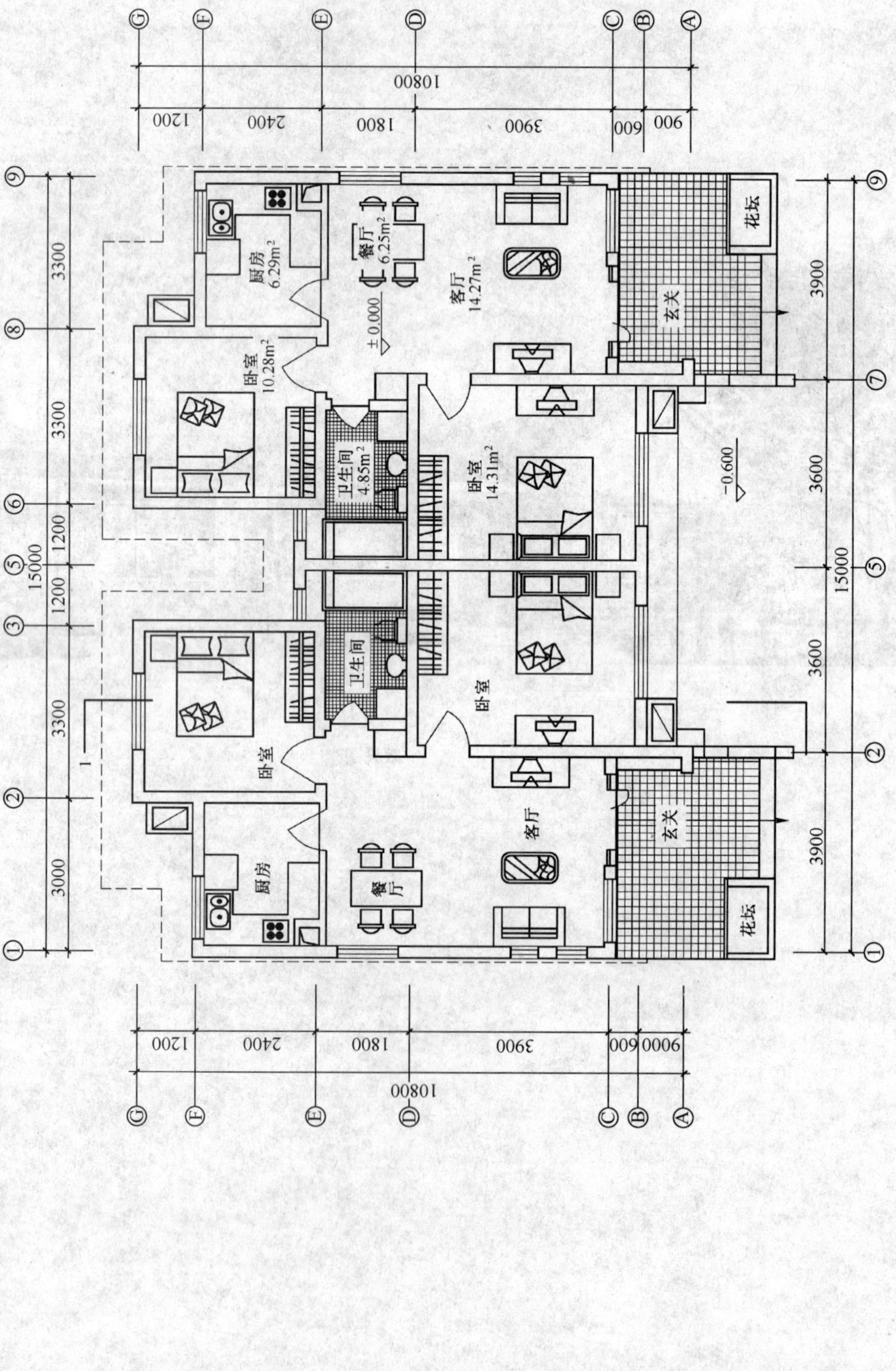

一层平面图

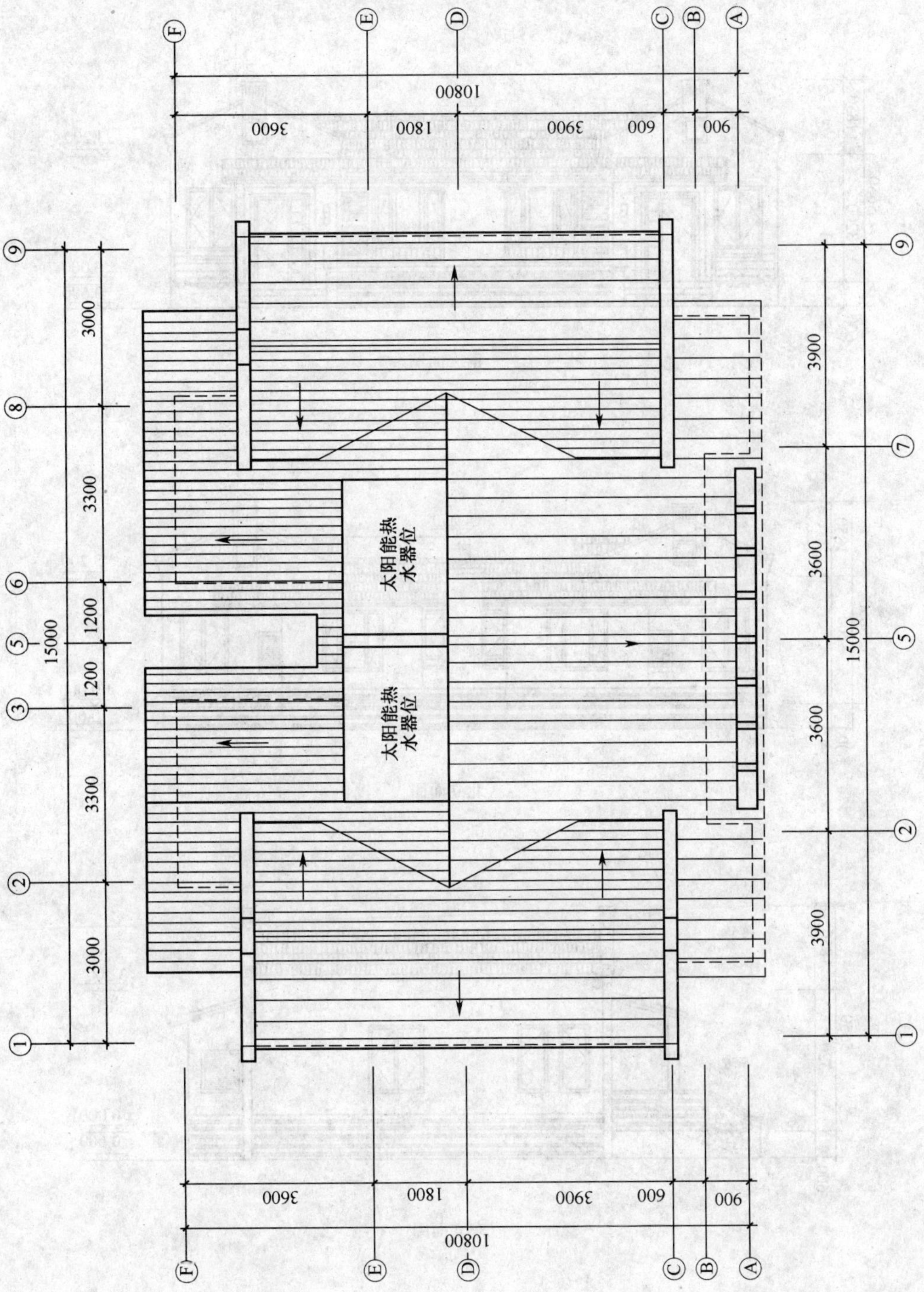
太阳能热水器位
太阳能热水器位
10800
3600
1800
3900
600
900
3000
3300
1200
1200
3300
3000
15000
3900
3600
3600
3900
15000
F
E
D
C
B
A
1
2
3
5
6
7
8
9

屋顶平面图

方案特点：

本方案具有占地面积小、平面布置紧凑、立面造型丰富的特点，适用性较强。

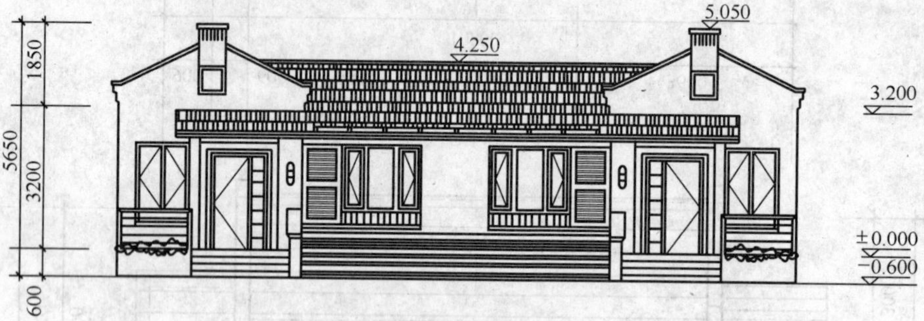

南立面图

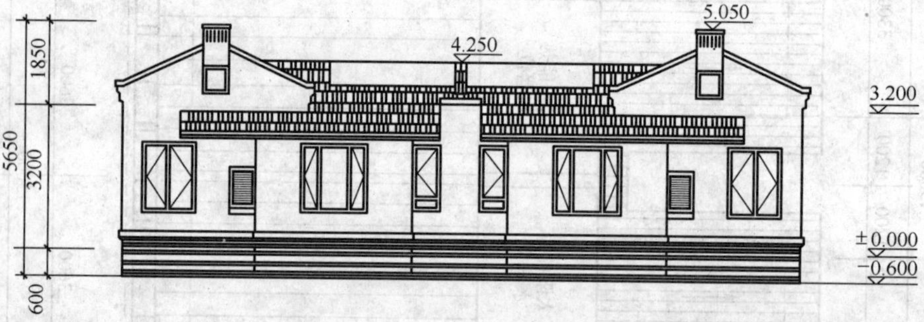

北立面图

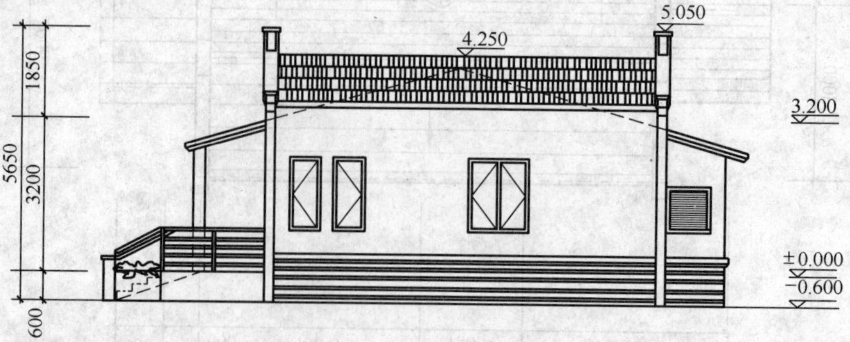

东立面图

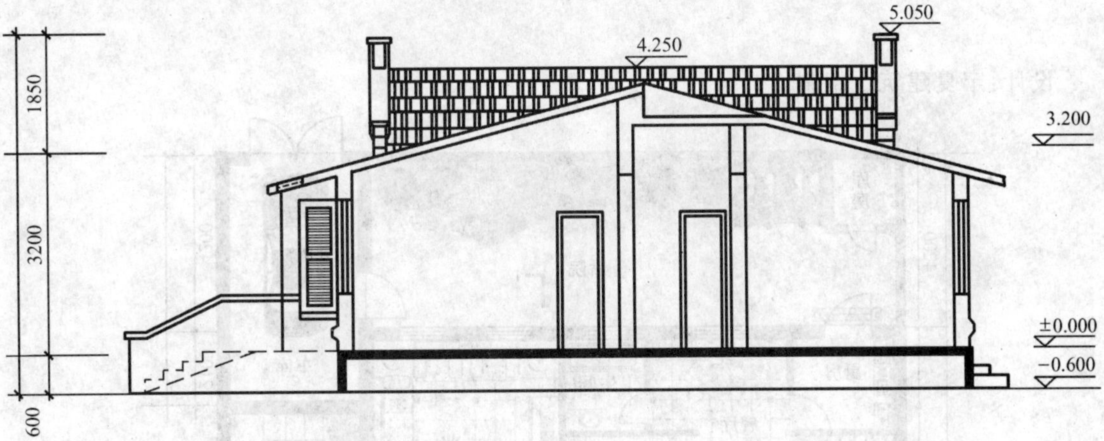

剖面图

效果图

3. 单层联排式住宅

案例 15

设计：宁夏建筑厅编制

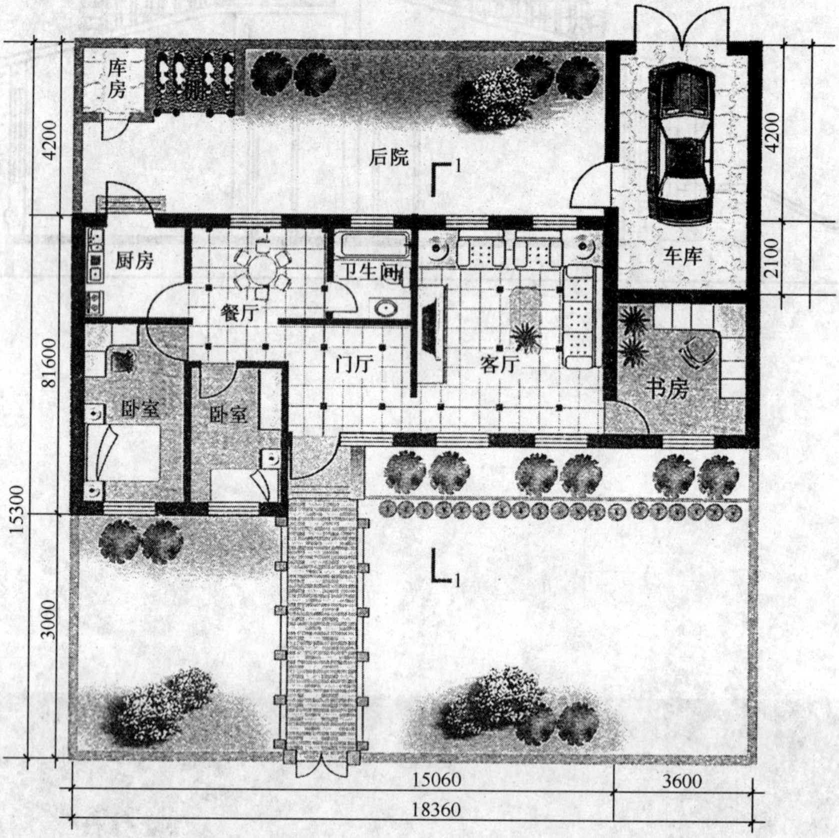

平面图

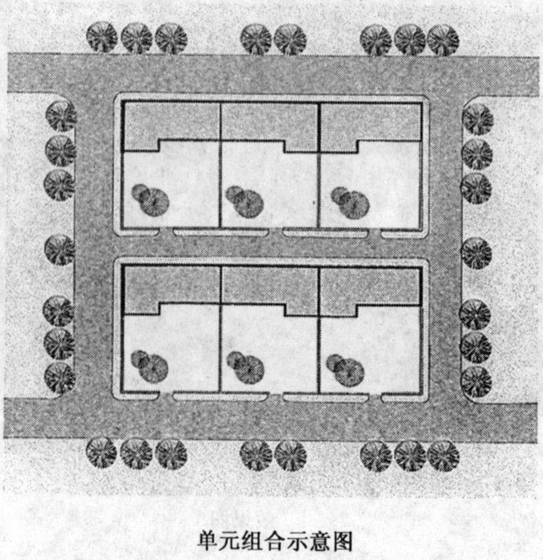

单元组合示意图

南立面图

北立面图

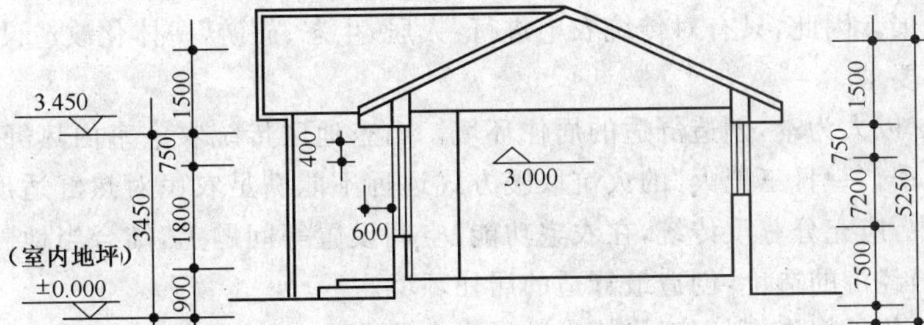

1—1 剖面图

技术经济指标:

1. 用地面积：280.9m²（0.42 亩）
2. 建筑面积：154.01m²（含车库）
3. 使用面积：126.19m²

鸟瞰图

三、两层住宅

1. 两层独立式住宅

案例 16

设计：山东建筑大学　王崇杰　薛一冰　王艳　张蓓　管振忠

设计说明：

• 思考

“建设社会主义新农村”和“解决‘三农’问题”是我国当前重大的历史任务。

近年来，拥有丰富旅游资源的山东地区旅游业蓬勃发展起来。一方面，拓宽了农民致富门路，盘活了地方资源；另一方面，也为城市居民提供舒适的休闲场所，成为城市居民旅游休闲的时尚。山东地区传统农宅经过几千年岁月的磨砺，以朴素的生态观，遵循相互适应与补偿的协同式进化原则，与地区生态环境相融共生。但风格单调，功能落后的农村居住环境严重地制约了旅游经济的发展。因此，只有对传统农宅进行“人居、生态、旅游”一体化改造设计，才能满足发展近郊旅游的要求。

(1)人居——以人为本，创造舒适的居住环境。山东地区传统农宅室内热舒适环境较差，尤其在寒冷的冬季，“一日三把火”的火炕取暖方式远远不能满足农民对热舒适度的要求。因此，在设计过程中，应充分尊重传统，在农宅功能、空间设置等问题上，结合当地气候、地理、经济条件，力争以最经济的造价，创造最舒适的居住环境。

(2)生态——传承精华，利用现代技术进行生态化改造。在设计过程中，将传统的生态理念与现代技术相结合，尽量考虑最大限度地利用可再生能源，降低建筑能耗，减少对环境的破坏，营造宜人的居住环境，达到人、建筑、环境和谐共生。

(3)旅游——功能合理，提供必要的私密与交流空间。传统农宅缺少对旅游者的人文关怀，一度成为发展近郊旅游，农民增收的“软肋”。因此，在设计中，从旅游者的角度出发，为他们设计相对独立的私密空间，以及与当地农民的交流空间，是发展近郊旅游经济必不可少的前提条件。

• 理念

随着农村产业结构的逐步改变，山东地区传统农宅已远远不能满足农民发展近郊旅游业的强烈要求。传统农宅要生存，必须将传统建筑理念与现代建筑技术相结合，建设节能省地型的新农宅。

(1)节地。

①少占耕地，发展集合式住宅：在能源匮乏，耕地骤减的今天，充分咀嚼可持续发展的理念，尽量少占耕地，尽可能利用荒地、劣地、坡地建设新农宅，发展集合式住宅。

②充分利用地下空间：充分利用一定深度的地下土壤恒温的性能，结合地窖在土壤层中设置通风管道，分别将通风管道的两端开口于室外和室内。这样将室外的空气经过冷却（夏季）或预热（冬季）导入室内，从而提高室内舒适度。另外，实际情况是一种利用生土，节能省地的好方法。

(2)节能。

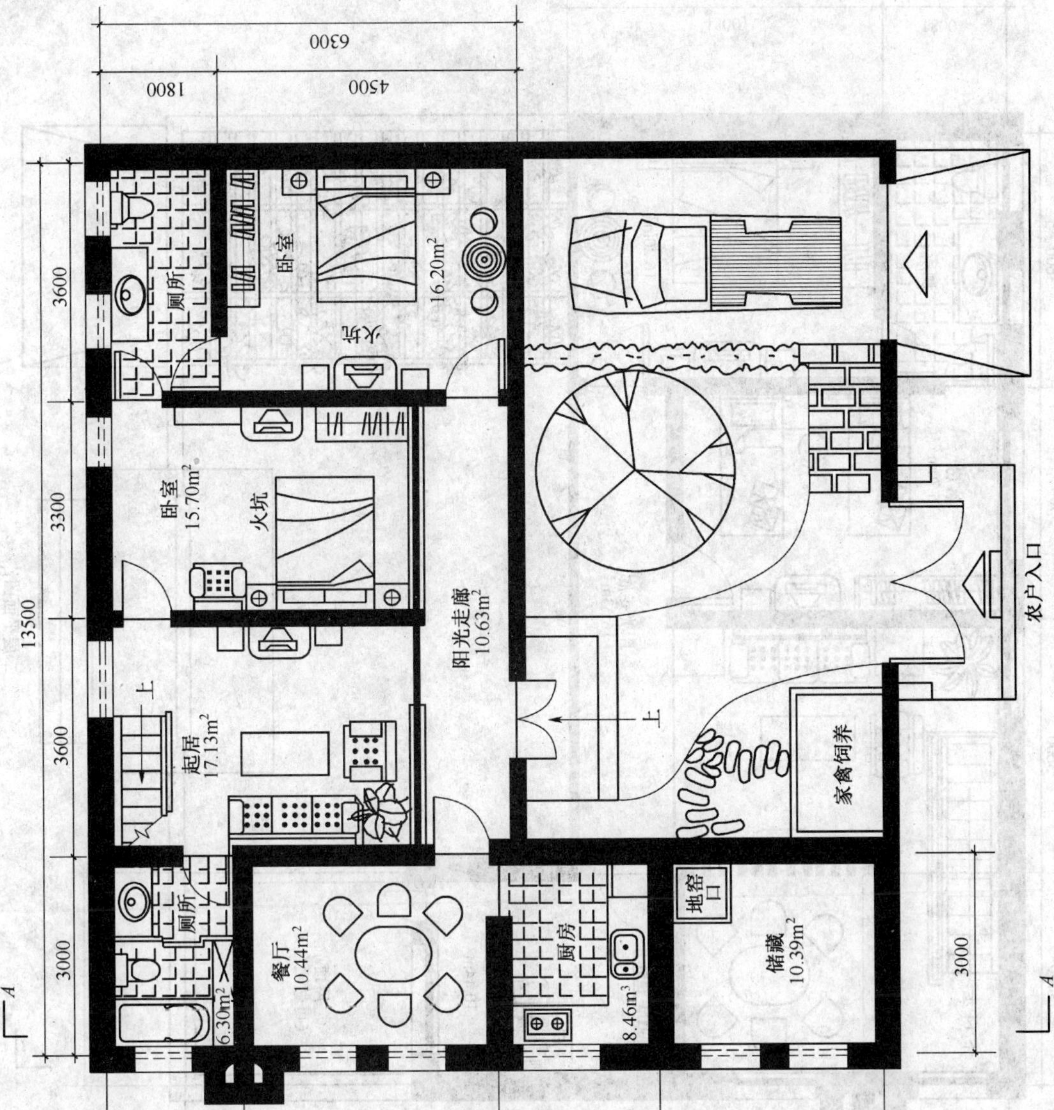
6300
1800
4500
3600
3300
3600
3000
13500
厕所
卧室
16.20m²
火坑
卧室
15.70m²
火坑
阳光走廊
10.63m²
上
起居
17.13m²
厕所
6.30m²
餐厅
10.44m²
厨房
8.46m³
地窖口
储藏
10.39m²
家禽饲养
农户入口
上
A
A
2100
3600
2700
3465
11865
3000

一层平面图

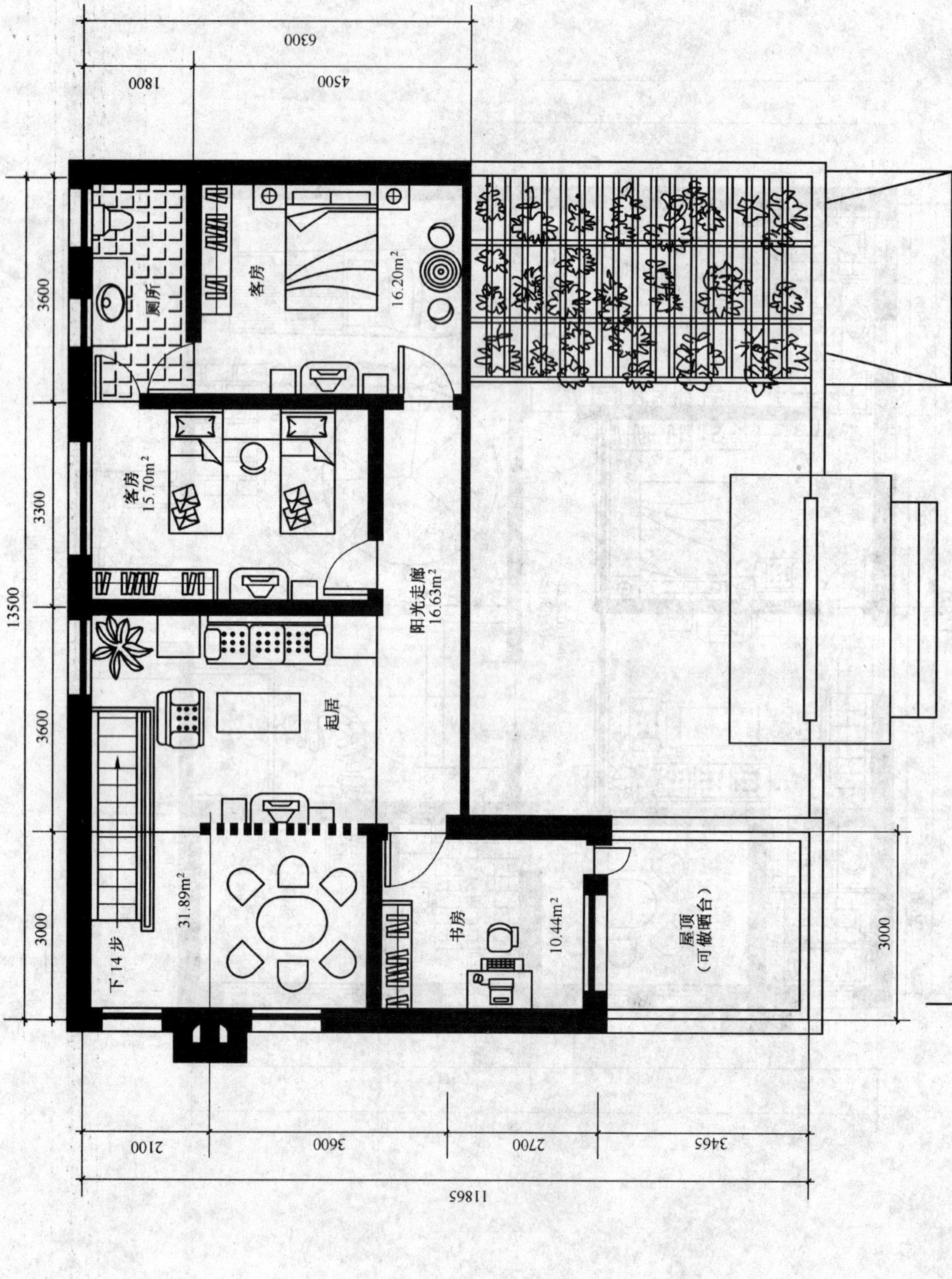
6300
1800
4500
厕所
客房
16.20m²
客房
15.70m²
阳光走廊
16.63m²
起居
31.89m²
下 14 步
书房
10.44m²
屋顶
(可做晒台)
3600
3300
3600
3000
13500
3000
2100
3600
2700
3465
11865
A

二层平面图

①生物质能利用：建成的“养、沼、厕”三位一体的生态循环系统，对资源进行了优化配置。

②太阳能综合热利用：包括太阳能、沼气低温地板辐射采暖技术、太阳炕技术、太阳墙空气采暖通风技术、阳光走廊的设置等。

③围护结构：墙体和屋顶使用水泥植物纤维板作为保温层，墙体采用蒸压粉煤灰砖，所有原料就地取材，造价低廉，是源于自然，成于自然，合于自然，还于自然的生态建筑材料。

(3)节水。在院落内，靠近建筑物的地下部分，设计了用于雨水收集的蓄水池，它可将有屋面有组织排水收集的雨水和院落地表的雨水收集，并进行简单的过滤处理。处理后的水可用于冲洗农用车，浇灌院落内的瓜果蔬菜。

经济技术指标

宅基地面积	160.17m²	使用面积	166.26m²
占地面积	100.85m²	使用面积系数	0.85
建筑面积	196.00m²	造价约	15万元

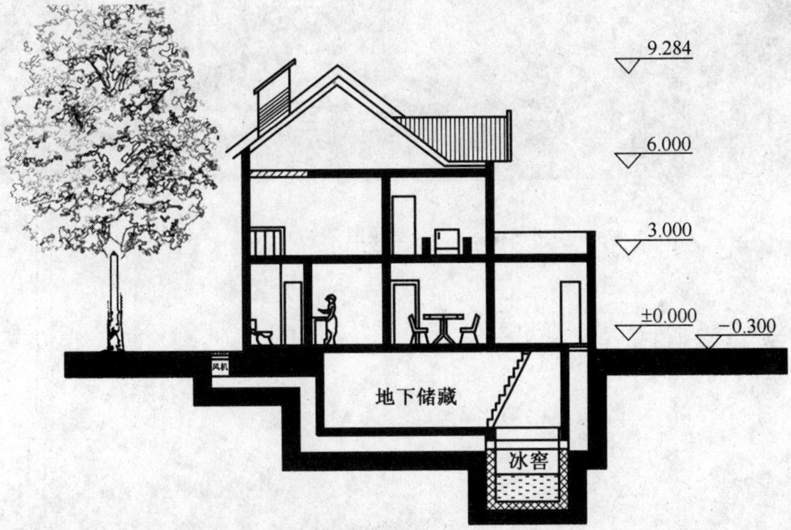

A—A 剖面图

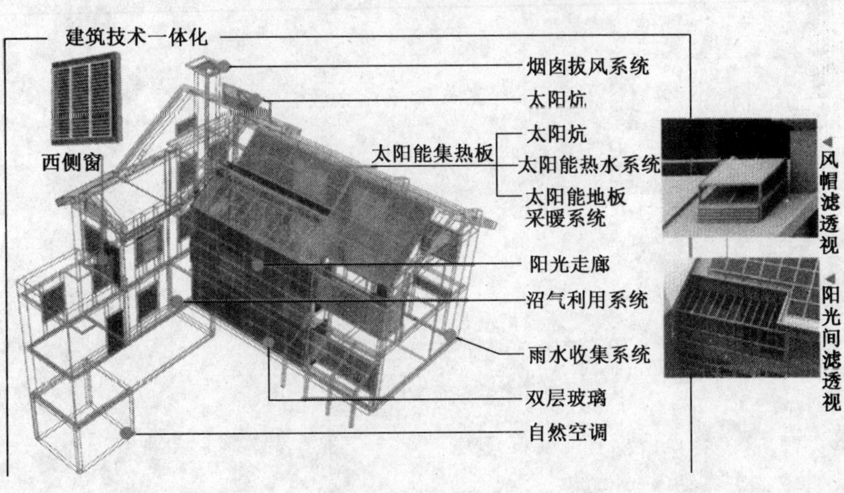

节能技术分析图

效果图

案例 17

设计：河北省保定市建筑设计院 腾云

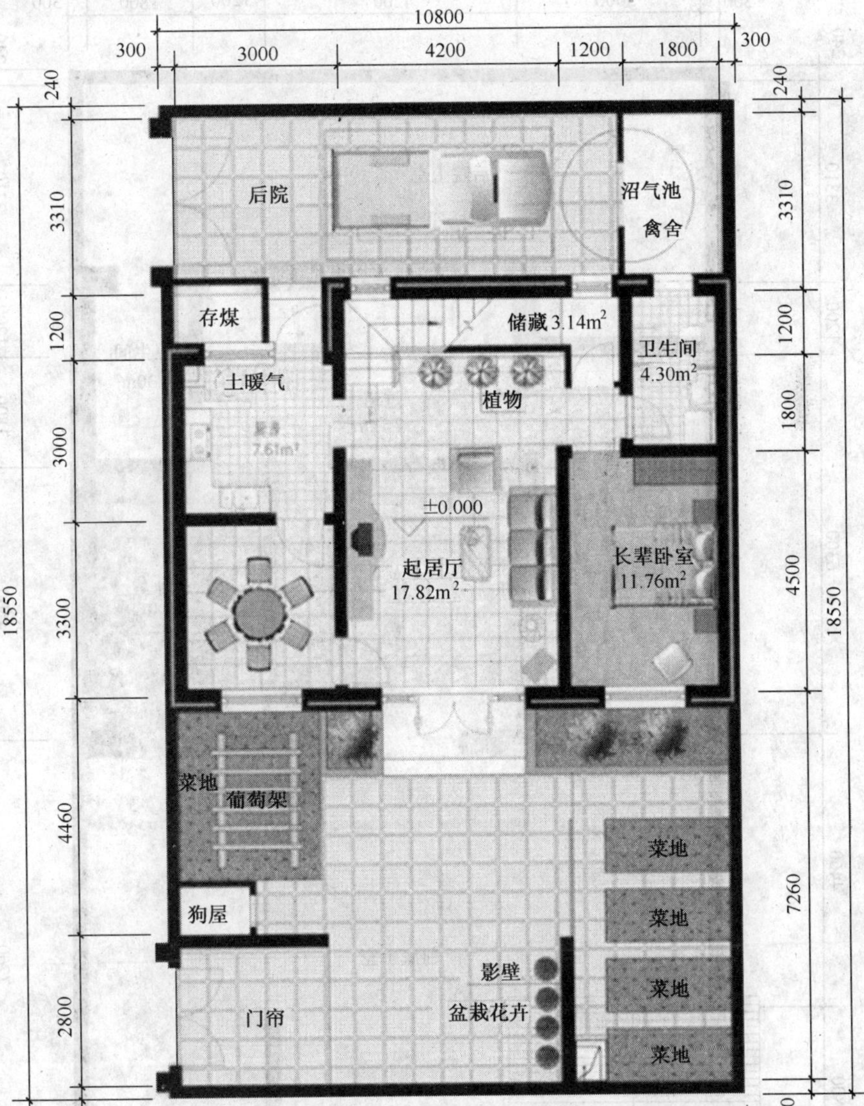

首层平面(本层建筑面积 83.88m²)

方案特点：

• 本方案为中央电视台经济频道《点亮空间——2006 家居设计电视大赛》河北省清苑县内庄农村住宅(已建成)银奖方案。

• 平面为三开间，突出了以中间堂屋为核心，组织平面和楼层间的垂直交通，平面紧凑，功能合理。堂屋与庭院的紧密联系，使得室内外的空间融为一体，方便了农家的生活和生产之需要。前、后院的布置，分工明确，方便使用。主面造型简洁、明快，具有农村住宅的特色。

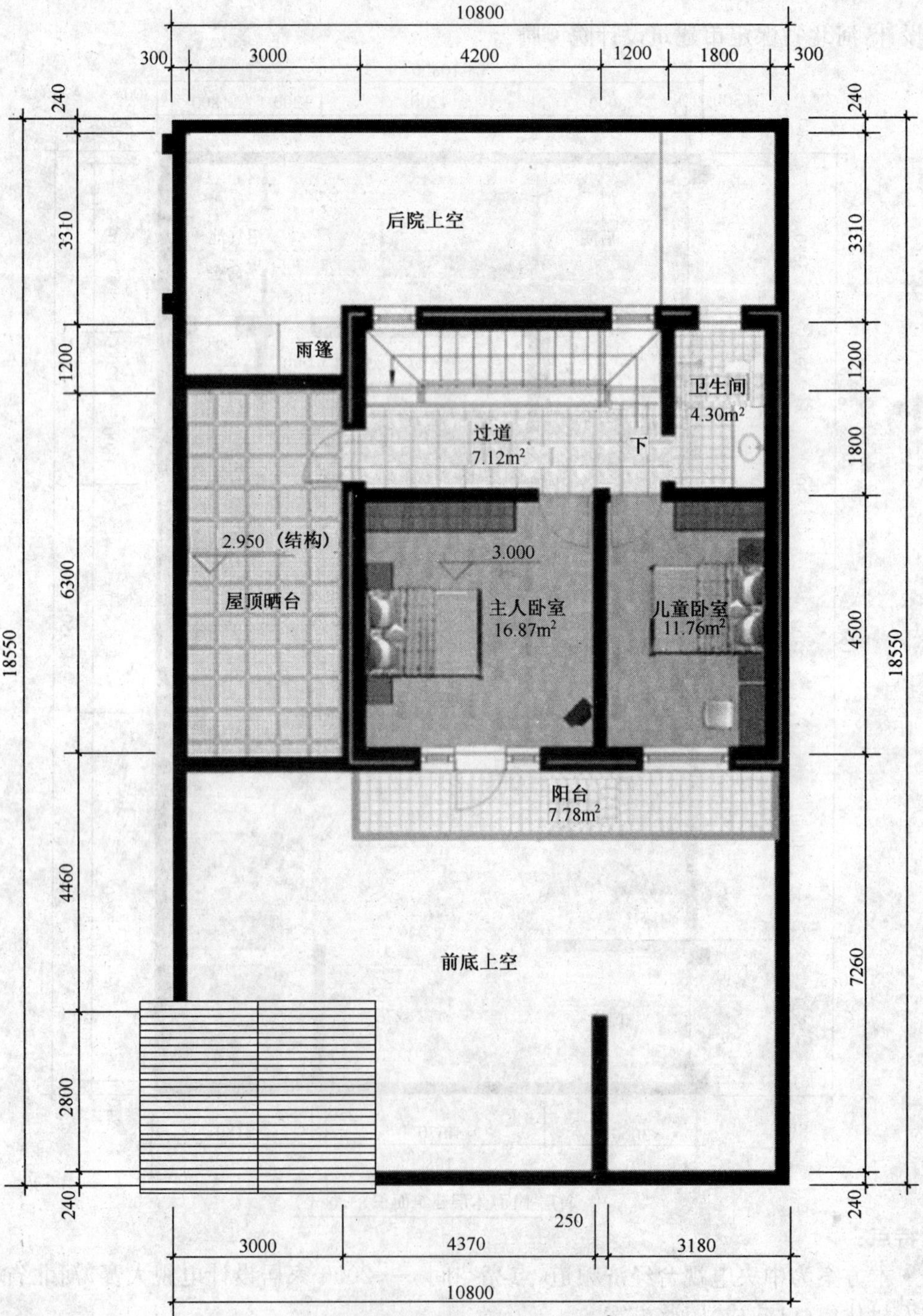

二层平面图(本层建筑面积 63.18m²)

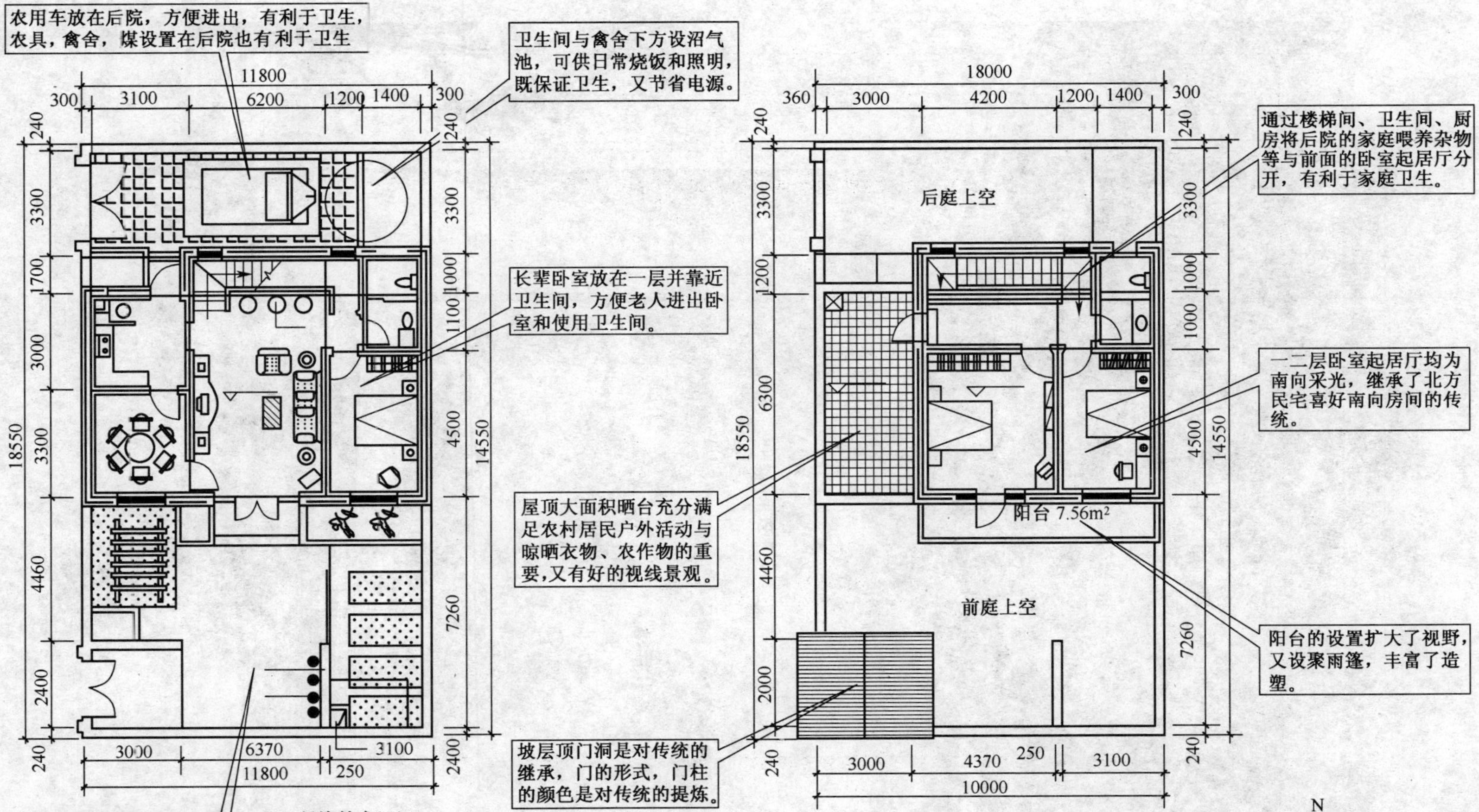

经济技术指标：

名称	基底面积	建筑面积	总造价
指标	200m²	147.06m²	9.81 万元

总造价 9.81 万元

其中：

主体结构	30000 元	给排水	1600 元	室内装饰	16000 元	电气	2800 元
主体建筑	22000 元	采暖	3000 元	室外装饰	7500 元	围墙室外地面	3200 元
				家具	1000 元	沼气池	2000 元

一、二层平面分析图

效果图

雪景图

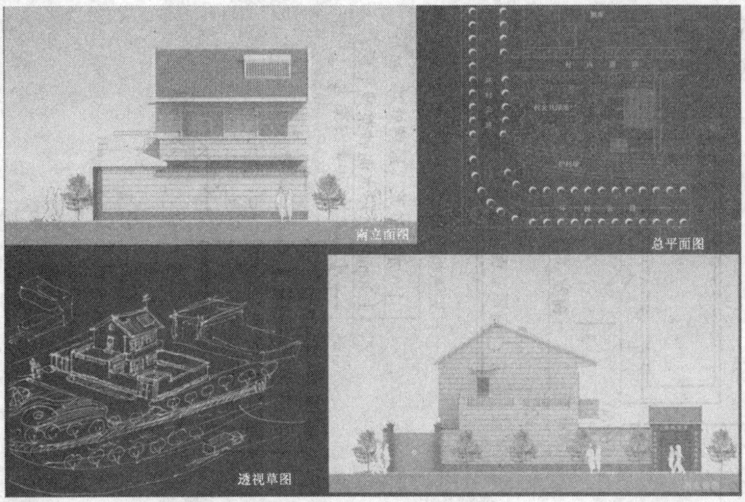

案例 18

赣-03

设计:江西丰城市城建局　罗桂英　陈珺

方案特点:

• 本方案为中央电视台经济频道《点亮空间——2006 家居设计电视大赛》江西省南昌市罗亭镇农村住宅(已建成)金奖方案。

• 平面布局突出了厅堂和起居室的作用,在二层布置了带有晒台的大阳台,弘扬了南方传统民居的布局特点,适应南方湿热地区居住环境要求。

• 建筑材料除采用多孔砖墙体和钢筋混凝土楼板外,就地取材地采用了杉木作为层面结构和室内装修材料,并以竹为吊顶材料,既节省了造价,又方便施工,缩短了工期。

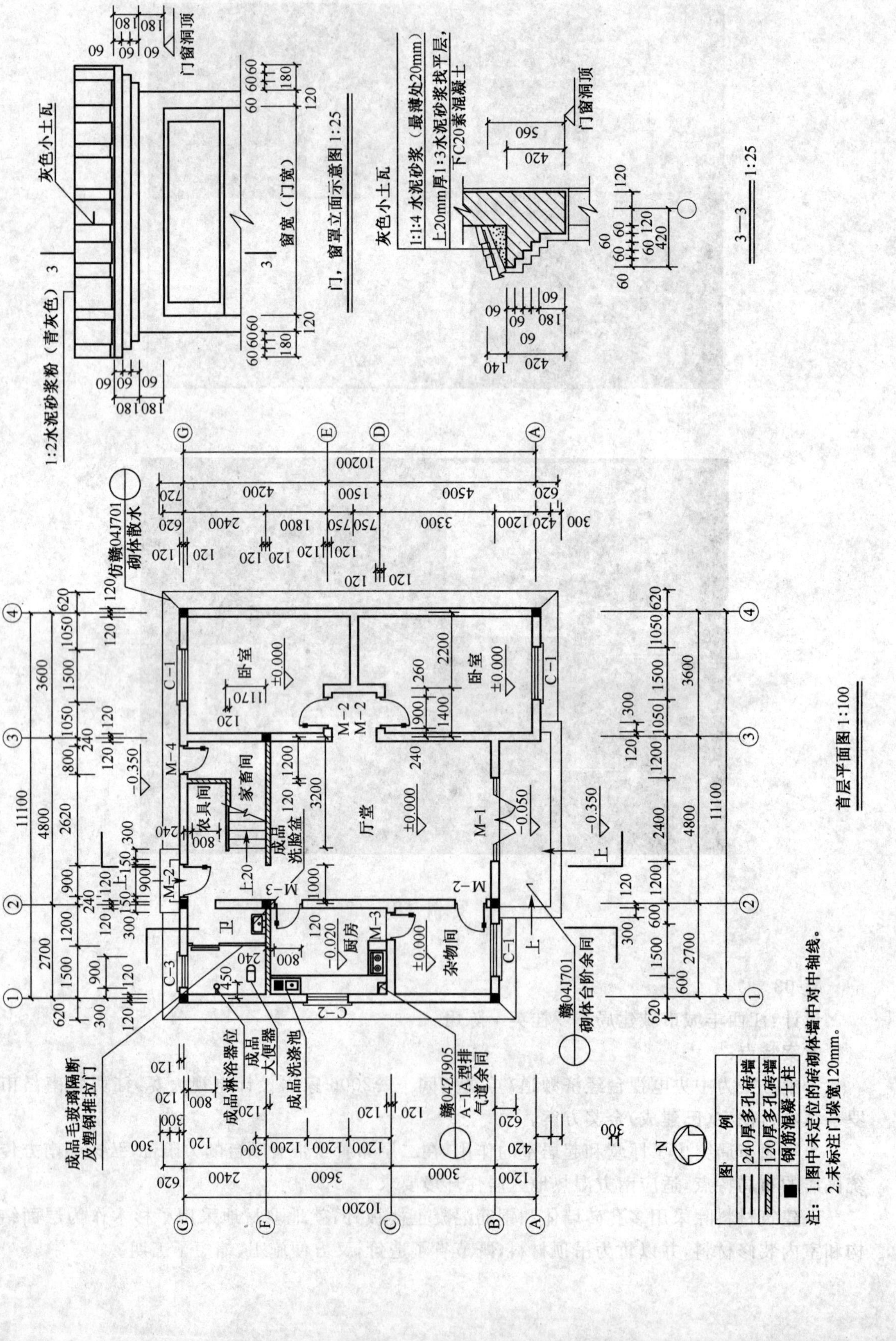
灰色小土瓦
1:2水泥砂浆粉（青灰色）
门窗洞顶
窗宽（门宽）
门，窗罩立面示意图 1:25
灰色小土瓦
1:1:4 水泥砂浆（最薄处20mm）
上20mm厚1:3水泥砂浆找平层，
下C20素混凝土
门窗洞顶
3—3 1:25
卧室
卧室
厅堂
家畜间
农具间
卫
厨房
杂物间
成品洗脸盆
成品淋浴器位
成品大便器
成品洗涤池
成品毛玻璃隔断及塑钢推拉门
赣04ZJ905 A-1A型排气道余同
赣04J701 砌体台阶余同
仿赣04J701 砌体散水
首层平面图 1:100
图例
240厚多孔砖墙
120厚多孔砖墙
钢筋混凝土柱
注：1.图中未定位的砖砌体墙中对中轴线。
2.未标注门垛宽120mm。

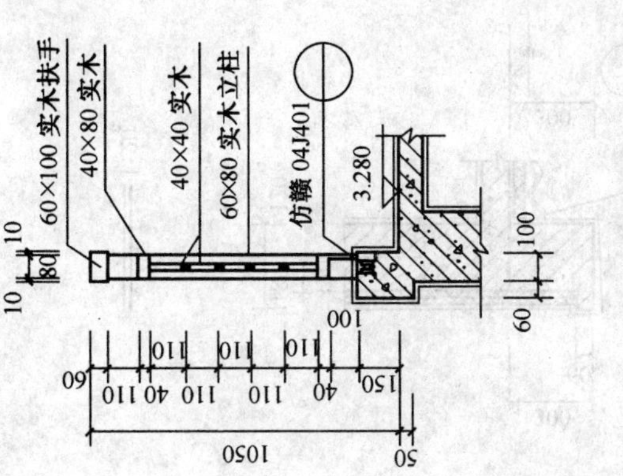

阳台栏杆详图 1:20

栏杆须加设扁钢作加强，以保证安全
本图作参考

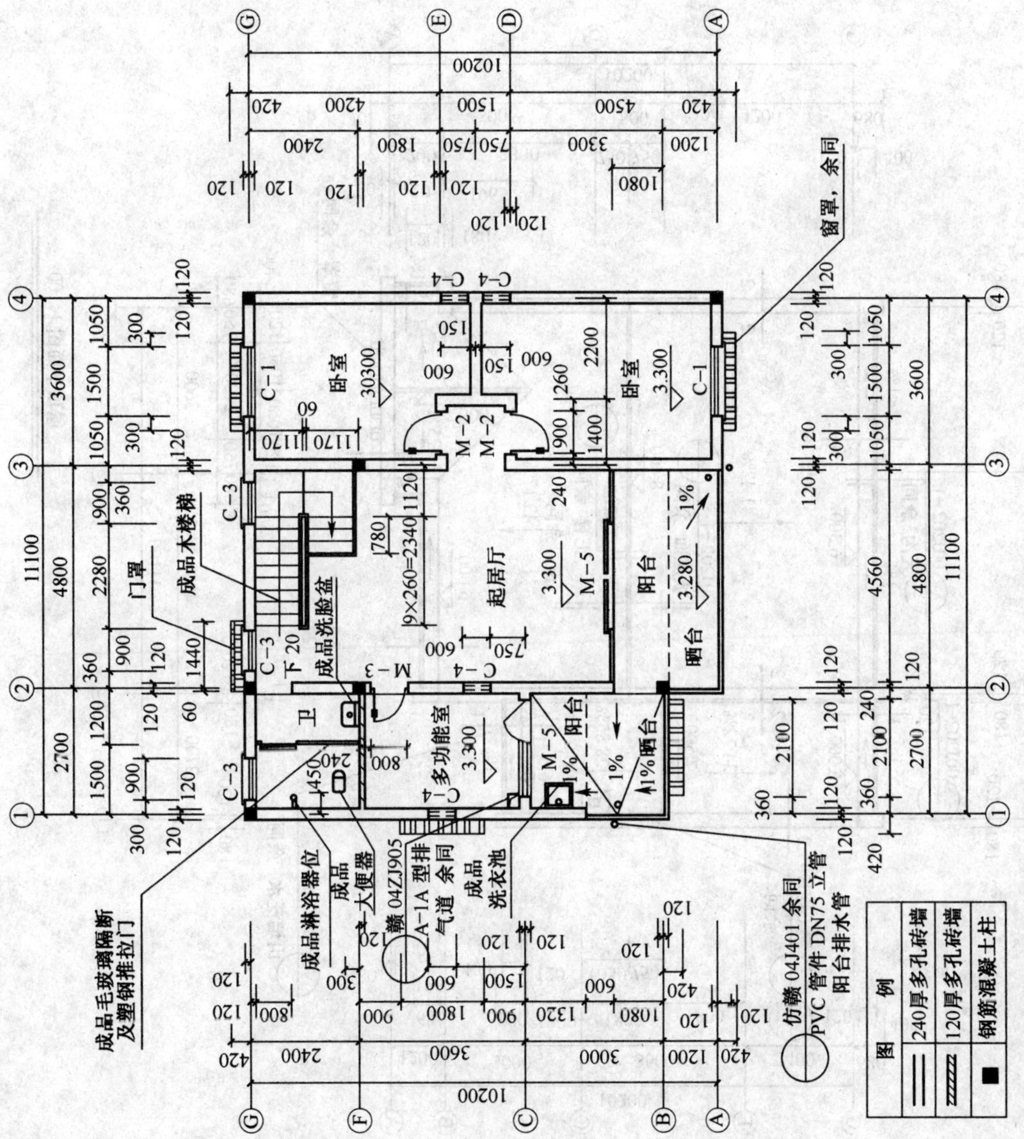

图　例	
═	240厚多孔砖墙
▨	120厚多孔砖墙
■	钢筋混凝土柱

二层平面图 1:100

注：1.图中未定位的砖砌体墙中对中轴线。
2.未标注门垛宽120mm。

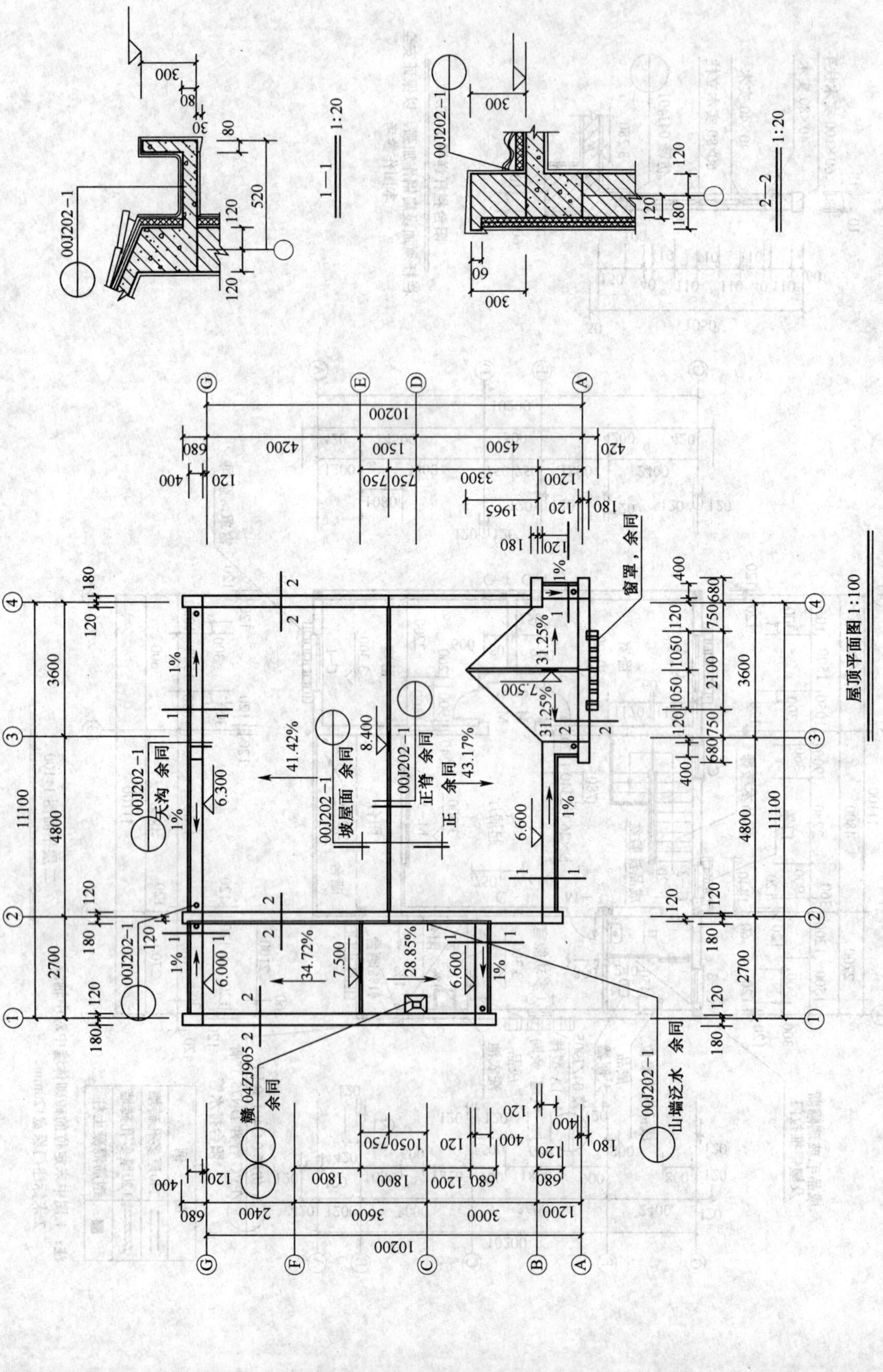
1—1 1:20
2—2 1:20
00J202-1
天沟 余同
坡屋面 余同
正脊 余同
窗罩，余同
山墙泛水 余同
04ZJ905 2 余同
41.42%
43.17%
34.72%
28.85%
31.25%
6.300
6.000
6.600
7.500
8.400

屋顶平面图 1:100

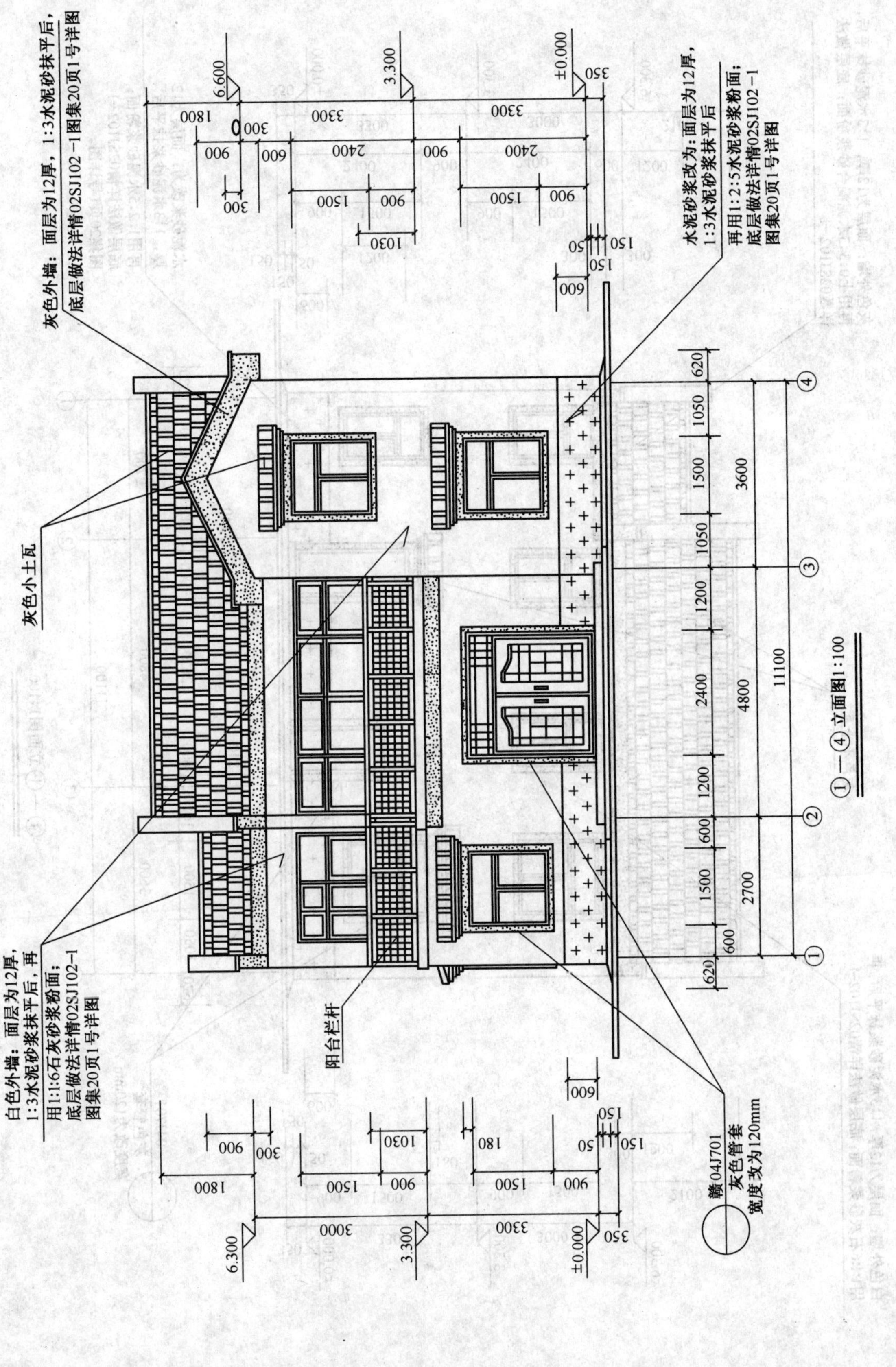
灰色外墙：面层为12厚，1:3水泥砂浆抹平后，
底层做法详情02SJ102-1图集20页1号详图
灰色小土瓦
白色外墙：面层为12厚，
1:3水泥砂浆抹平后，再
用1:1:6石灰砂浆粉面；
底层做法详情02SJ102-1
图集20页1号详图
阳台栏杆
水泥砂浆改为：面层为12厚，
1:3水泥砂浆抹平后
再用1:2:5水泥砂浆粉面；
底层做法详情02SJ102-1
图集20页1号详图
赣04J701
灰色管套
宽度改为120mm
6.600
3.300
±0.000
6.300
11100
4800
3600
2700
① ② ③ ④

①—④立面图1:100

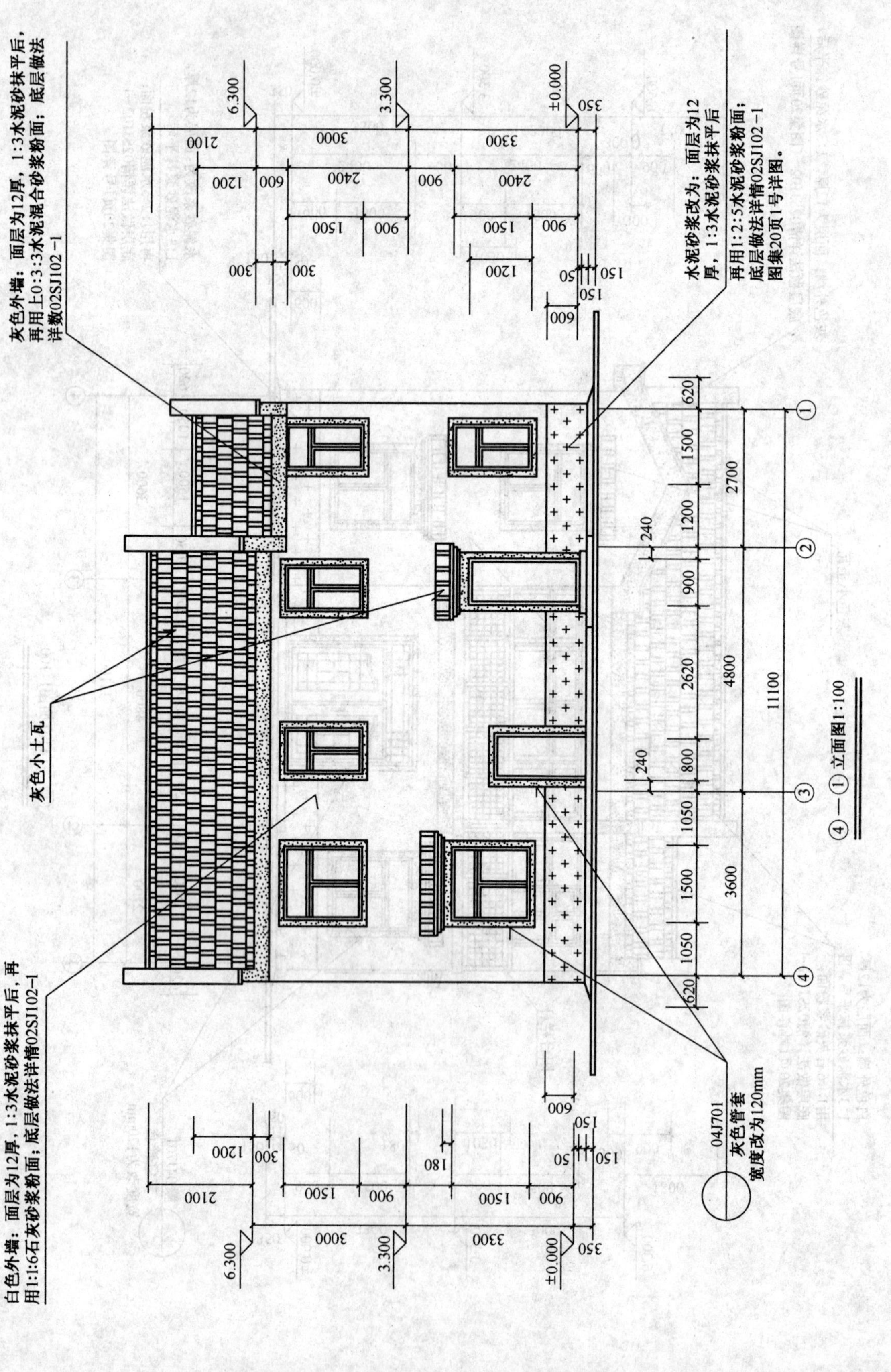
灰色外墙：面层为12厚，1:3水泥砂抹平后，再用上0:3:3水泥混合砂浆粉面；底层做法详数02SJ102－1
灰色小土瓦
白色外墙：面层为12厚，1:3水泥砂浆抹平后，再用1:1:6石灰砂浆粉面；底层做法详情02SJ102-1
水泥砂浆改为：面层为12厚，1:3水泥砂浆抹平后
再用1:2:5水泥砂浆粉面；底层做法详情02SJ102－1图集20页1号详图。
04J701
灰色管套
宽度改为120mm
6.300
3.300
±0.000
350
2100
3000
3300
1200
600
2400
900
1500
300
150
50
180
620
1050
240
800
2620
4800
2700
3600
11100
①
②
③
④

④—① 立面图1:100

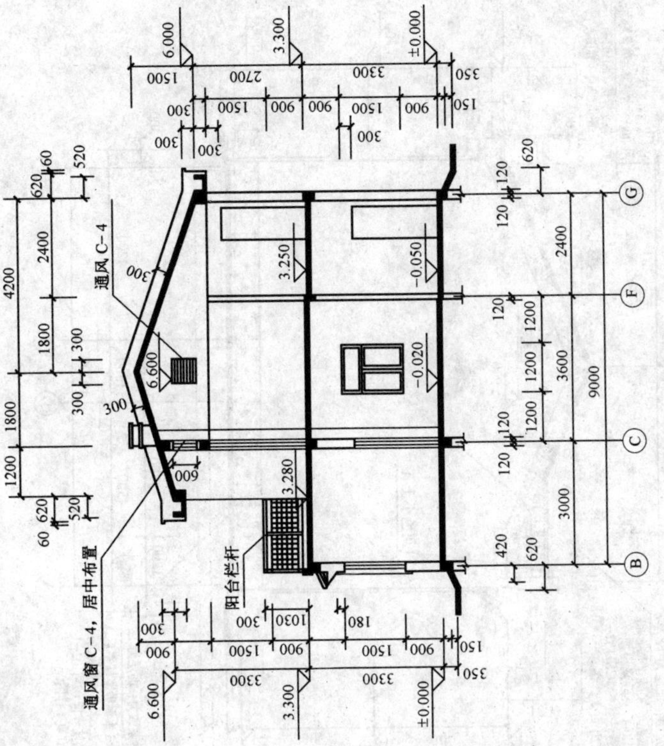

B—B剖面图1:100

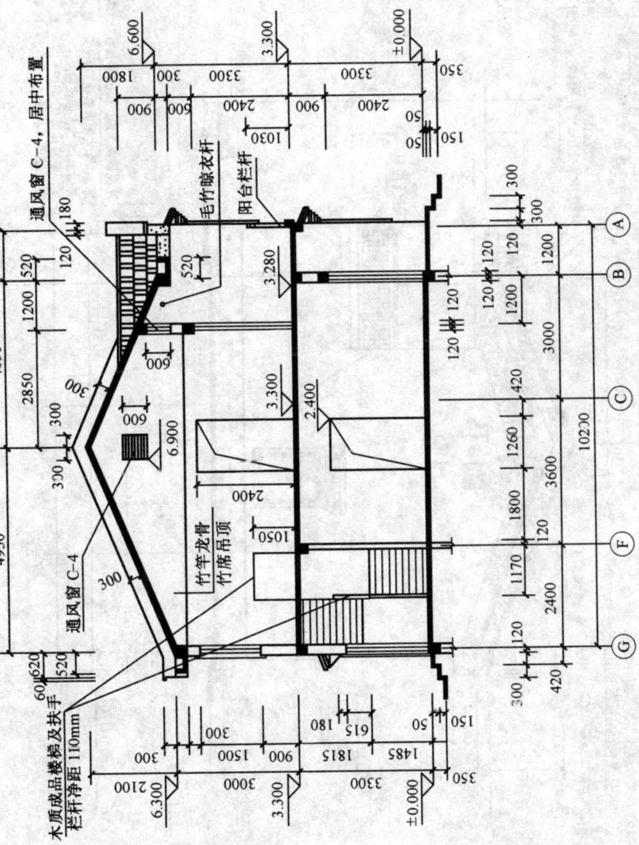

A—A剖面图1:100

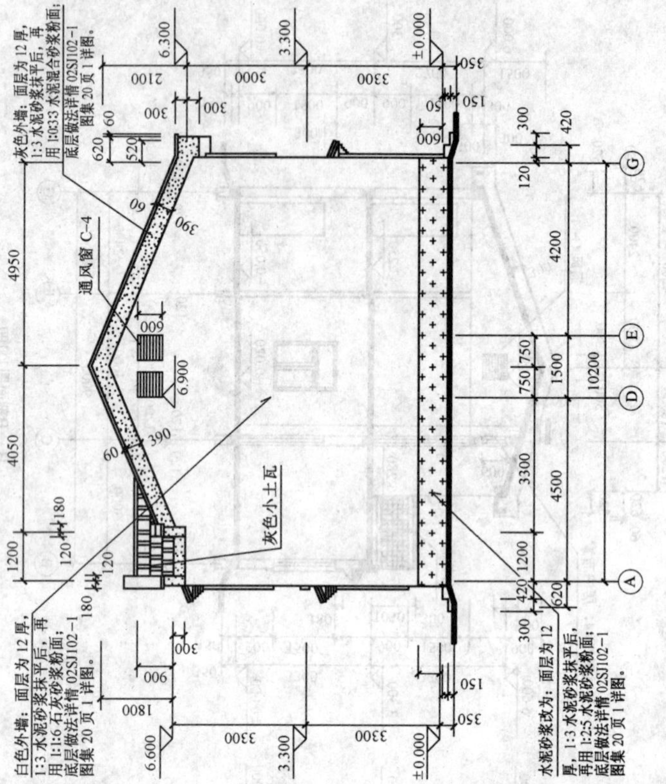

Ⓐ—Ⓖ 立面图 1:100

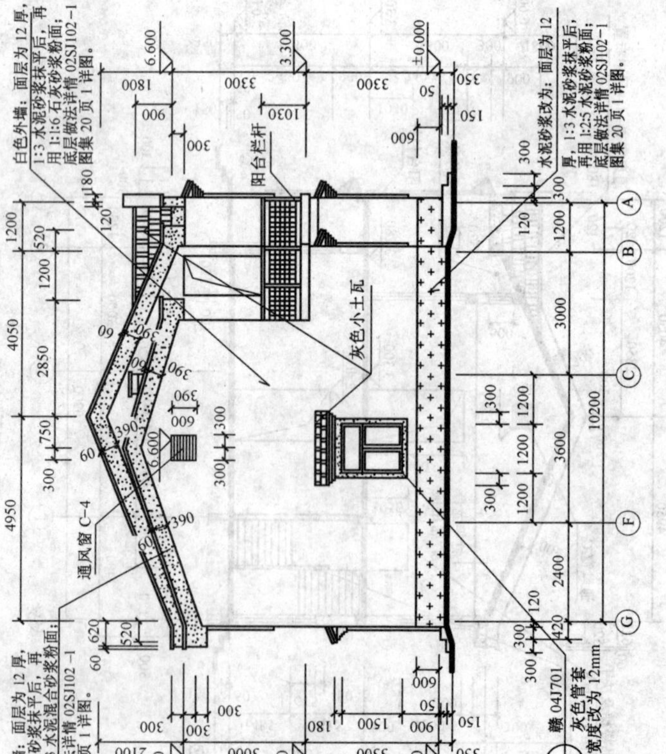

Ⓖ—Ⓐ 立面图 1:100

木楼梯

效果图

案例 19

设计：中国建筑技术研究院 刘燕辉 指导：骆中钊

方案特点：

• 本方案是作为中国与加拿大合作的木结构试点住宅，适用于闽南地区的广大农村。

• 平面布置突出以客厅为中心组织平面布置的民居特点。二层均布置了较大面积的外廊，适应了南方湿热地区消夏纳凉和晾晒衣被谷物之所需。一层的外廊还可作停车用。

• 采用坡屋顶，利用屋面隔热和防水。

南立面图

东立面图

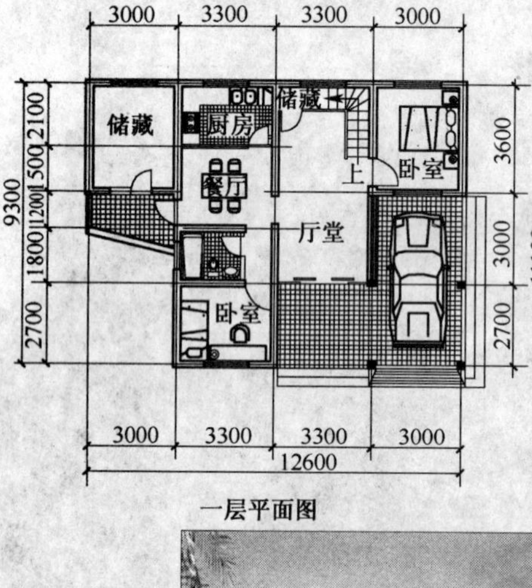

一层平面图

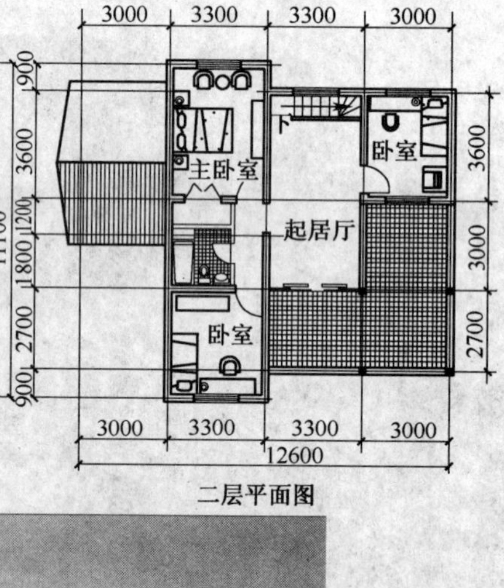

二层平面图

效果图

2. 两层并联式住宅

案例 20

设计:北方工业大学 宋效巍、中国建筑技术研究院 梁咏华,指导:骆中钊

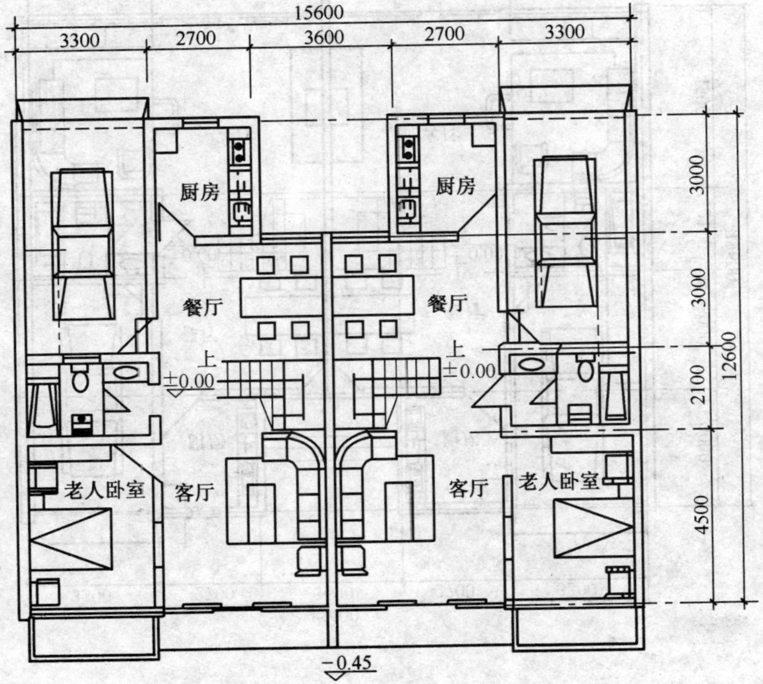

一层平面(1)图

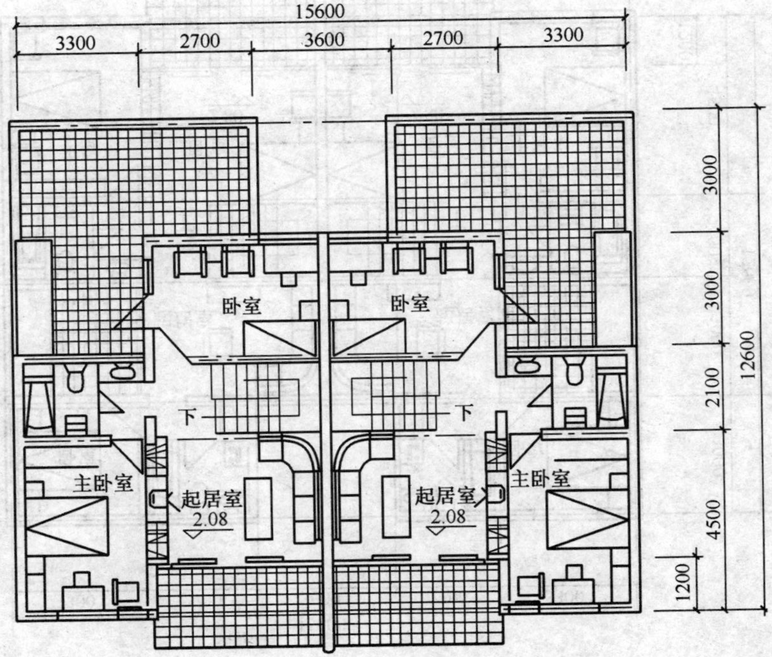

二层平面(1)图

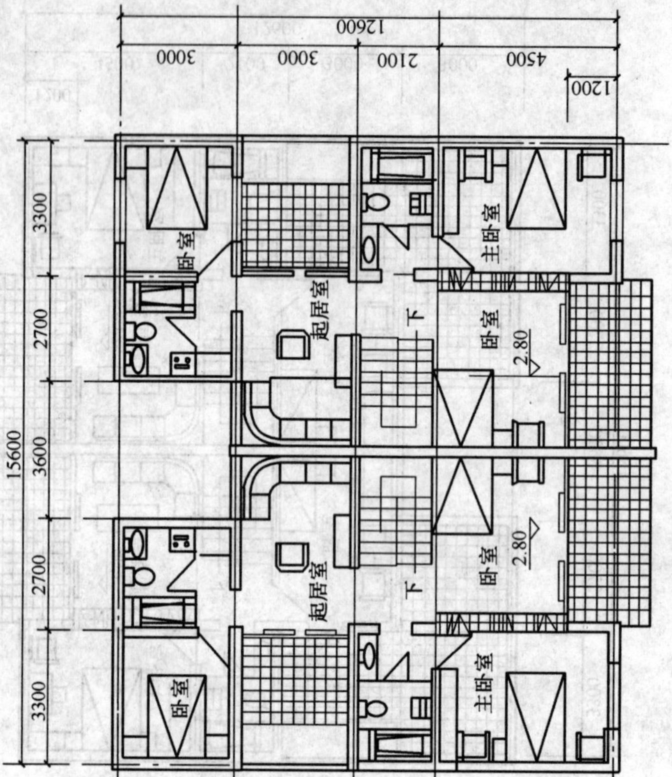

二层平面(2)图

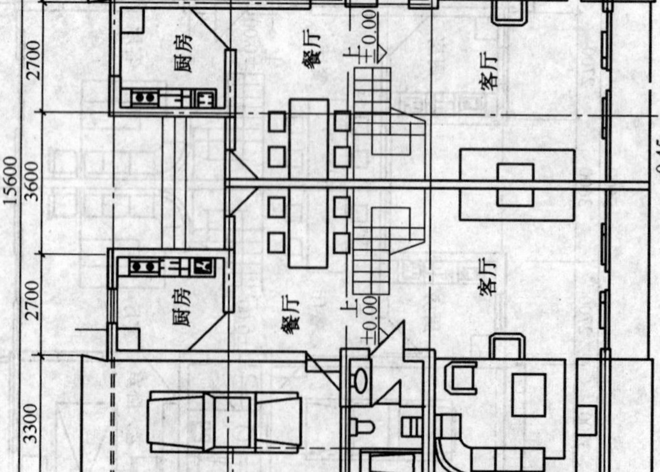

一层平面(2)图

方案特点：

本方案吸取闽南东南民居的建筑风格。多种的二层布置方式可供用户根据需要进行选择。阁楼层的利用，不仅提高空间的利用率还可以为立面造型的创作提供条件。

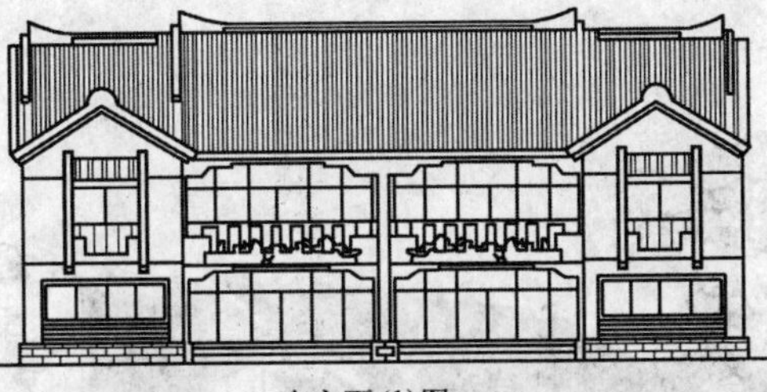

南立面(1)图

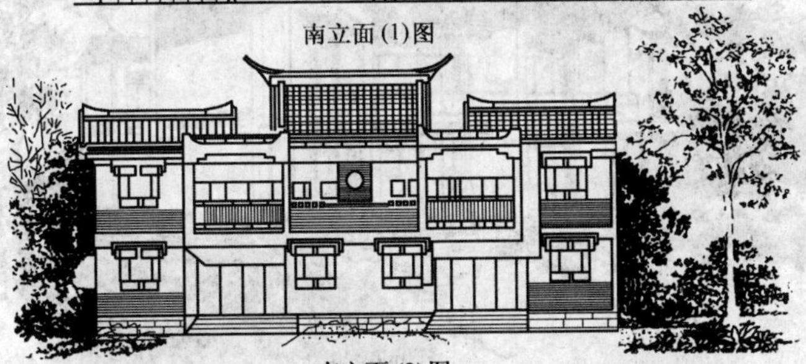

南立面(2)图

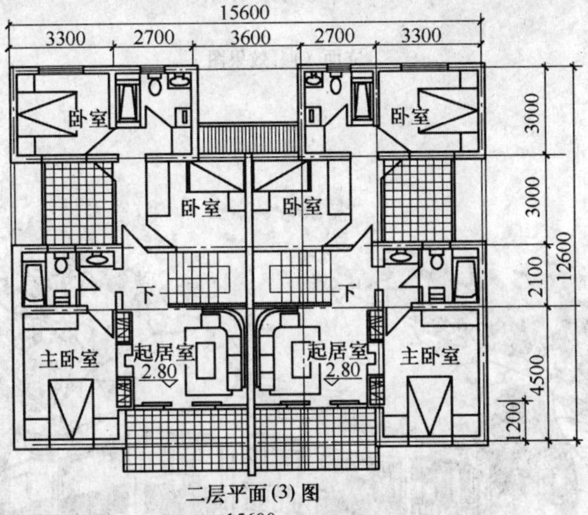

二层平面(3)图

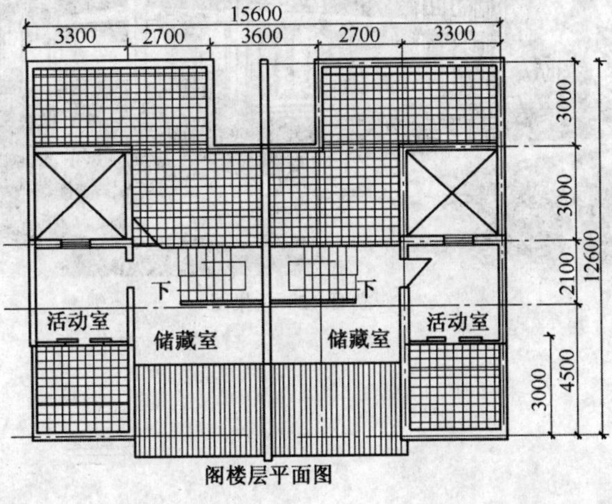

阁楼层平面图

立面（1）效果图

立面（2）效果图

案例 21

设计:北京中建科工程设计研究中心

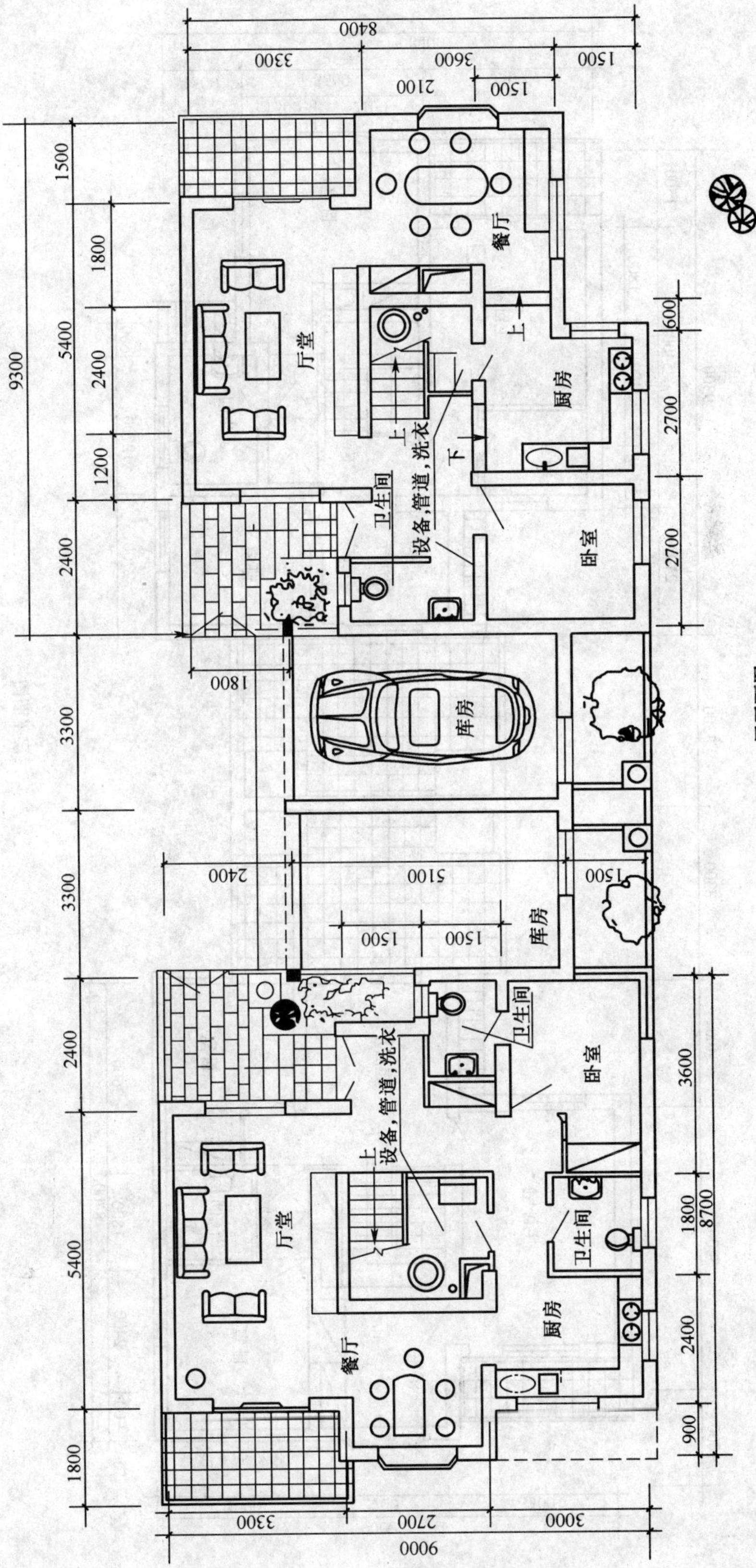

一层平面图

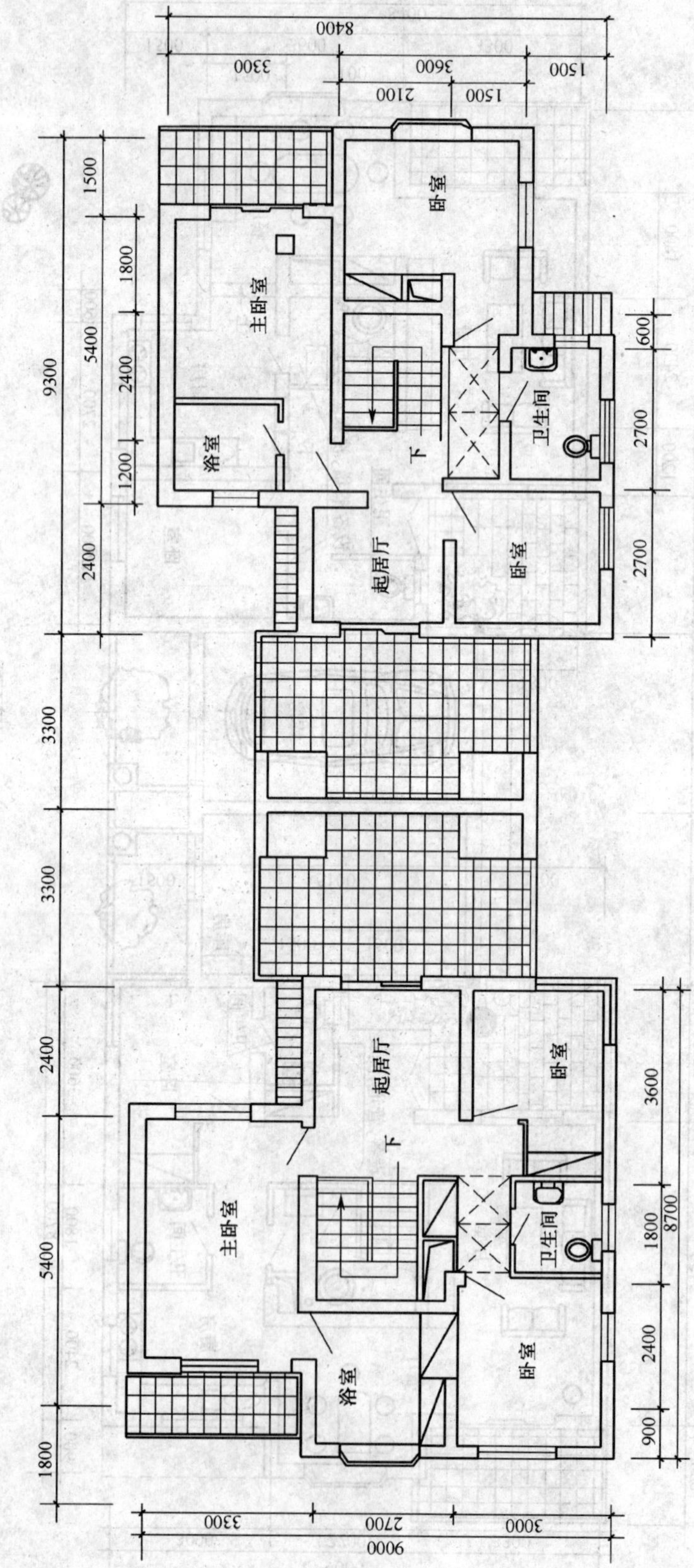
卧室
主卧室
卫生间
浴室
下
起居厅
卧室
起居厅
卧室
下
主卧室
卫生间
卧室
浴室
8400
3300
3600
1500
2100
1500
9300
1500
5400
1800
2400
1200
2400
3300
3300
2400
5400
1800
600
2700
2700
3600
8700
1800
2400
900
3300
2700
3000
9000

二层平面图

方案特点：

本方案为四川省广汉市的村镇住宅。利用库房(停车库)作为连接体进行并联。内部平面以楼梯为中心进行布置，功能分区明确，使用方便。

立面图

案例 22

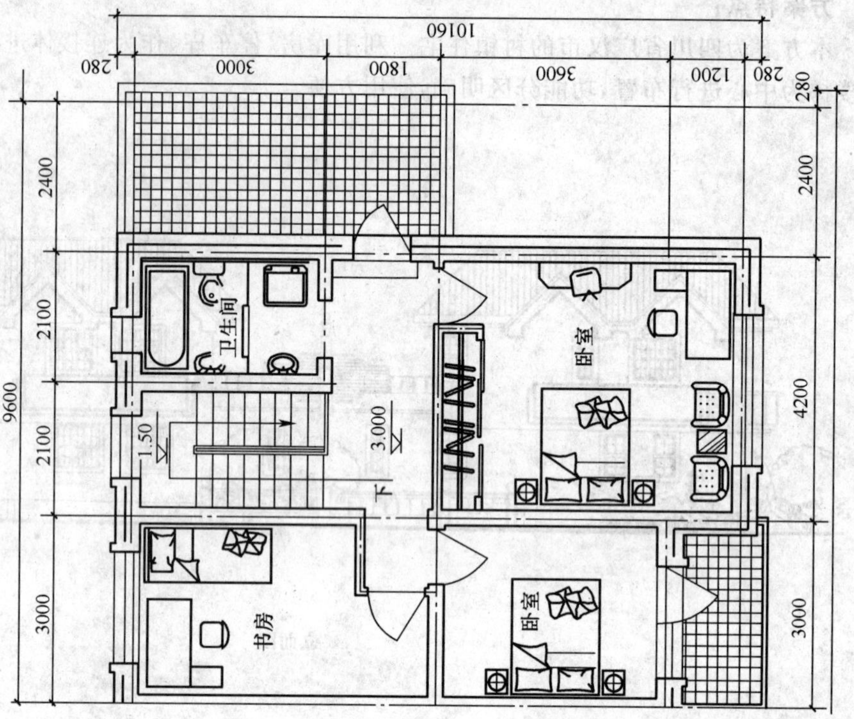

二层平面图

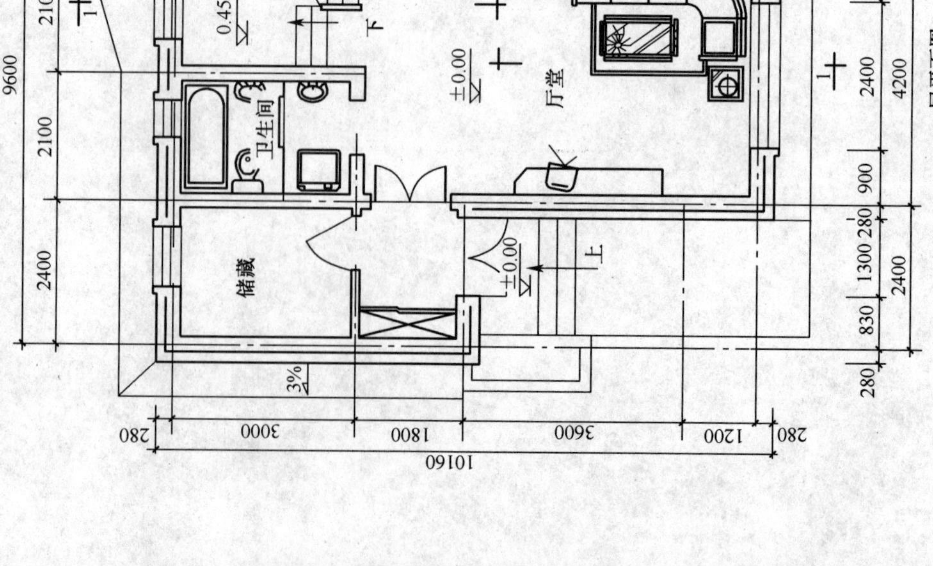

一层平面图

设计：沈阳建筑工程学院建筑设计院　彭晓烈

方案特点：

本方案适用于北方村镇的二层并联式住宅，平面布置紧凑、功能合理。

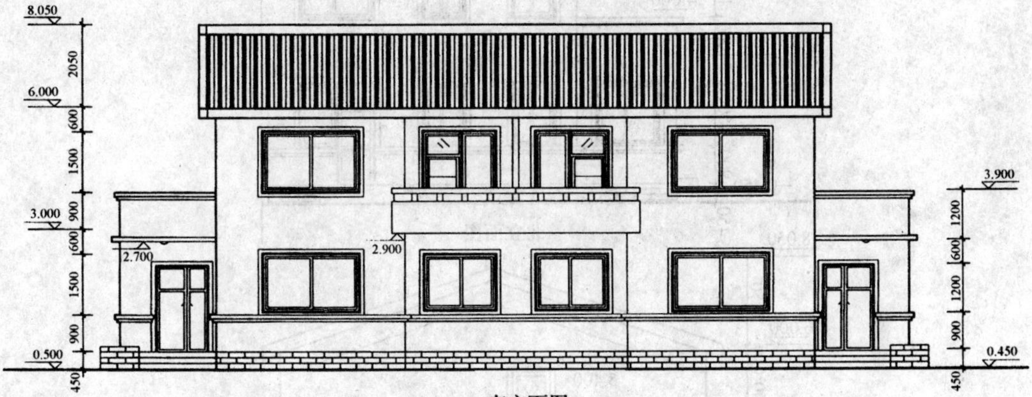

南立面图

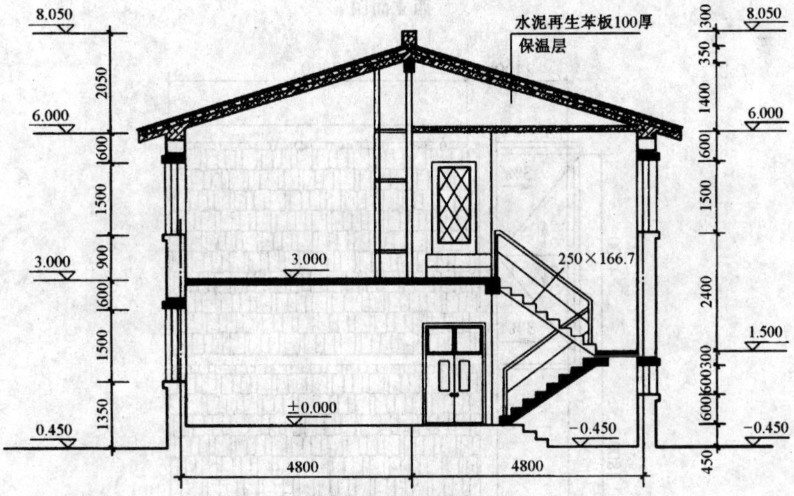

1—1 剖面图

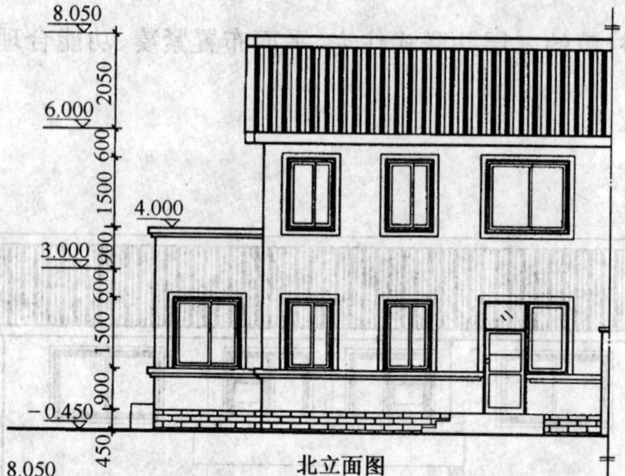

北立面图

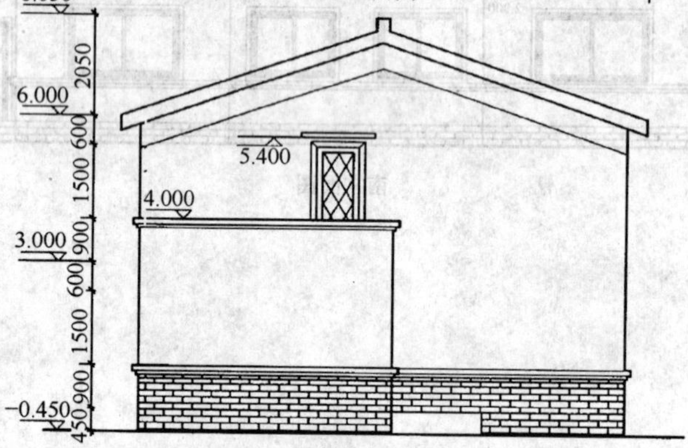

西立面图

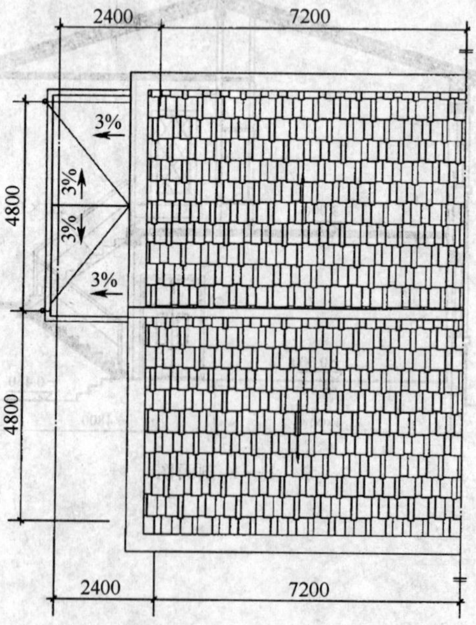

屋顶立面图

案例 23

设计：桂林地区综合设计院　黄羽虹　吴海云

设计特点：

• 平面紧凑合理，楼梯在中部，以楼梯为界，南面为厅堂，两侧为住房与餐厅，西北角设沼气池、厨房与禽畜舍，形成净区、静区；东北角是工具房、生活性后院，与净、脏区分隔，形成副业生活区。

• 建筑坐北朝南，生活用房在南，饲养与生活在北，用房直接采光通风。

• 正面突出堂屋，平面保留广西桂北“三孔头”的建筑风格。

• 屋面设置平板式太阳能虹吸式热水器，充分利用绿色能源。

技术经济指标

户型＼指标	户型	建筑面积/m²	阳台面积/m²	使用面积/m²	平面利用系数/%
A 型	四房两厅	159.0	21.66	122.4	77

注：每房用地 146.0m²；建筑占地 102.0m²。

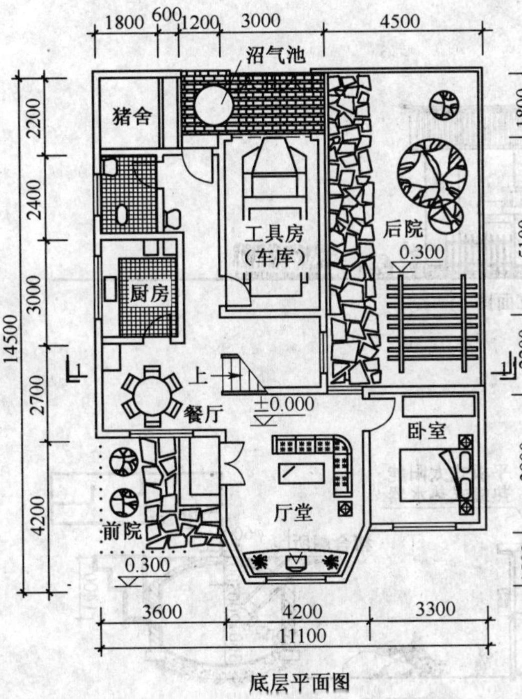

底层平面图

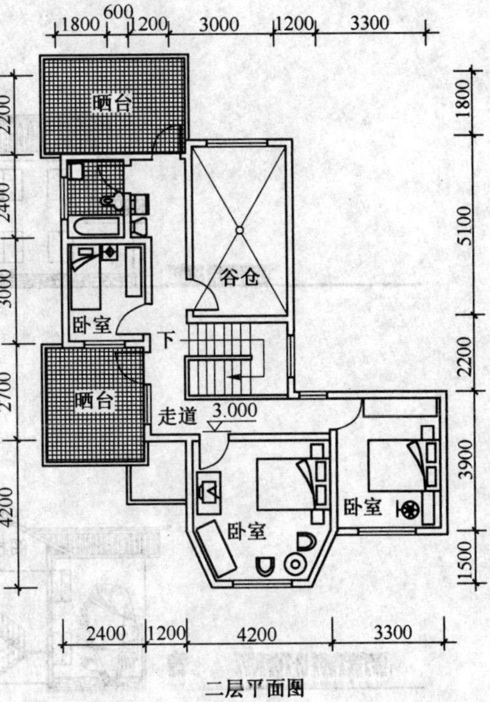

二层平面图

正立面图

并联正立面图

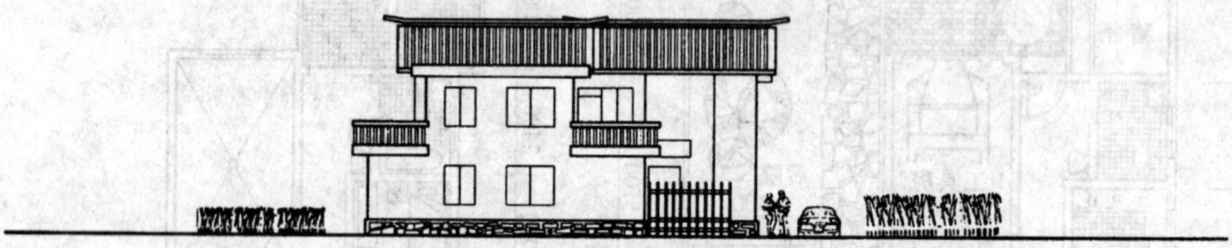

左侧立面图

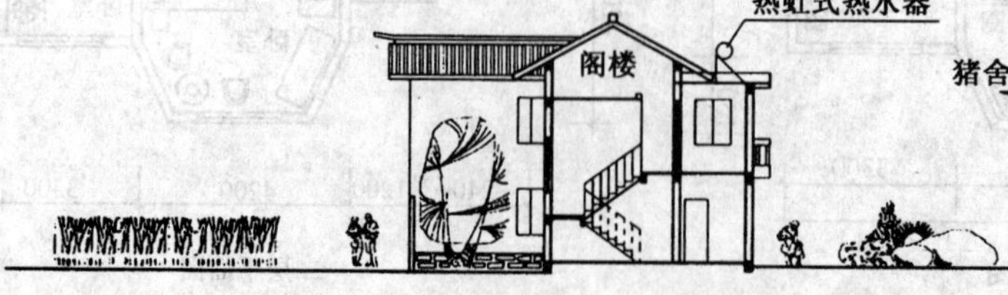

I—I 剖面图

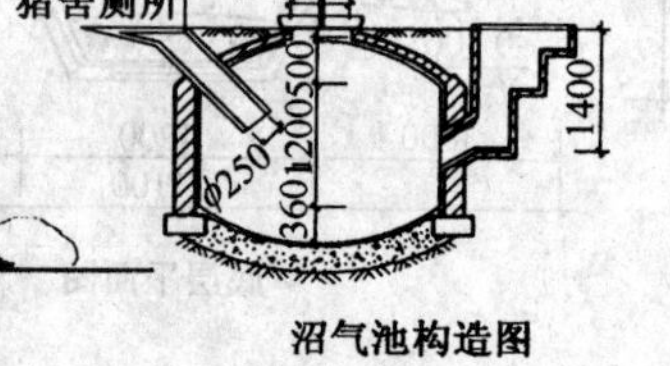

沼气池构造图

3. 两层联排式住宅

案例 24

设计:青岛市城市规划设计研究院　宿天彬　吴英光

设计说明:

• 方案设计特点

院落对农民的日常生活有着重要影响,农民的生活活动大多在院落中进行。怎样寻找一个承转接合传统生活模式与现代生活模式的切入点?由此,我们提出了"从院到园,从园到家"的设计理念,延续新农村农民与土地的亲近关系,最大限度地接触自然、享受自然。具体如下:

(1)平面布置上结合山东传统农村院落特点,通过设置内庭院,将阳光和自然景色引入室内,既解决了大进深各房间的采光通风问题,又使得院落的格局趋于合理。

(2)功能分区明确,住宅内部动静、洁污分开。院落布局合理,交通流线便捷,功能完备。

(3)住宅房型设计特点:布局紧凑,功能齐备;厨卫均分区设计减少干扰,多用间满足不同需求;力求全明设计更贴近自然,动静分区,厅室方整适度。

(4)在建筑立面处理上,运用传统的民居建筑元素,两坡顶,灰墙蓝瓦,立面高低错落,有浓郁的地方特色及强烈的时代感。

(5)生态节能设计

①冬季保温:南北入口皆设有门斗,南向墙体做被动式太阳能集热墙,南向外窗与阳光室相结合,设置新型火墙火炕。

②太阳能的利用:被动式太阳能集热墙、阳光室、太阳能热水器的应用。

③沼气的利用:两户统一布置沼气池,形成可利用的清洁能源。

④雨水的有效利用:设置雨水储水器收集雨水。

• 适用建筑材料、装修材料与施工技术

结构采用 CL 体系,保温抗震性能好,分割灵活适应性强。外墙采用 240mm 厚蒸压粉煤灰砖外贴 25mm 厚挤塑泡沫保温板,构造柱等热桥部位外贴 30mm 厚挤型泡沫保温板。坡屋面及屋面平台采用 30mm 厚挤塑泡沫保温板倒置式屋面。

外墙窗户采用中空玻璃塑钢窗户,设备上自来水、沼气、下水管道集中设置,便器和水具均用节水设备。

技术经济指标

宅基地面积	259.35m²
使用面积	207.37m²
占地面积	133.19m²
使用面积系数	0.8407
建筑面积	246.65m²
造　价	约 147990 元(600 元/m²)

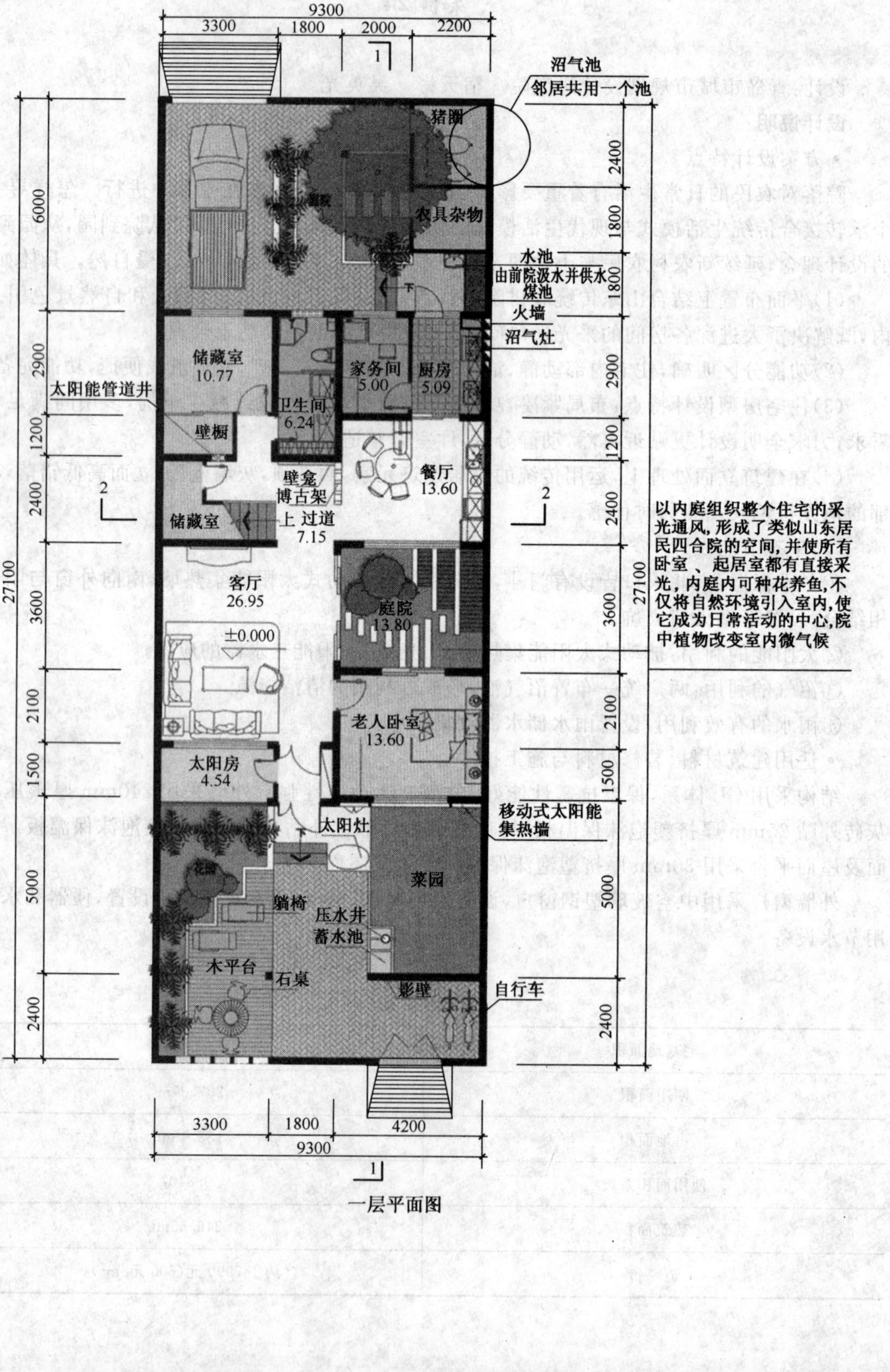
9300
3300
1800
2000
2200
沼气池
邻居共用一个池
猪圈
农具杂物
水池
由前院汲水井供水
煤池
火墙
沼气灶
储藏室
10.77
家务间
5.00
厨房
5.09
太阳能管道井
卫生间
6.24
壁橱
餐厅
13.60
壁龛
博古架
储藏室
上 过道
7.15
以内庭组织整个住宅的采光通风，形成了类似山东居民四合院的空间，并使所有卧室、起居室都有直接采光，内庭内可种花养鱼，不仅将自然环境引入室内，使它成为日常活动的中心，院中植物改变室内微气候
客厅
26.95
庭院
13.80
±0.000
老人卧室
13.60
太阳房
4.54
移动式太阳能
集热墙
太阳灶
菜园
躺椅
压水井
蓄水池
木平台
石桌
影壁
自行车
27100
6000
2900
1200
2400
3600
2100
1500
5000
2400
1800
1800
3300
1800
4200
9300

一层平面图

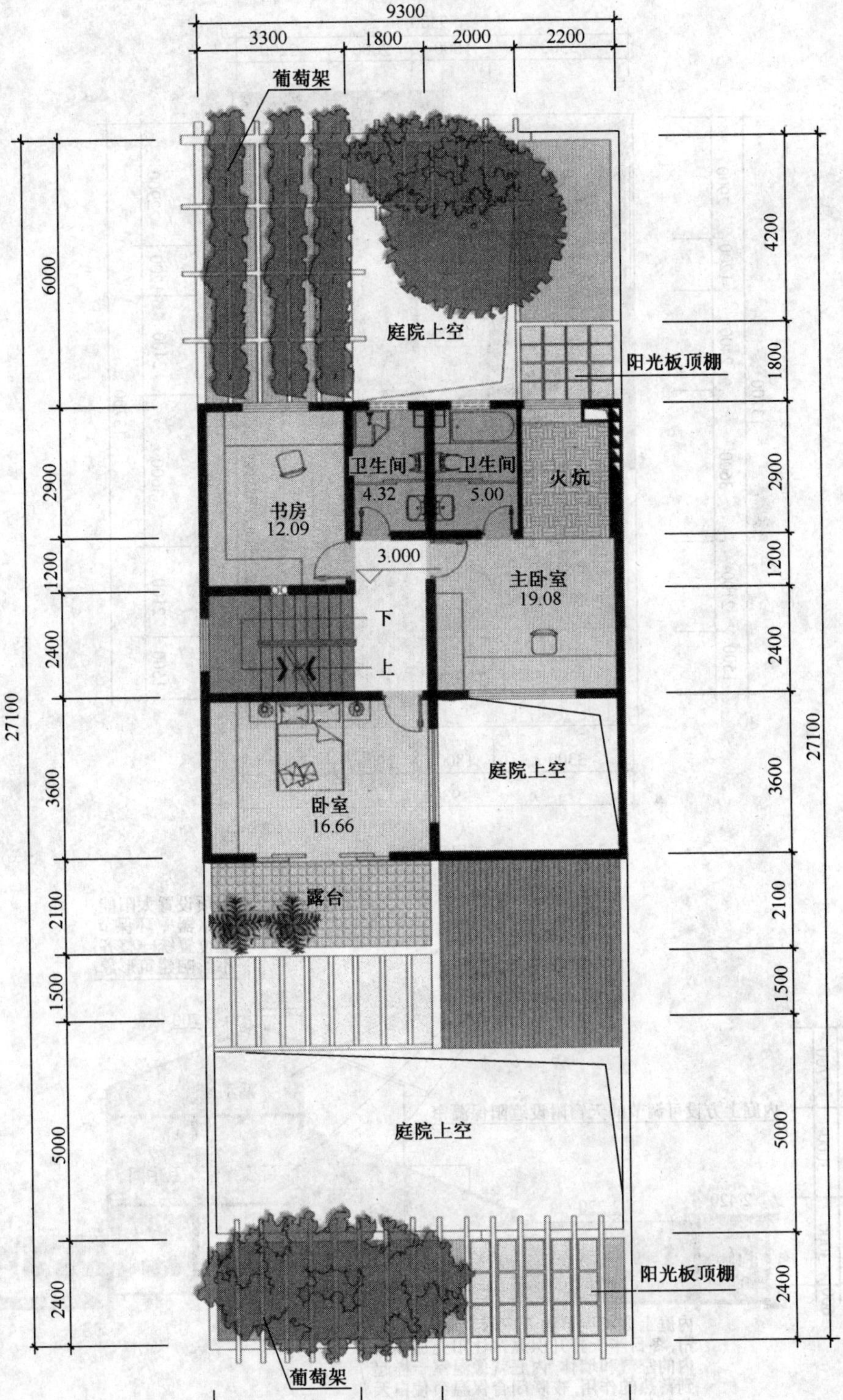
9300
3300
1800
2000
2200
葡萄架
庭院上空
阳光板顶棚
卫生间
4.32
卫生间
5.00
火炕
书房
12.09
3.000
主卧室
19.08
下
上
卧室
16.66
庭院上空
露台
庭院上空
阳光板顶棚
葡萄架
6000
2900
1200
2400
3600
2100
1500
5000
2400
27100
4200
1800
2900
1200
2400
3600
2100
1500
5000
2400
27100
3300
1800
4200
9300

二层平面图

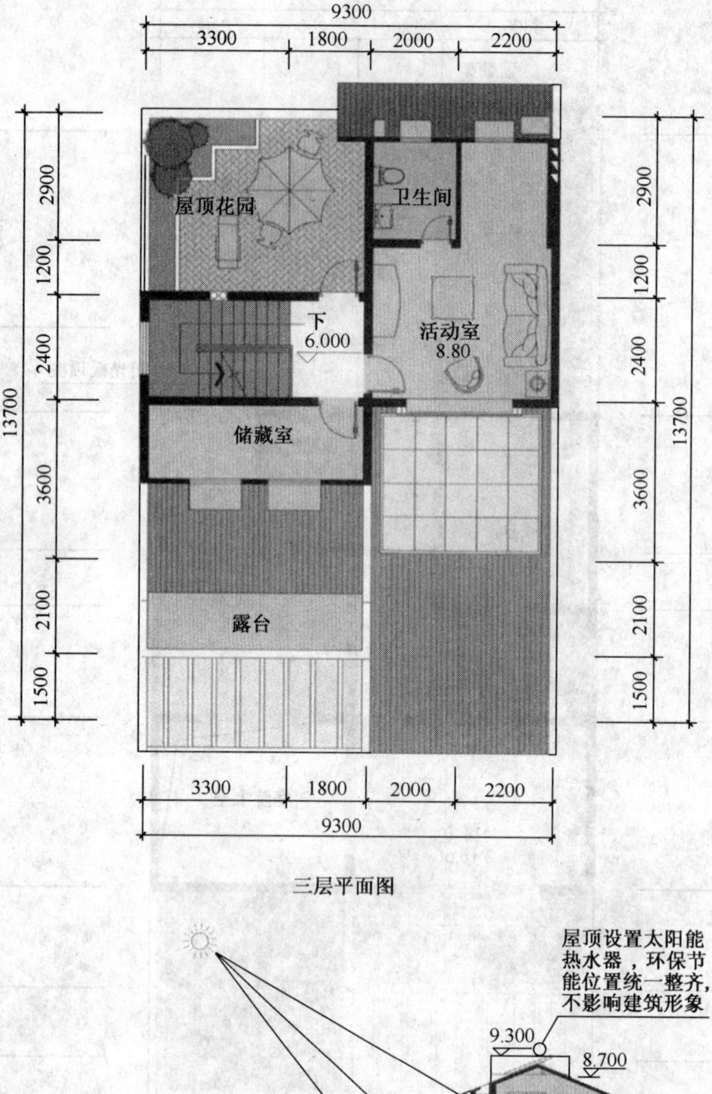
9300
3300
1800
2000
2200
屋顶花园
卫生间
下
6.000
活动室
8.80
储藏室
露台
2900
1200
2400
13700
3600
2100
1500

三层平面图

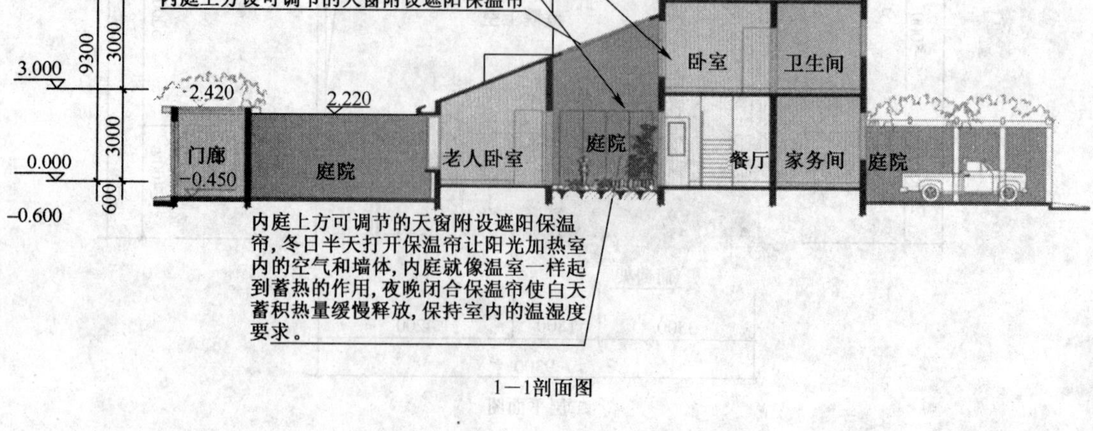
屋顶设置太阳能热水器，环保节能位置统一整齐，不影响建筑形象
9.300
8.700
8.700
6.000
3.000
0.000
-0.600
2700
3000
9300
3000
3000
600
内庭上方设可调节的天窗附设遮阳保温帘
活动室
卧室
卫生间
2.420
2.220
门廊
-0.450
庭院
老人卧室
庭院
餐厅
家务间
庭院
内庭上方可调节的天窗附设遮阳保温帘，冬日半天打开保温帘让阳光加热室内的空气和墙体，内庭就像温室一样起到蓄热的作用，夜晚闭合保温帘使白天蓄积热量缓慢释放，保持室内的温湿度要求。

1—1剖面图

效果图

案例 25

设计：湖州市城市规划设计研究院

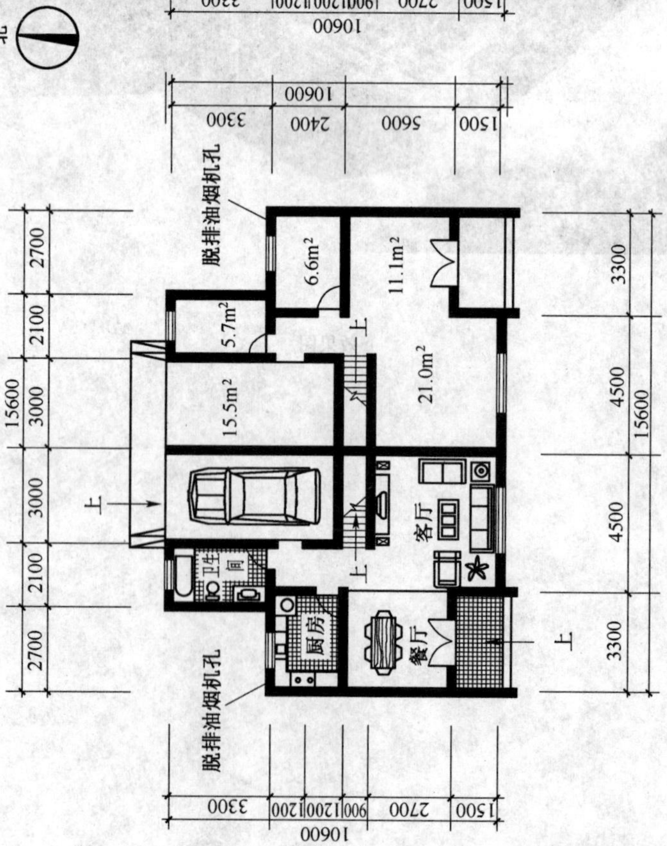

一层平面图 建筑面积：152.1m²

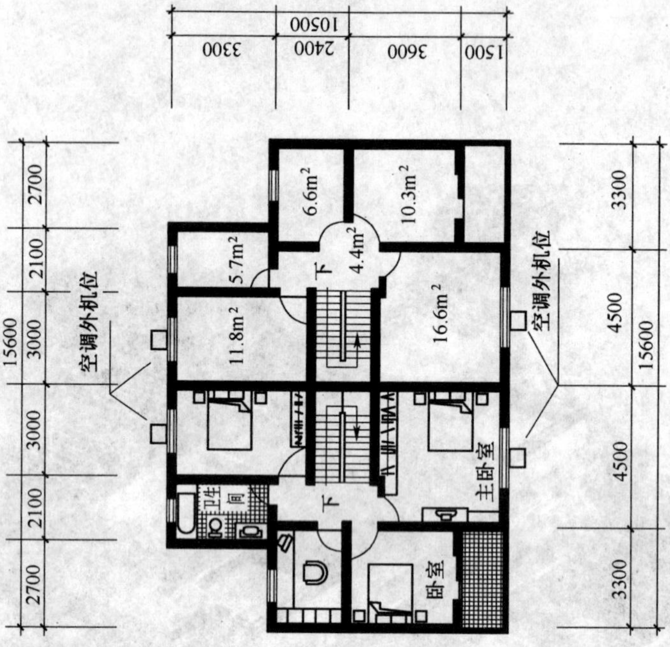

二层平面图

方案特点：

本设计为浙江省湖州市的村镇住宅。平面紧凑、布局合理。所有功能空间都有直接对外的采光、通风窗口，可进行独立、并联或联排组合。

效果图

案例 26

设计：清华城市规划设计研究院

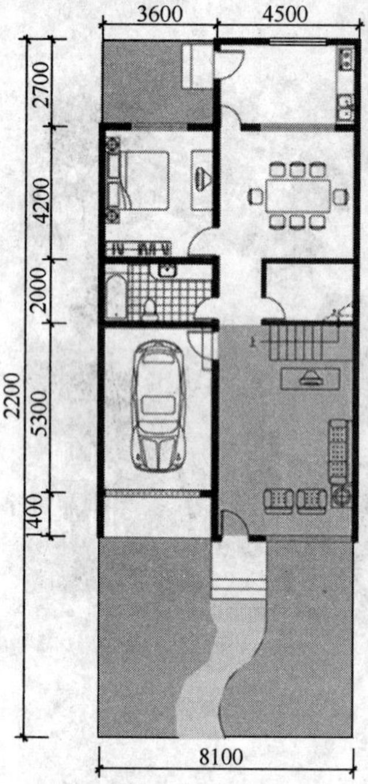

一层平面图

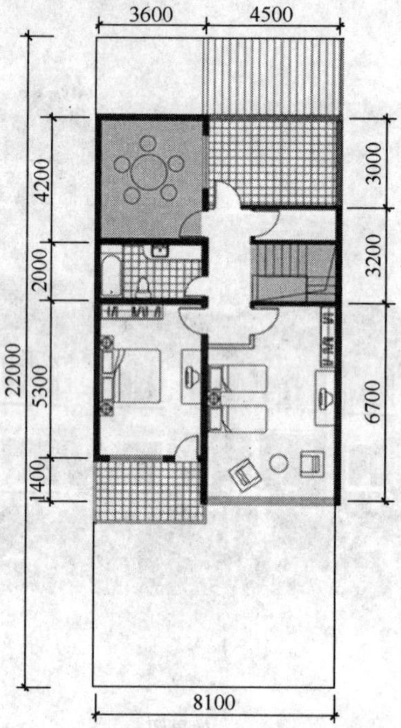

二层平面图

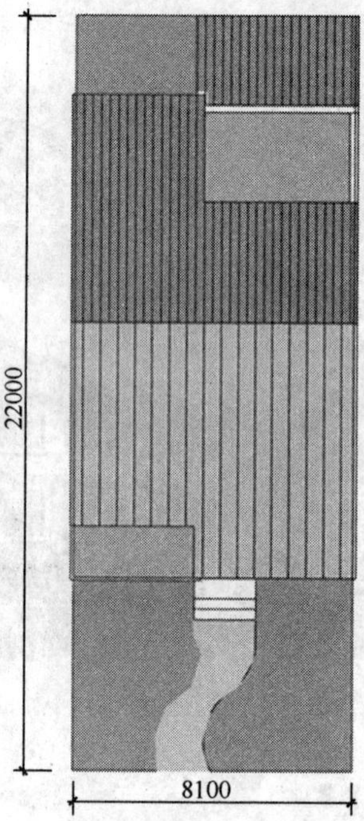

屋顶平面图

方案特点：

本方案为北京郊区的联排式村镇住宅，平面布置紧凑，功能合理。

宅基地面积：178m²

建筑面积：203m²

西立面图

南立面图

效果图

案例 27

设计：江西省建筑设计研究总院

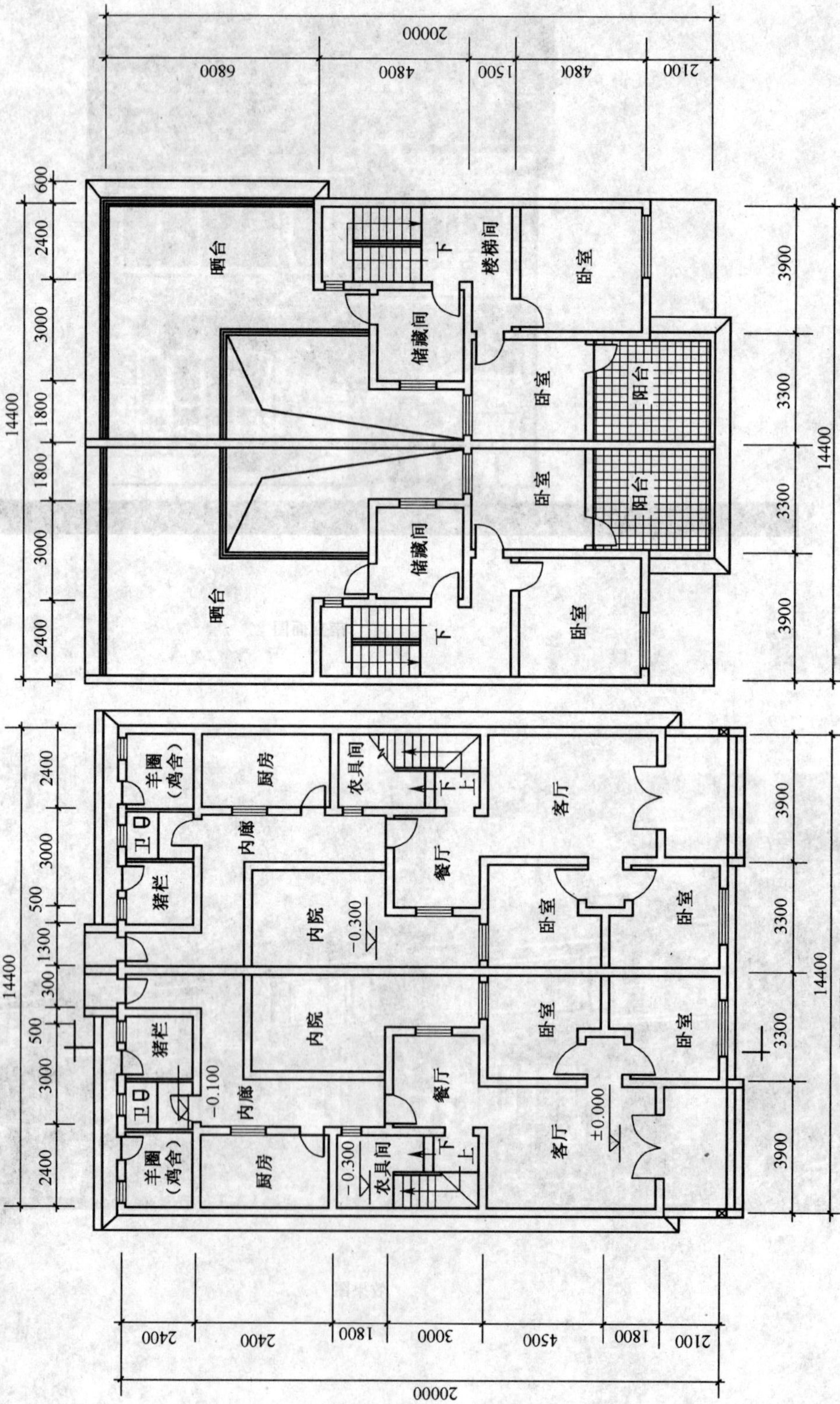

二层平面图

一层平面图

方案特点：

本方案为江西省内院式村镇住宅，前面为居住部分的二层楼，后面为单层的禽畜圈舍，功能分区明确。居住部分平面布置紧凑，使用率高。

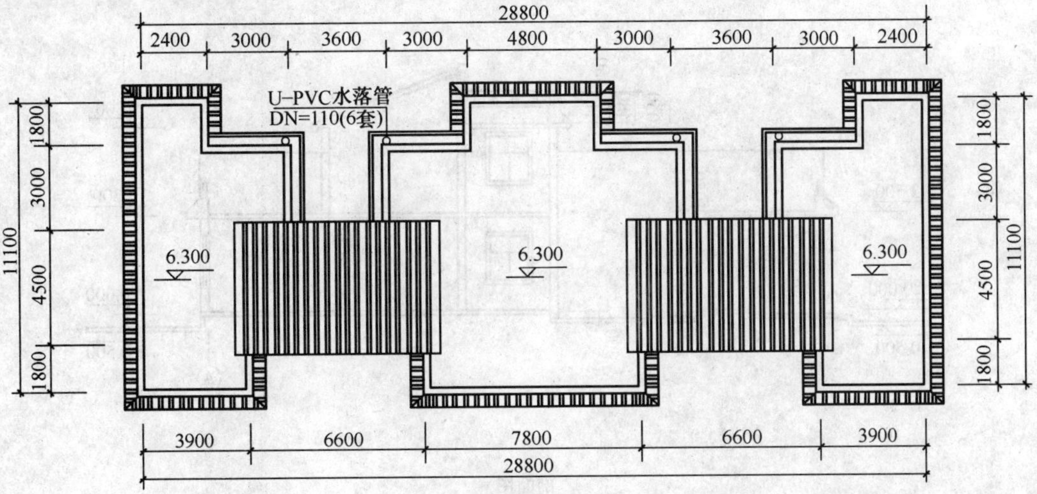

屋顶平面图

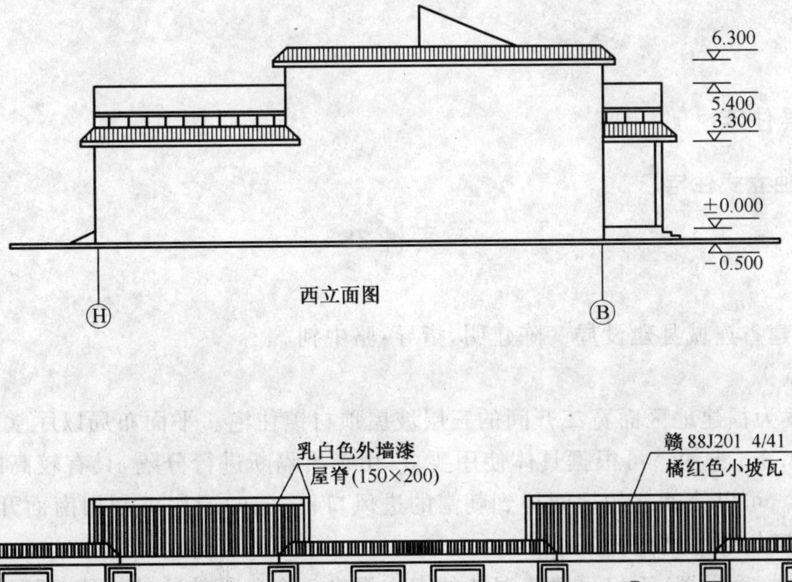

西立面图

南立面图

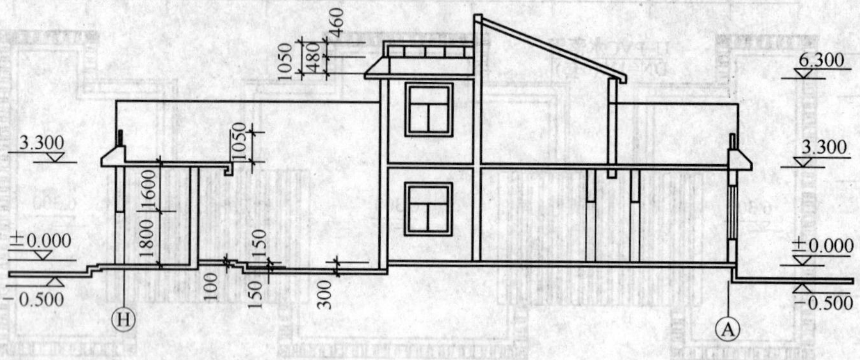

剖面图

四、三层住宅

1. 三层独立式住宅

案例 28

设计：福建省连城县建设局　陈建明，指导：骆中钊

方案特点：

• 本方案为福建地区面宽二开间的三层坡屋顶村镇住宅。平面布局以厅堂为中心组织平面。后半部 3.6m 进深。可根据具体使用要求，用轻质隔断进行分隔，具有较高的可改性。设置的侧面阳台，可以使朝北的房间得到朝南的进风口；一层的厨房可利用南面开门，改善厨房的通风，并可密切邻里之间的联络。

• 三层的檐廊设置，不仅可以为湿热的南方提供一个避雨纳凉的场地，还可方便与露台的联系。露台可为住户提供一个洗衣晾晒的场所。实践证明，这一做法深受群众的欢迎。

• 台阶式的阳台设置，既可使朝南阳台的门窗避免风吹日晒和雨淋，又可获得充足的阳光，便于晾晒衣被谷物，同时还使得本方案的侧立面富有变化，颇为生动活泼。

技术经济指标：

总建筑面积：270.50m^2

建筑基底面积：98.40m^2

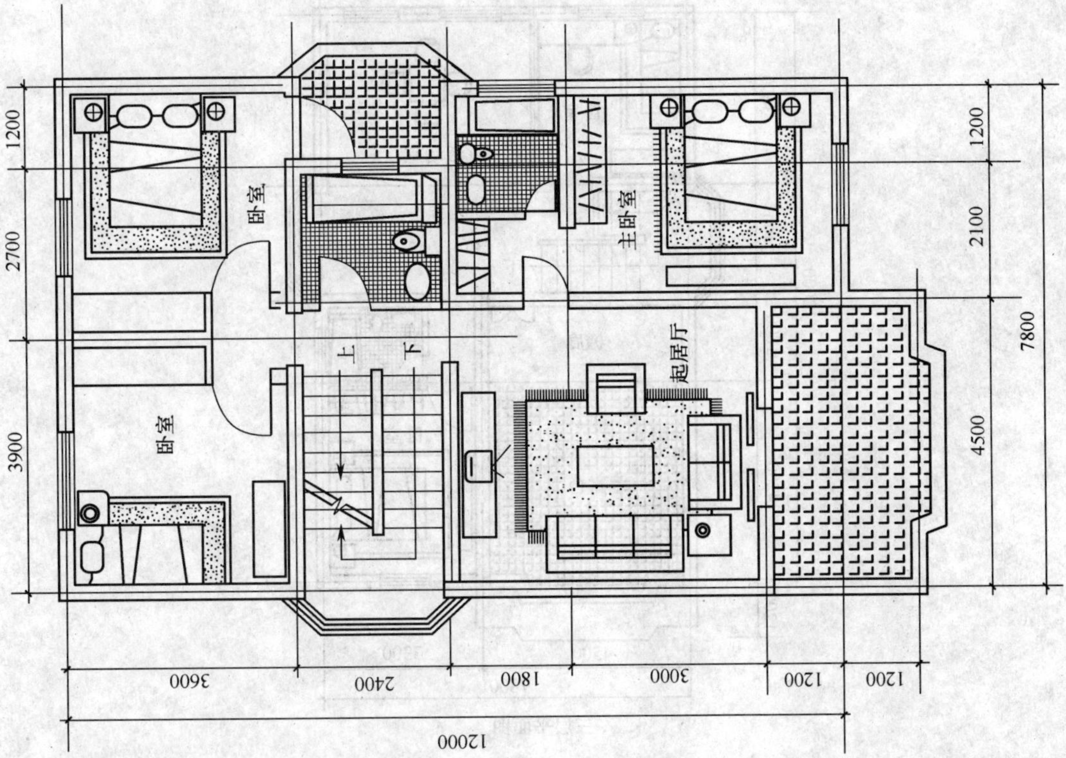
卧室
主卧室
卧室
起居厅
上
下
1200
2700
3900
1200
2100
4500
7800
3600
2400
1800
3000
1200
1200
12000

二层平面图

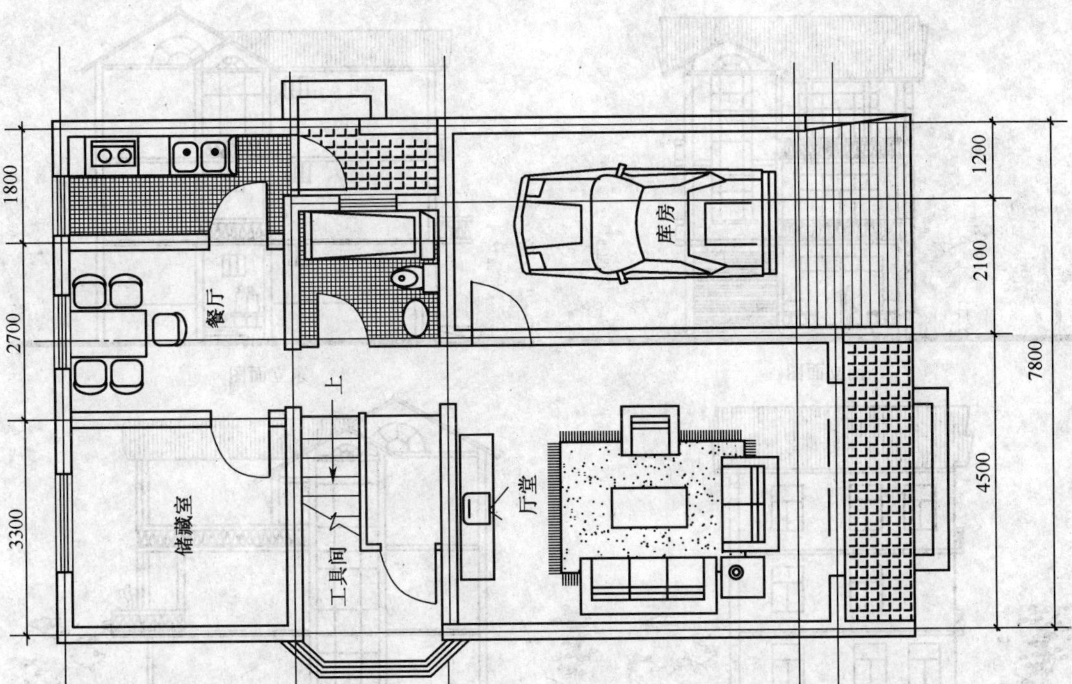
餐厅
库房
储藏室
工具间
厅堂
上
1800
2700
3300
1200
2100
4500
7800
3600
2400
5400
600
1200

一层平面图

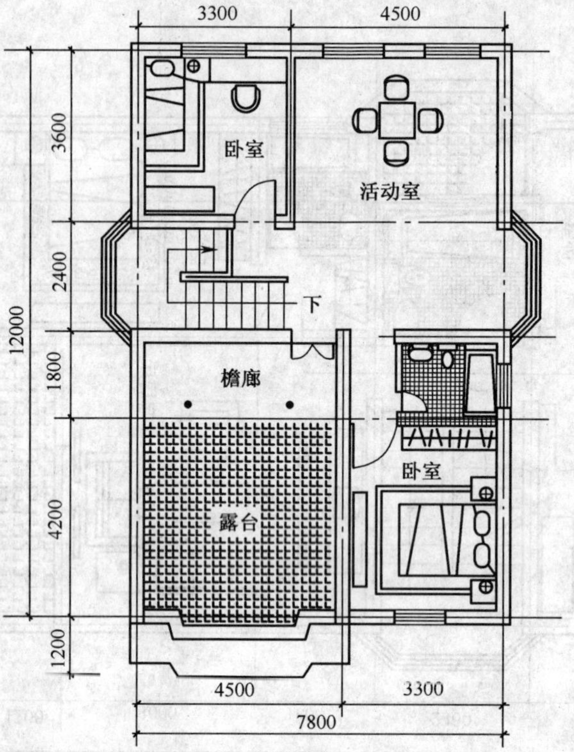

三层平面图

南立面图

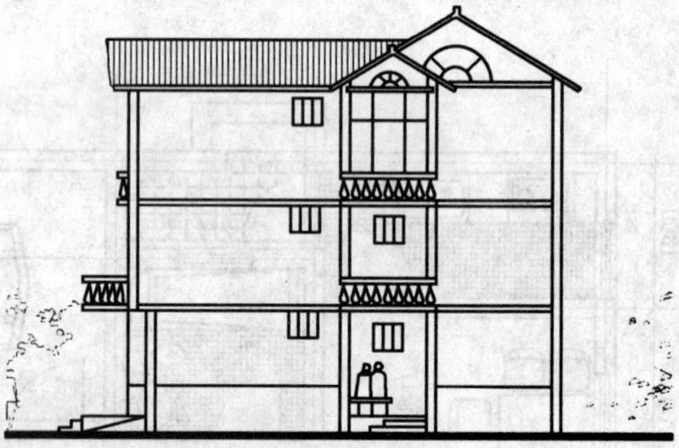

东立面图

北立面图

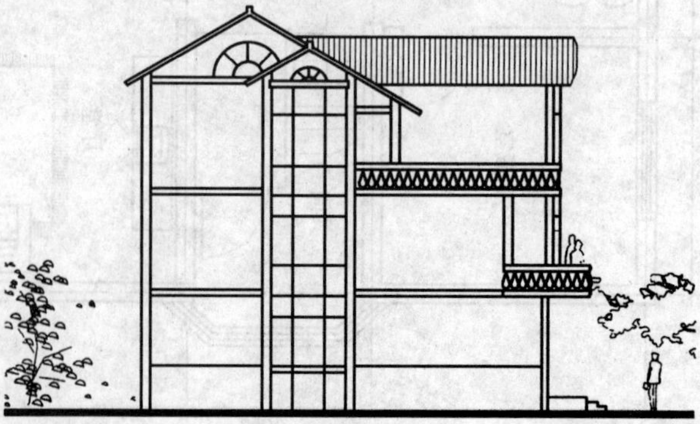

西立面图

建成照片

2. 三层并联式住宅

案例 29

设计：福建省建设厅　林琼华，指导：骆中钊

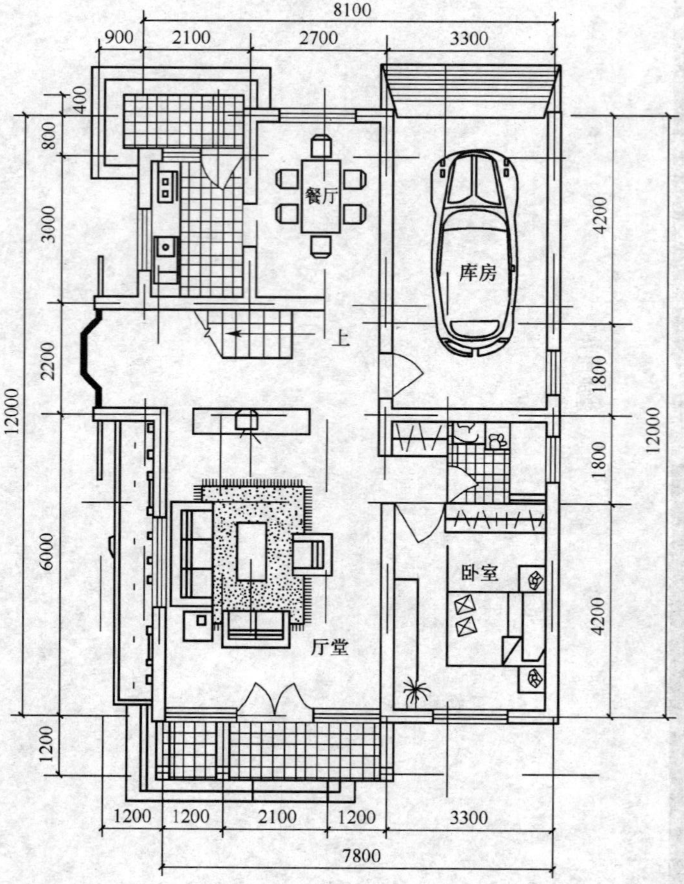

独立式一层平面（1）图

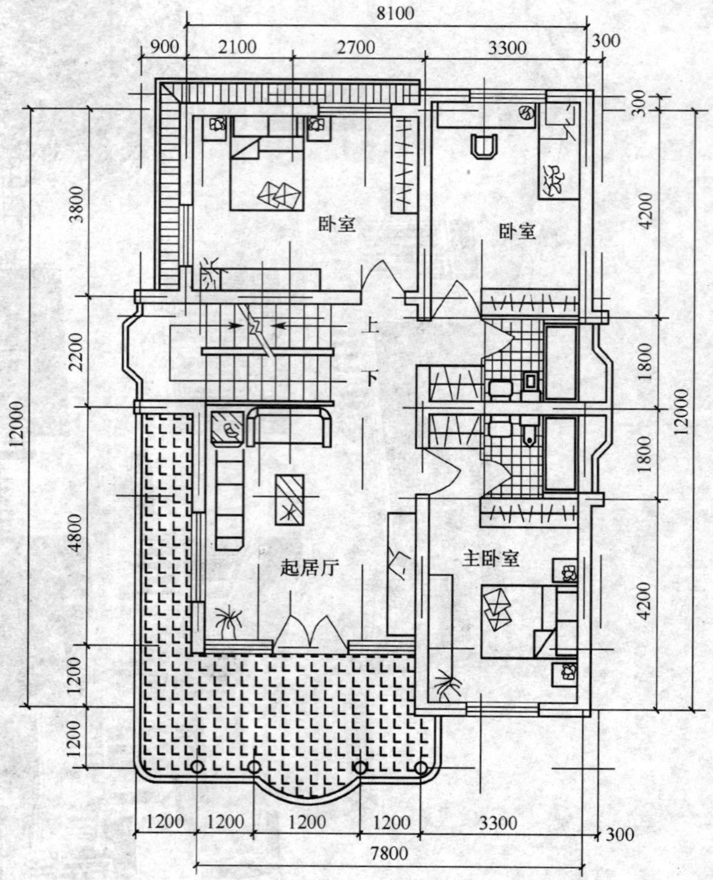

独立式二层平面图

方案特点：

本方案为福建闽东村镇住宅，一层布置的库房可根据总平面布局的要求进行选择，可独立或并联布置。二层进深达 2.4m 的阳台，适应近海气候的特点，还可供晾晒之用。

独立式南立面图

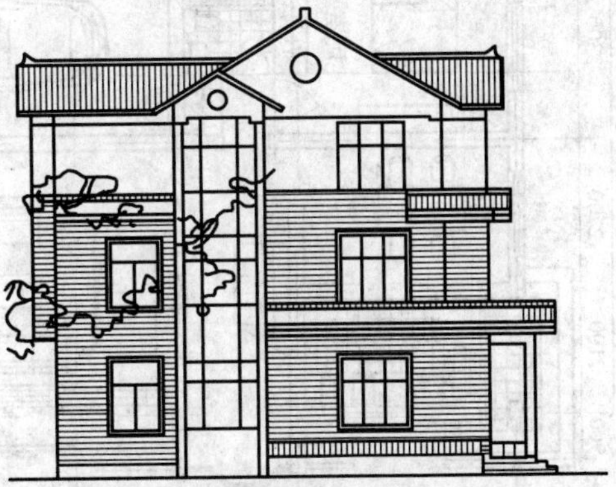

独立式西立面图

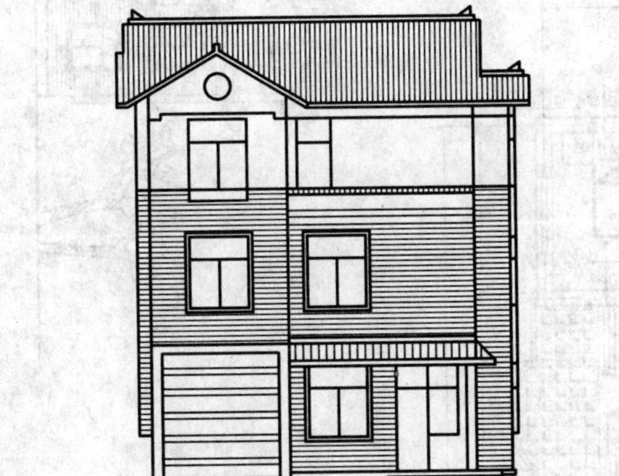

独立式北立面图

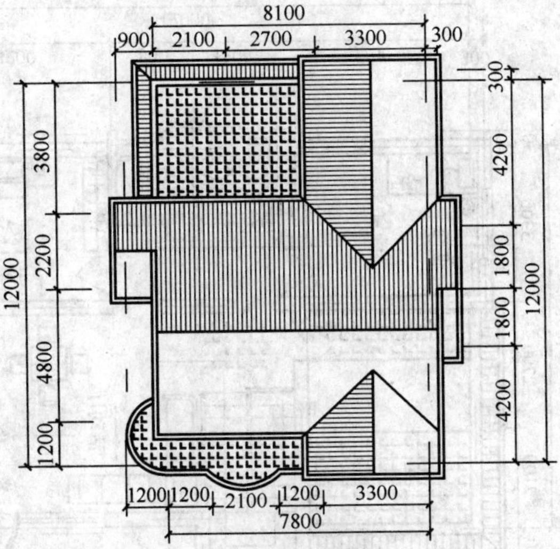

独立式屋顶平面图

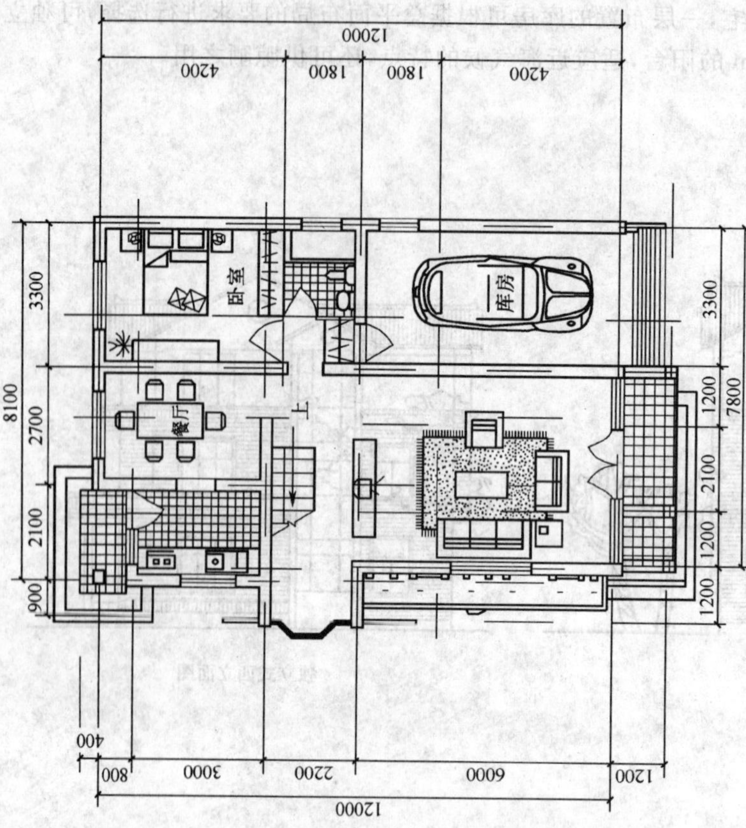

独立式一层平面（2）图

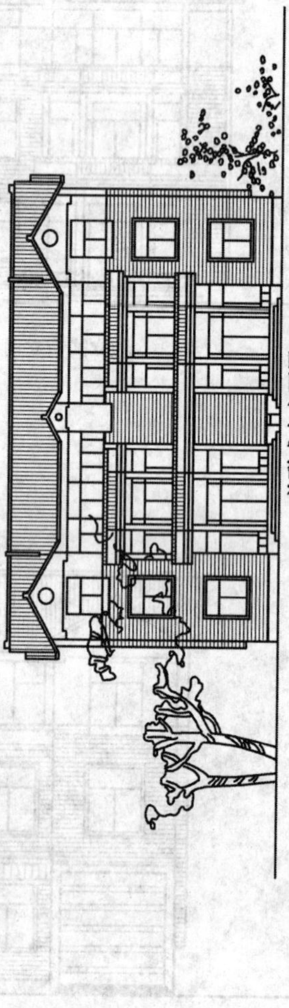

并联式南立面图

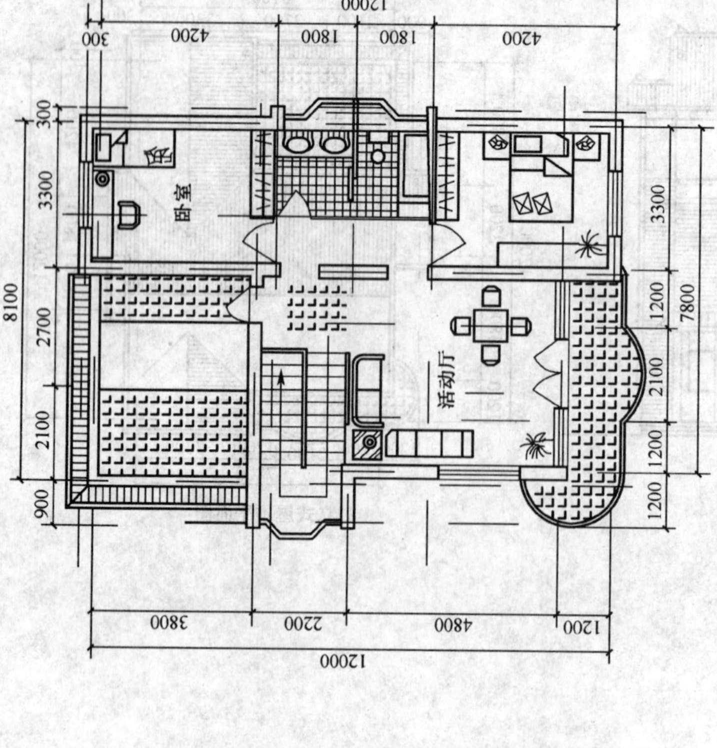

独立式三层平面图

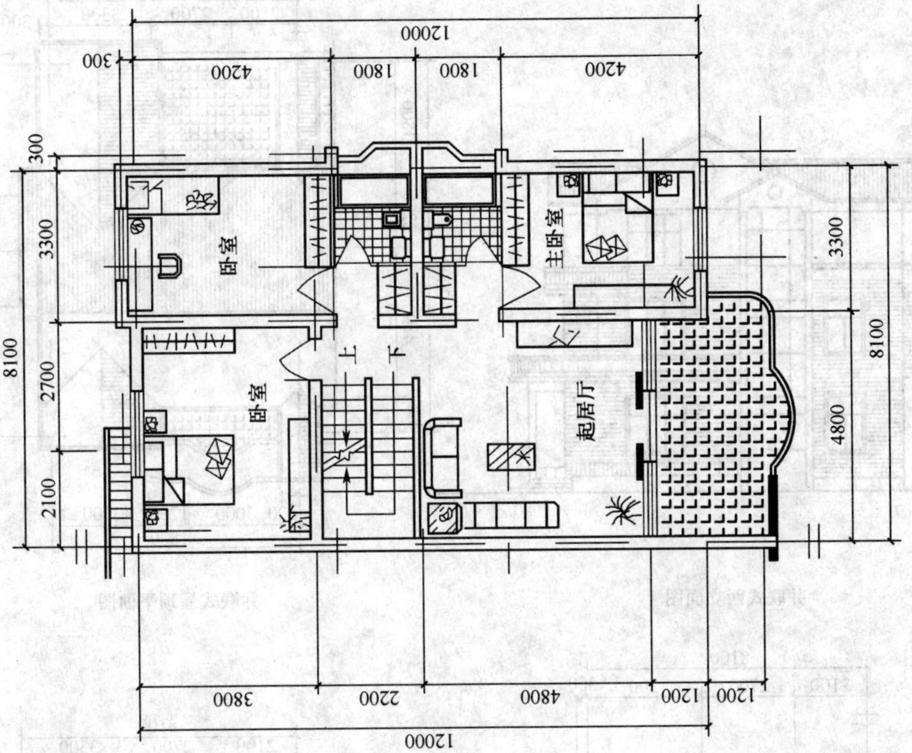

并联式二层平面图

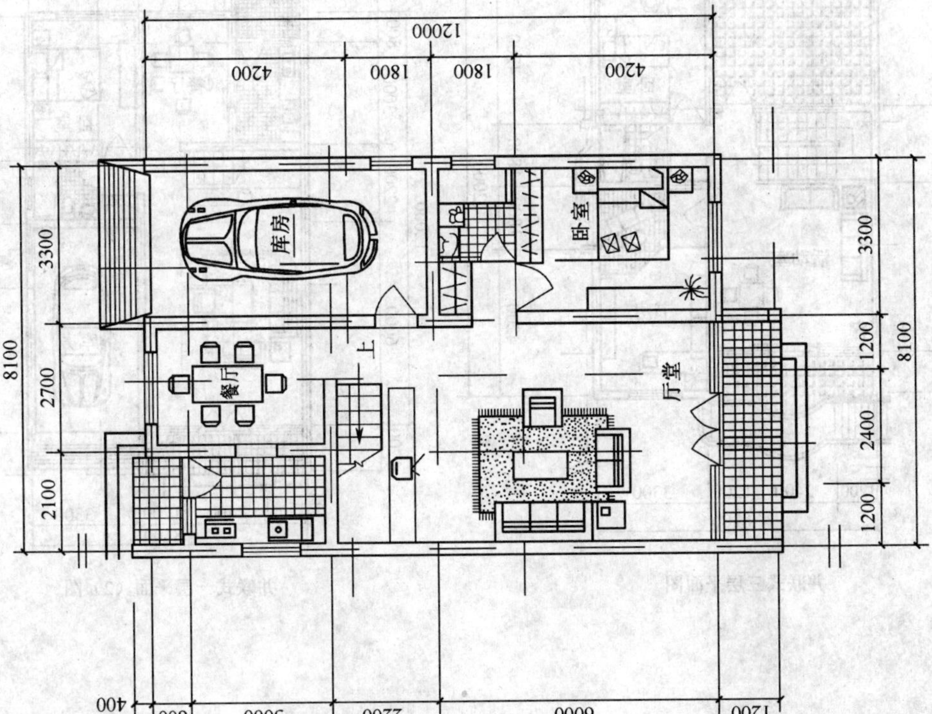

并联式一层平面（1）图

并联式西立面图

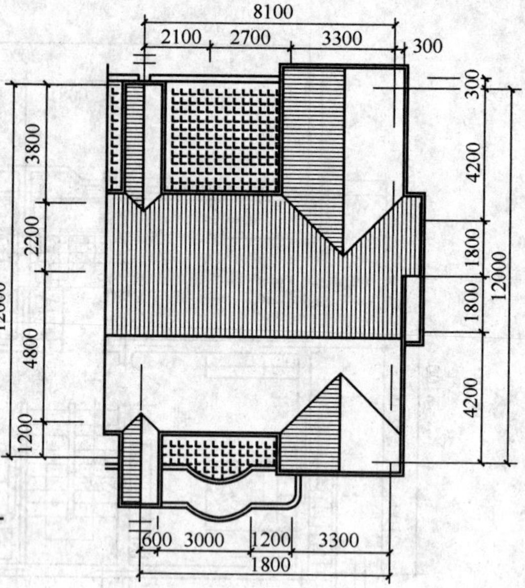

并联式屋顶平面图

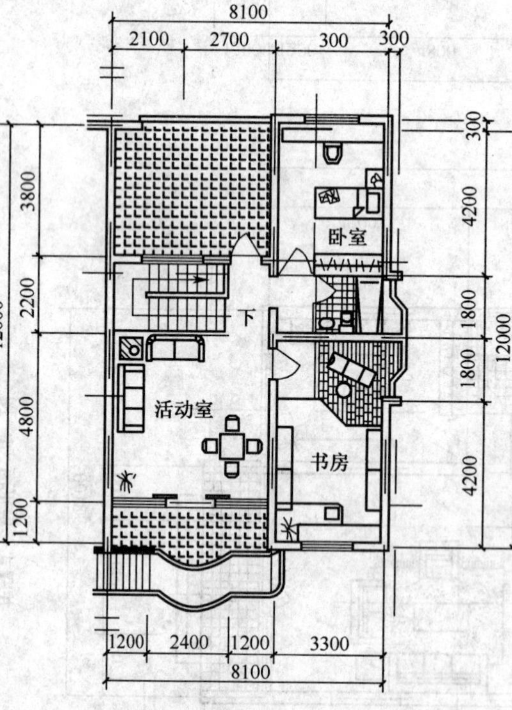

并联式三层平面图

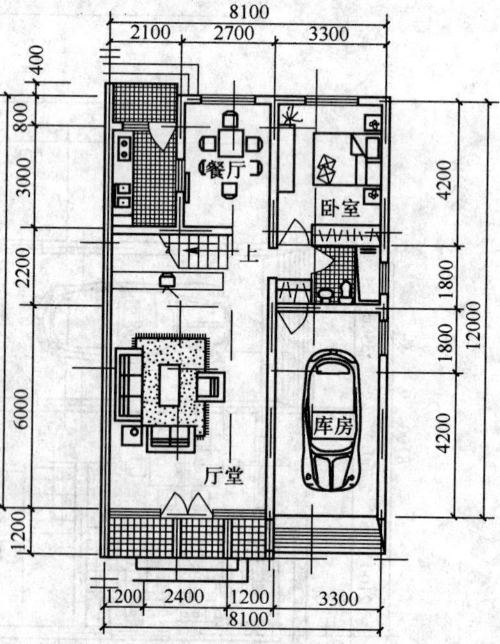

并联式一层平面（2）图

案例 30

设计：福建省泰宁县建设局　张文，指导：骆中钊

方案特点：

• 本方案为福建地区的三层坡屋顶村镇住宅。

• 平面布置紧凑，功能齐全。把垂直交通的楼梯间布置在平面的北部，只要把二层东北角的卧室改为如同一层的厨房和餐厅，便可以很方便地作为厅堂和楼梯间的两代居，具有较好的适应性和可改性。

• 一层设置了前后门廊，二、三层都有进深达 2.4m 的阳台，可为住户提供晾晒衣被和谷物的场所，适应村镇生活和生产的需要。三层北面的露台也可根据需要改为卧室或其他用房。

技术经济指标：

宅基地面积：102.06m²（不含庭院）

总建筑面积：278.46m²

建筑基底面积：102.06m²

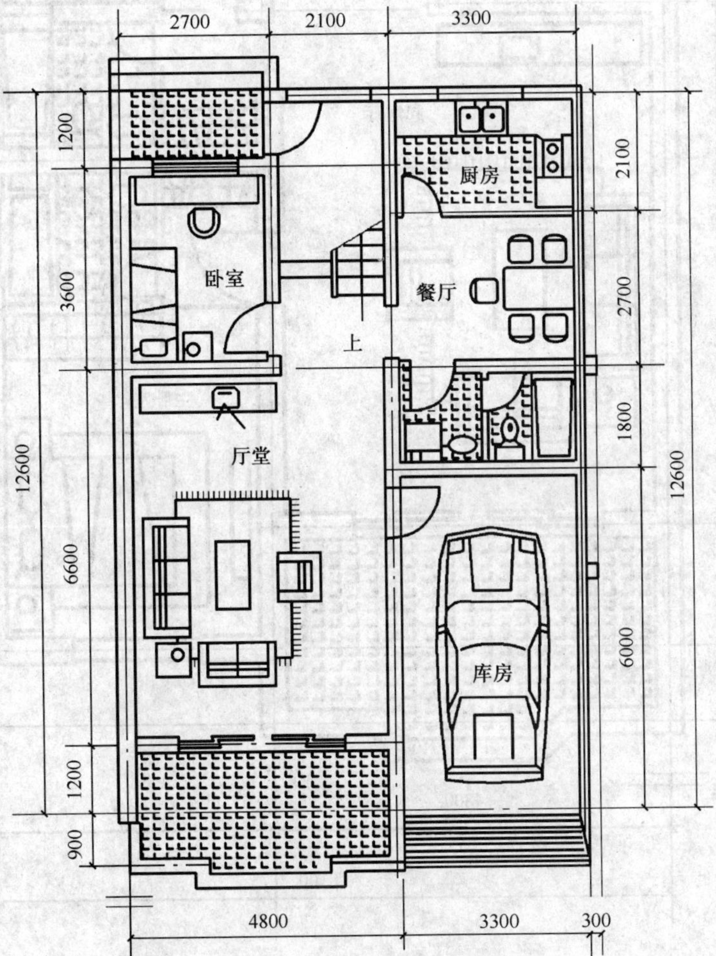

一层平面图

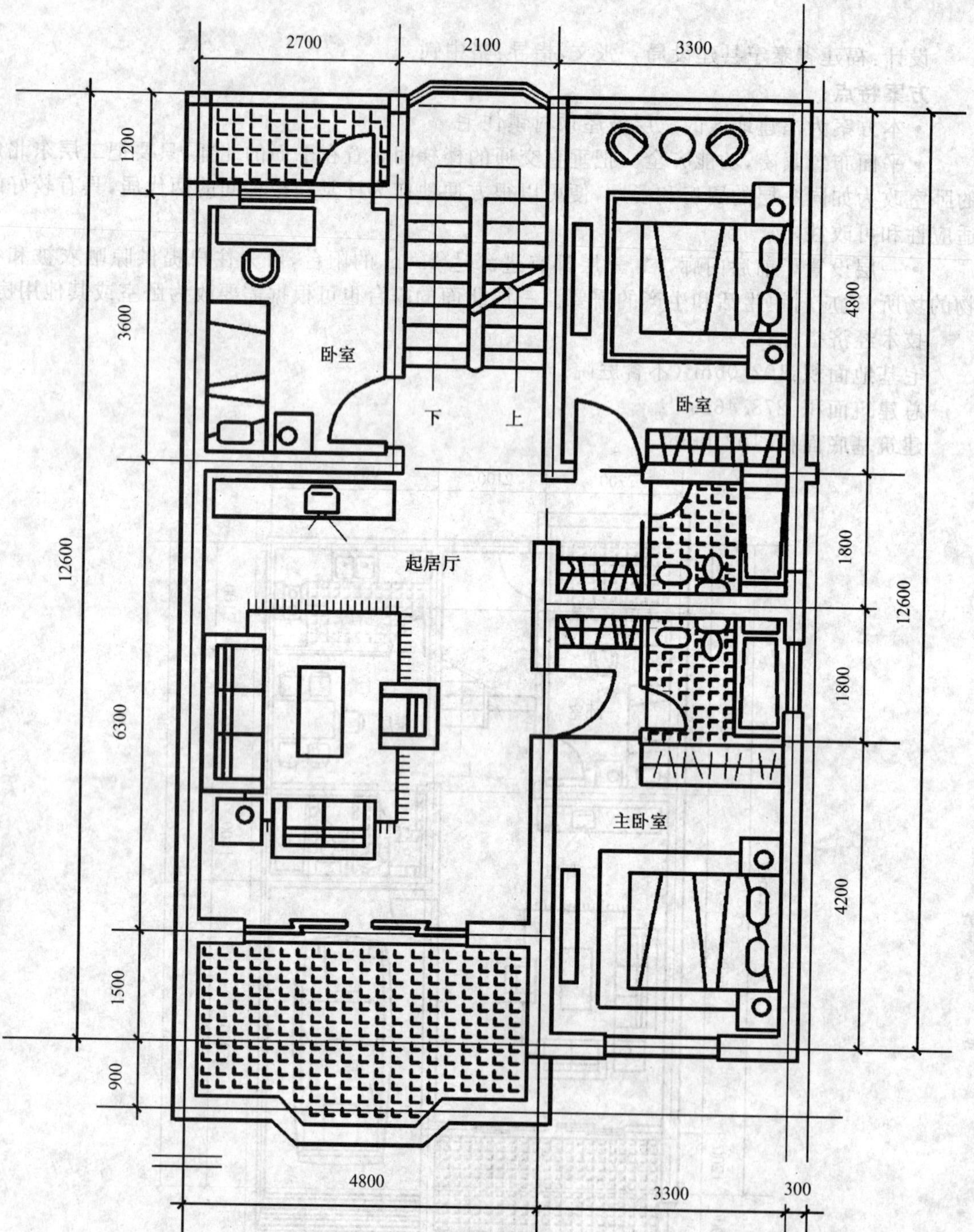
2700
2100
3300
1200
3600
12600
6300
1500
900
4800
1800
1800
12600
4200
卧室
下
上
卧室
起居厅
主卧室
4800
3300
300
8100

二层平面图

南立面图

东立面图

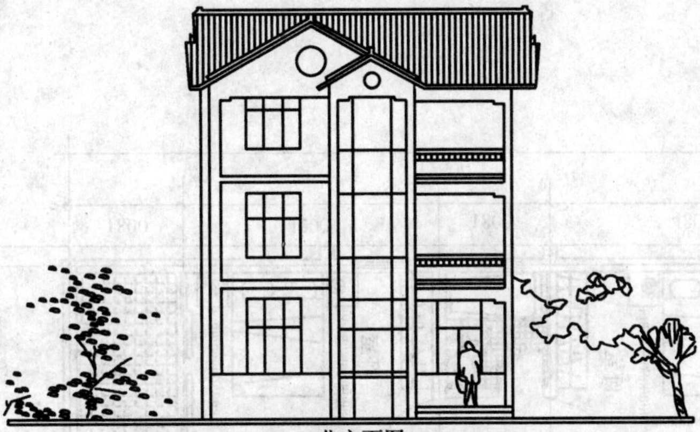

北立面图

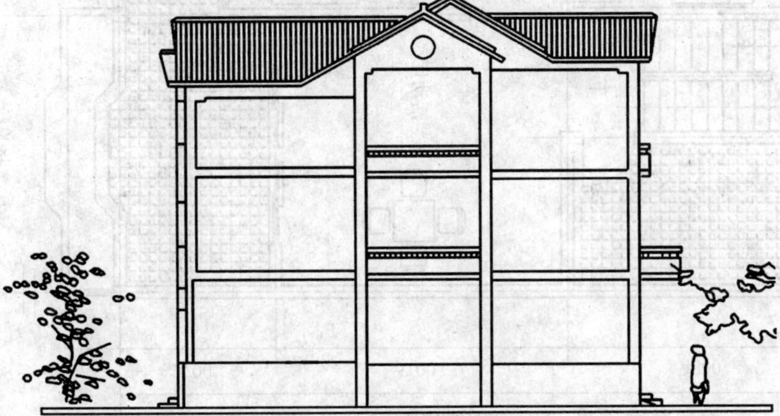

西立面图

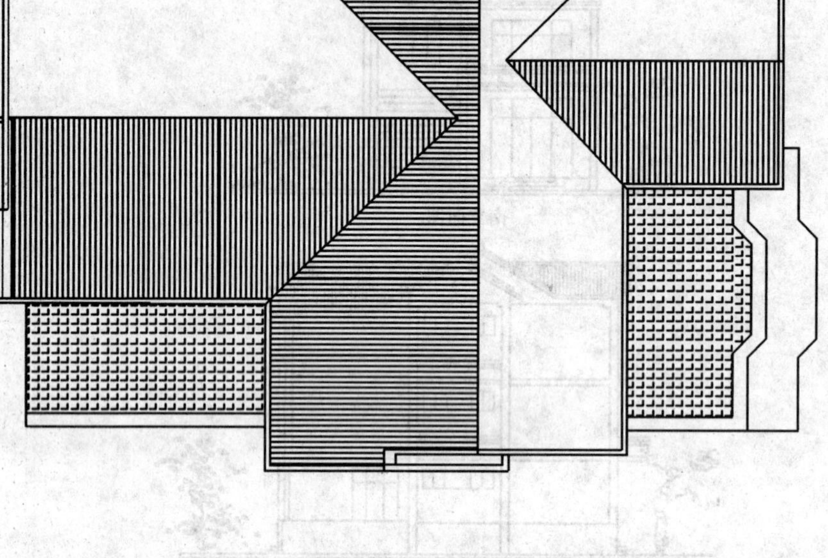

屋顶平面图

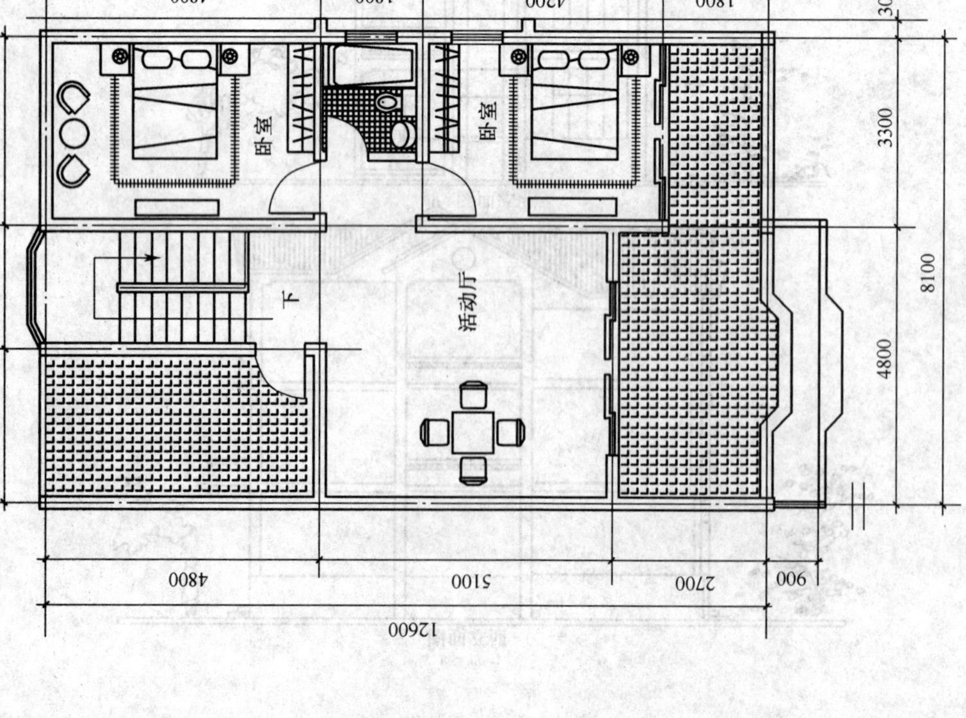
12600
4800
1800
4200
1800
300
卧室
卧室
3300
3300
2100
下
活动厅
8100
4800
2700
4800
5100
2700
900
12600

三层平面图

建成照片

3. 三层联排式住宅

案例 31

三层联排式住宅

设计:浙江省城乡规划设计研究院

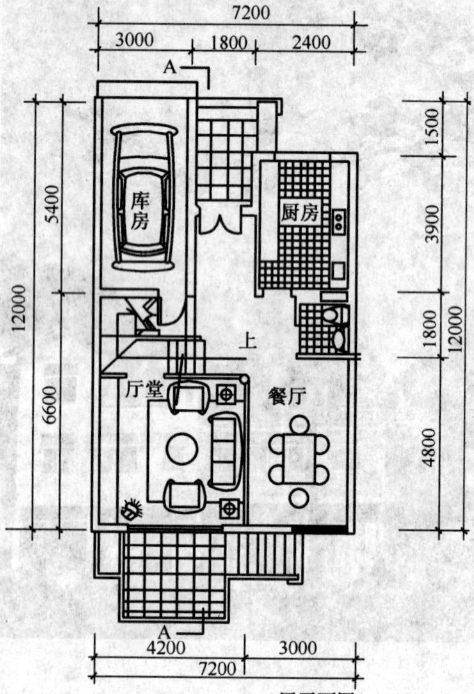

一层平面图

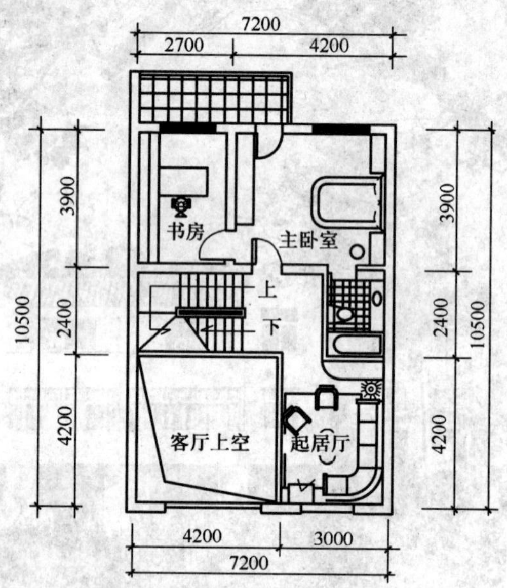

二层平面图

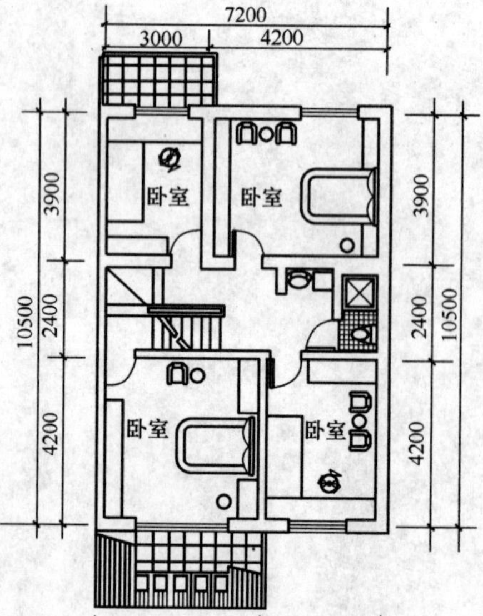

三层平面图

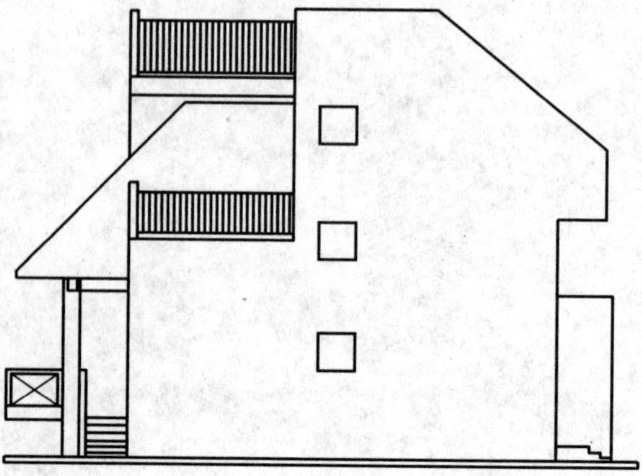

西立面图

方案特点：

本方案为联排式农村住宅，具有平面紧凑、功能较为齐全的特点。

组合南立面图

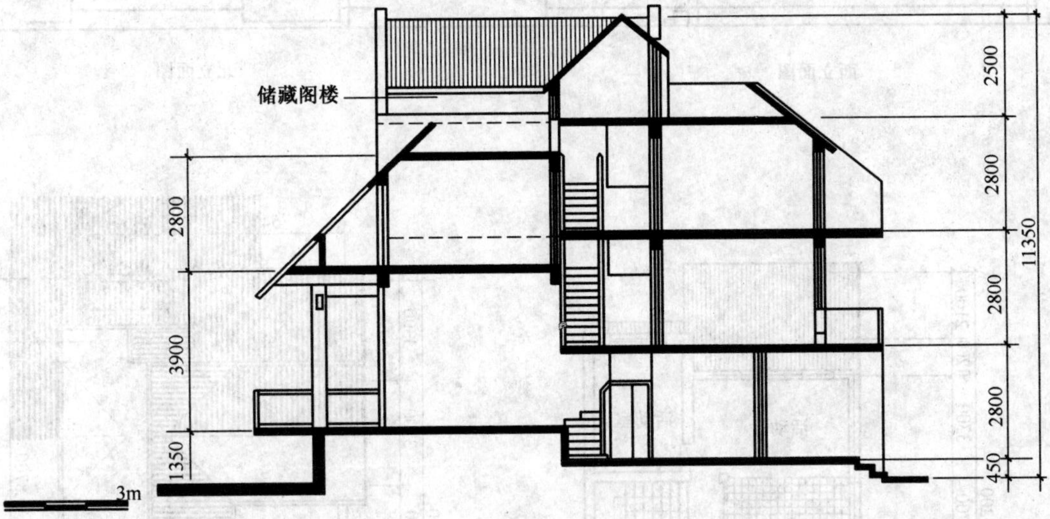

剖面图

案例 32

方案特点：

本方案为联排式住宅。平面采用层层后退的台阶式布置，避免庭院有过于压抑的感觉。

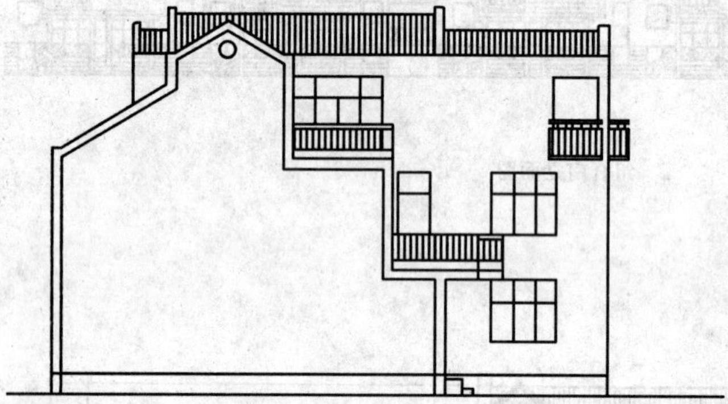

西立面图

北立面图

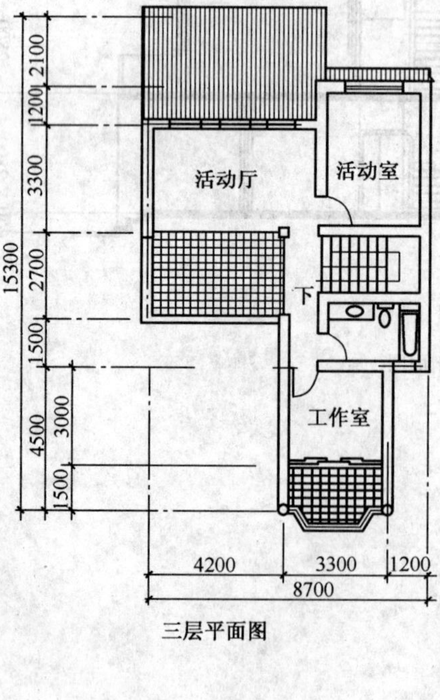

三层平面图

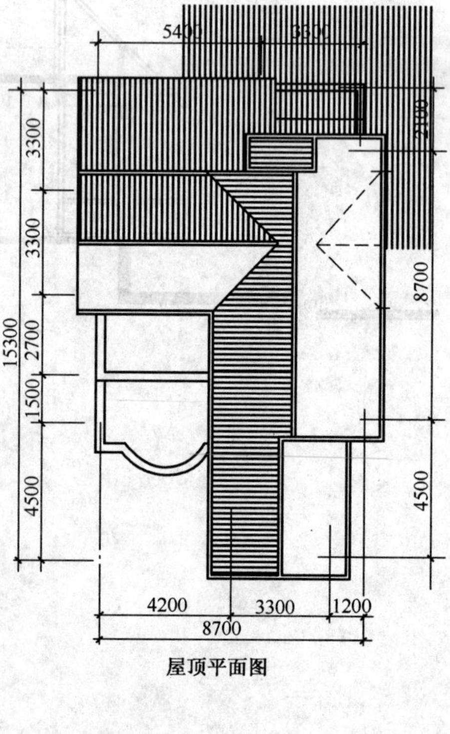

屋顶平面图

效果图